半导体器件物理基础

主　编●陈　达　王璟璟
副主编●张　同　刘一剑　王　菲

上海交通大学出版社
SHANGHAI JIAO TONG UNIVERSITY PRESS

内容提要

本书按照"载流子浓度随时间、空间变化的基本规律"和"宏观量与微观量之间的联系"两条主线,系统介绍了半导体物理的基础知识和半导体器件的基本原理与特性。具体内容包括半导体的电子状态、热平衡半导体、PN结的机理与特性、双极结型晶体管、金属-氧化物-半导体结构、金属-半导体结与其他晶体管、闪存存储器、集成电路制造工艺等。

本书可作为高等院校集成电路科学与工程、集成电路设计与集成系统、电子科学与技术、微电子学、光电子技术、物理学等专业的半导体器件物理相关课程的教材,也可供有关科研人员和工程技术人员参考。

图书在版编目(CIP)数据

半导体器件物理基础/陈达,王璟璟主编. -- 上海：
上海交通大学出版社,2025.1. -- ISBN 978-7-313-30881
-8

Ⅰ. TN303；047

中国国家版本馆 CIP 数据核字第 20257477Z7 号

半导体器件物理基础

BANDAOTI QIJIAN WULI JICHU

主　　编：陈　达　王璟璟

出版发行	上海交通大学出版社	地　　址	上海市番禺路 951 号
邮政编码	200030	电　　话	021‒64071208
印　　制	上海万卷印刷股份有限公司	经　　销	全国新华书店
开　　本	787 mm×1092 mm　1/16	印　　张	17
字　　数	423 千字		
版　　次	2025 年 1 月第 1 版	印　　次	2025 年 1 月第 1 次印刷
书　　号	ISBN 978‒7‒313‒30881‒8	电子书号	ISBN 978‒7‒89424‒797‒1
定　　价	88.00 元		

前 言 | FOREWORD

党的二十大报告提出"完善科技创新体系""加快实施创新驱动发展战略",对"以国家战略需求为导向,集聚力量进行原创性引领性科技攻关,坚决打赢关键核心技术攻坚战"作出重要部署。以半导体器件为核心的集成电路产业作为支撑经济社会运转和保障国家安全的战略性、基础性和先导性产业,是新发展格局下高水平科技自立自强的重要战略支柱。我国在半导体关键核心技术方面受到发达国家严重制约,是关系工业命脉的"卡脖子"领域。半导体科学技术是多种学科高度交叉融合,要实现高水平科技自立自强不仅要重视核心技术创新,更要关注基础人才的培养。

"半导体器件物理"是集成电路设计与集成系统、电子科学与技术、微电子学、光电子技术、物理学等专业的重要专业基础课,在知识体系构建方面有着独特的结构。其课程内容以半导体材料的基本原理为起始点,逐步拓展至半导体器件的结构、原理与特性,呈现出典型的"规律—原理—技术—器件—系统"逻辑链条。理论脉络清晰,联系实践紧密,是理工课程中以基础理论创新引领实践创新的典型,也是应用问题导向下基础研究发展的范例。理解和学习这一课程,应始终遵循"载流子浓度随时间、空间变化的基本规律"这一知识主线,以及"宏观量与微观量之间的联系"这一思维主线。

本书从半导体器件物理知识体系的特点出发,系统介绍了半导体物理的基础知识和半导体器件的基本原理与特性。在各章内容的选取和编排上力求逻辑层次清晰并相对独立。第1、2章介绍半导体的电子状态和半导体材料的基本性质,梳理半导体中载流子运动规律、物理图景和半导体中的物理概念和特性,作为后续章节的基础。第3章介绍PN结的基本工作原理、物理过程以及器件所体现的电学特性。第4、5章介绍双极结型晶体管和金属-氧化物-半导体(MOS)场效应管,这是半导体器件中两类最典型、最核心的基本器件。第6、7章根据前述的基本器件物理,延伸介绍了金属-半导体结、结型场效应晶体管、金属-半导体场效应晶体管、晶闸管、闪存存储器等常用的半导体器件。第8章简明扼要地介绍了集成电路制造中的单项工艺和工艺集成。其中,第1章至第3章由陈达教授编写,第4、5章由王璟璟老师编写,第6、7章分别由张同、王菲老师编写,第8章由刘一剑老师编写。全书由陈达教授统稿,张同老师绘制了全书的插图。

　　本书可作为高等院校电子科学与技术集成电路科学工程、微电子学、集成电路设计与集成系统、光电子技术、物理学等专业的半导体器件物理相关课程的教材,也可供有关科研人员和工程技术人员参考。作为教材使用时,本书参考学时为90学时,可根据具体情况选择章节使用。在教学过程中,半导体器件中物理过程的解释、公式的理论推导与命题的证明、图表的分析是教学和学习的难点。需要强调的是,由于近年来我国在半导体核心技术领域面临外部制约,新闻热点事件频发,本课程具有显著的思政教育价值,能够成为落实立德树人根本任务,课程内容蕴含丰富的思政教育切入点。

　　在本书的编写过程中,笔者参阅了许多教材与著作,从中汲取了不少有益的内容和叙述方法,在此向这些书的作者们深表谢意。作为一本教材,本书难以涵盖所有器件及其工艺技术,也无法完全紧跟半导体新技术飞速发展。由于笔者学识有限,书中难免存在错漏之处,恳请广大读者和同行批评指正。

编　者

2024.5

目 录 | CONTENTS

第 1 章

半导体中的电子状态

1.1 固体的晶格结构

1.1.1 半导体材料

  大部分集成电路器件中的半导体材料是单晶材料。单晶材料的电学特性不仅与其化学组成有关,也与固体中的原子排列有关。材料按照导电性能可分为导体、绝缘体和半导体。三种材料的电导率和电阻率范围如图 1.1 所示。半导体的导电性能介于导体和绝缘体之间,电阻率范围一般在 $10^{-4} \sim 10^{8}$ Ω·cm。从原子构成的角度来看,存在元素半导体和化合物半导体。元素半导体主要是位于元素周期表Ⅳ族的锗(Ge)、硅(Si)和近年来快速发展的碳材料,化合物半导体主要有二元的Ⅳ族、Ⅲ-Ⅴ族、Ⅱ-Ⅵ族以及三元或多元化合物等。表 1.1 给出了常见的半导体材料。硅是目前集成电路中最常用、最基础的半导体材料。砷化镓(GaAs)是应用最广泛的化合物半导体之一,它具有良好的光学性能和高速计算性能。典型的三元素化合物半导体,如 $Al_{x}Ga_{1-x}As$,可以构成在光电领域应用广泛的超晶格结构。氮化镓(GaN)、碳基的石墨烯、碳纳米管也受到半导体材料研究者的广泛关注。对于以硅平面工艺为基础的集成电路器件,大量半导体材料往往以薄膜形式存在于器件中。

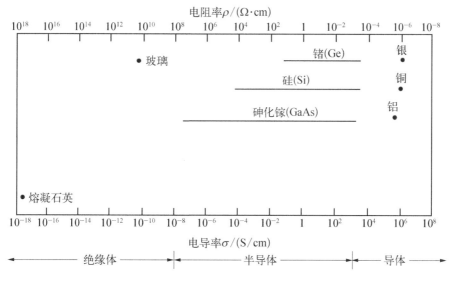

图 1.1 典型导体、半导体和绝缘体的电导率、电阻率范围

表 1.1 典型半导体材料

元素半导体	IV-化合物半导体	二元III-V化合物半导体 $A_{III} B_V$	二元II-VI化合物半导体 $A_{II} B_{VI}$	三元混合晶体半导体 $x A_{III} C_V + (1-x) B_{III} C_V$ $x A_{II} C_{VI} + (1-x) B_{II} C_{VI}$
Si	SiC	AIP	ZnS	GaAs - P
Ge	SiGe	AIAs	ZnSe	InAs - P
		AISb	ZnTe	Ga - InSb
		GaP	CdS	Ga - InAs
		GaAs	CdSe	Ga - InP
		GaSb	CdTe	Gd - HgTe
主要用于VLSI,大多数半导体器件	新兴的半导体材料,用于高温半导体器件、异质结器件等	InP		
		InAs	主要用于高速器件、高速集成电路、发光、激光、红外探测等	主要用于异质结、超晶格和远红外探测器
		InSb		
		主要用于高速器件、高速集成电路、发光、激光、红外探测等		

一般半导体具有一些基本的物理特性,主要包括 4 个方面。

1. 杂质敏感性

常见固体材料中含量低于 0.1% 的杂质并不会明显影响其导电性质。而半导体中极微量的杂质可以显著改变它的导电特性。例如,在纯净硅单晶中,若以每百万个硅原子掺入一个杂质原子的比例掺入磷(P)原子(对应纯度约为 99.999 9%),其室温下的电阻率会从未掺杂前的约 $2.14 \times 10^5 \ \Omega \cdot cm$ 降低到 $0.2 \ \Omega \cdot cm$,约为原来的百万分之一。利用这一杂质敏感性,通过控制杂质类别和掺杂浓度,可以制备出不同类型、不同导电性的各种半导体材料与半导体器件。

2. 负温度系数

金属导体的电阻率往往会随温度的升高而增大(正温度系数),但室温附近半导体的导电性随温度的升高而迅速增强。例如,在室温条件下,纯净硅的温度每上升 10 ℃,其电阻率相应约降低一半,这与金属的温度特性相反,因而具有负温度系数,即电阻率相对温度系数的变化率是负值。利用半导体电阻率随温度变化的敏感性,可制备出温敏器件。

3. 光敏性(光电导效应)

适当波长的光辐射可以显著改变半导体的导电能力。若半导体材料吸收入射光子的能量大于或等于半导体材料的禁带宽度,就能够激发出电子-空穴对,从而使载流子浓度上升,导电性增强,这种现象称为光电导效应。光敏电阻就是基于这种效应的典型光电导器件。

4. 光生伏特效应

光生伏特效应又称为光伏效应,是指光照使不均匀掺杂半导体或半导体 - 金属结产生电动势的现象。在光照下,若入射光子的能量大于禁带宽度,半导体 PN 结附近被束缚的价电子吸收光子能量,受激发跃迁至导带形成自由电子,而价带则相应地形成自由空穴。在内建电场的作用下,空穴移向 P 区,电子移向 N 区,从而在 P 区和 N 区之间产生电动势。太阳能电池就是最典型的光伏器件。

1.1.2　原胞和晶胞

按照材料中原子或分子排布的有序化程度和有序化区域的大小,固体可分为无定型、多晶和单晶 3 种类型(见图 1.2)。无定型材料只在几个原子或分子的尺度内有序。多晶材料在许多个原子或分子的尺度上有序。有序化区域称为晶粒,晶粒彼此有不同的大小和方向,由晶界分隔。单晶材料则在整体范围内原子排列具有几何周期性。由于晶界会导致电学特性的衰退,单晶材料的电学特性通常比非单晶材料的好。

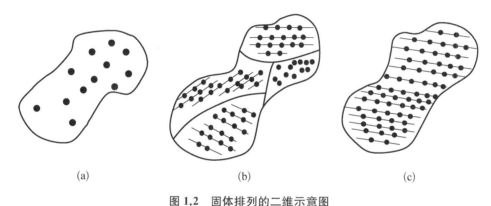

图 1.2　固体排列的二维示意图

(a) 无定型;(b) 多晶;(c) 单晶

一个典型单元或原子团在三维的每一个方向上按某种间隔规则重复地排列就形成了单晶。整个晶体的网格称为晶格,组成晶体的原子重心所在的位置称为格点,格点的总体称为点阵。图 1.3 给出了一种无限二维格点阵列,其中每个格点在某个方向上平移 a_1,在另一个不在同一直线方向上平移 b_1,就形成了二维晶格。若第三个格点不在以上两个方向上平移,就得到三维晶格。晶体的重复结构可以用一个最基本的单元复制出来,这个最基本的单元叫晶胞,可以把通过重复形成晶格的最小晶胞称为原胞。图 1.4 给出了二维晶格中的几种可能的典型晶胞。

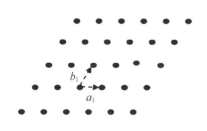

图 1.3　单晶晶格的二维表示

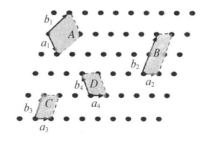

图 1.4　典型晶胞的单晶晶格二维表示

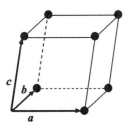

图 1.5 一个广义的
三维晶胞

图 1.5 为一个广义的三维晶胞。图中,晶胞和晶格的关系用矢量 a、b、c 表示。三维晶体中的每一个等效格点都可用矢量表示,即

$$r = pa + qb + sc \qquad (1.1)$$

其中,p、q、s 是正整数。

1.1.3 典型晶体结构

通过了解材料的晶体结构和晶格尺寸,可以确定该晶体的不同特征。考虑图 1.6 所示三种典型的立方半导体晶体结构:在图(a)中,简立方(sc)结构的每个顶角有一个原子;在图(b)中,体心立方(bcc)结构除顶角外在立方体中心还有一个原子;在图(c)中,面心立方(fcc)结构在每个面上都有一个额外的原子。

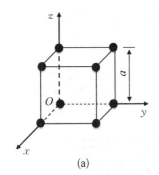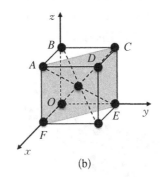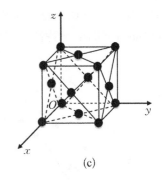

(a)　　　　　　　　　　(b)　　　　　　　　　　(c)

图 1.6 三种立方晶格类

(a) 简单立方;(b) 体心立方;(c) 面心立方

不同晶体结构的原子体密度不同。例如,考虑体心立方单晶材料的原子体密度,假设其晶格常数 $a = 5 \text{Å}$。顶角原子被 8 个聚在一起的晶胞共有,因此每个顶角原子为晶胞提供 1/8 个原子。将体心原子加入,每个晶胞共有两个等效原子。

原子体密度的计算如下:

$$原子体密度 = \frac{2}{(5 \times 10^{-8})^3} = 1.6 \times 10^{22}(个原子/\text{cm}^3)$$

该原子体密度代表了多数材料的密度数量级。在实际材料中,原子体密度是晶体类型和晶体结构的函数。

1.1.4 晶面和米勒指数

米勒指数是用于标定晶体中不同平面的简单办法。它可以由以下步骤确定:① 找出晶面在 3 个直角坐标轴上的截距 p、q、s;② 取这 3 个截距值的倒数,将其换算成最小的整数比 h、k、l;③ 圆括号括起来的 (hkl) 即为该晶面的米勒指数。

例如,用米勒指数描述图 1.7 所示的灰色平面。首先可

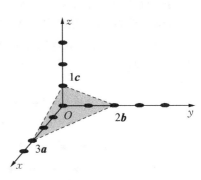

图 1.7 求典型的晶格平面的米勒指数

---

* $1 \text{Å} = 1 \times 10^{-10}$ m。

以用描述晶格的 a、b、c 轴的平面截距来表达。由式(1.1)可得,平面截距分别为 $p=3,q=2,$ $s=1$。 其倒数为$(1/3,1/2,1/1)$,将其乘以最小公倍数,因此 $h=2,k=3,l=6$,得到所示平面的米勒指数$(2,3,6)$。通常可以称该平面为(236)平面,固体中任何平行平面都是彼此等效的,因此有相同的米勒指数。

图 1.8 给出了立方晶体经常考虑的三个灰色平面。图 1.8(a)所示的面与 y,z 轴平行,因此截距为 $p=1,q=\infty,s=\infty$,根据对应的倒数,得到米勒指数$(1,0,0)$,即(100)平面。对于简立方、体心立方和面心立方,三维结构中每条坐标轴都可以旋转 $90°$,根据对称性,每个格点仍可以用式(1.1)描述,因此图 1.8(a)中的每一个立方体平面都是完全等效的,均可以用(100)表示。

图 1.8(b)所示的平面截距分别是 $p=1,q=1,s=\infty$。 通过求倒数得到米勒指数,即(110)平面。依次类推,图 1.8(c)所示平面是(111)平面。

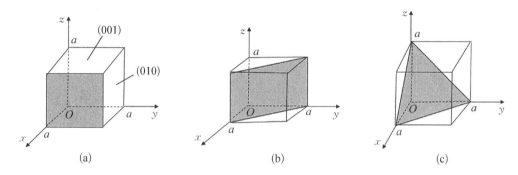

图 1.8 立方晶体经常考虑的三个平面

(a) (100)平面;(b) (110)平面;(c) (111)平面

除了描述晶格平面之外,晶向也可以用三个整数表示,它们是该方向某个矢量的分量。例如,简立方晶格的体对角线的矢量分量为 $p=1,q=1,s=1$,因此体对角线方向描述为$[111]$方向。此处方括号用来描述方向,以便与描述晶面的圆括号相区别。

1.1.5 金刚石结构

硅、锗是最常用的元素半导体材料,两者均具有金刚石晶格结构。与简单立方结构相比,图 1.9(a)所示的金刚石晶胞结构要复杂得多。可以通过考察图 1.9(b)中的四面体结构来认识金刚石晶格。这种结构最基本的构造单元为缺四个顶角原子的体心立方结构,处于金刚石晶

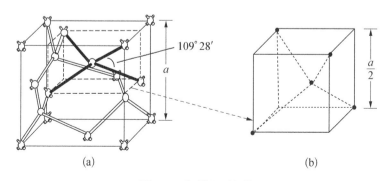

图 1.9 金刚石结构

(a) 金刚石的晶胞;(b) 处于金刚石晶格中的最近邻原子形成四面体结构

格中的最近邻原子形成四面体结构,可以看作同种原子构成的两个面心立方沿体对角线相对位移套构而成。每个原子周围有四个最邻近的原子,这四个原子处于正四面体的顶角上,任一顶角上的原子和中心原子各贡献一个价电子为该两个原子所共有,并形成稳定的共价键(夹角为 $109°28'$)。金刚石结构的另一个特点是内部存在着相当大的空隙。

典型化合物半导体砷化镓(GaAs)的铅锌矿结构如图 1.10 所示。该结构与金刚石结构的不同仅在于它们的晶格中有两类原子,还在于其四面体结构中每个镓原子有四个最近邻的砷原子,每个砷原子有四个近邻镓原子,形成两种子晶格的相互交织。

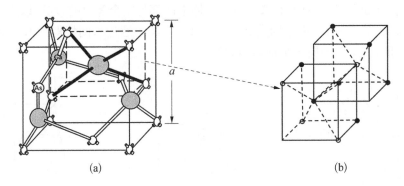

(a)   (b)

图 1.10 砷化镓的铅锌矿(闪锌矿)晶格

(a) 砷化镓的晶胞;(b) 处于铅锌矿晶格中的最近邻原子形成四面体结构

1.1.6 半导体材料的生长

目前,超大规模集成电路(very large scale integration circuit,VLSI)的制造和应用成功,在很大程度上依赖于纯单晶半导体材料生长和掺杂技术的不断进步。半导体是目前人类能够制造的纯度极高的材料之一。例如,在很多应用中硅的杂质浓度可小于百亿分之一。半导体材料的制造方法主要是直拉单晶法,而半导体薄膜的制造主要采用外延生长的方法。

直拉单晶法,又称 Czochralski 方法,是各类单晶材料生长的通用技术之一。如图 1.11 所示,一小块的单晶材料(称为籽晶)放置到同种材料的高温熔融液相表面上,然后从熔融体中缓慢旋转提拉。籽晶液相在固液分界面上发生凝固、结晶,进而获得梨形硅锭。所需的杂质原子,比如硼或磷,可以事先加到熔融体中,进行可控掺杂。硅锭长成之后,进一步用机械切削,再清洗、切割、抛光,形成具有晶向的圆片,通常称为晶圆。

外延生长是在集成电路制造中广泛应用的在单晶衬底表面上生长单晶薄膜的工艺。在外延生长工艺中,虽然其温度远低于材料的熔点温度,单晶衬底还是起到了籽晶的作用。当外延层生长在同种材料的衬底上时,称为同质外延;衬底材料与外延层不同时,称为异质外延。例如在 GaAs 衬底上实施外延操作,得到 AlGaAs 三元超晶格结构。典型的外延生长技术有化学气相沉积(CVD)、液相外延、分子束外延(MBE)等。

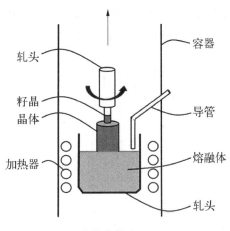

图 1.11 直拉单晶法(Czochralski 方法)示意图

1.2 量子力学概述

为了更深入地理解半导体材料和器件的特性,有必要首先了解在不同势函数条件下晶体中电子的状态,其理论依据是量子力学和热统计物理。本节对理解半导体电子运动所需的量子力学基本概念做简要介绍。

1.2.1 量子力学的基本原理

量子力学的三个基本原理分别是能量量子化原理、波粒二象性原理和不确定性原理。

1900 年,普朗克提出了黑体辐射能量是不连续的假设,即所谓的能量子概念。能量子 $E = h\nu$,其中,ν 为辐射的频率;h 称为普朗克常数($h \approx 6.626 \times 10^{-34}$ J·s)。1905 年,爱因斯坦提出了光波也是由分立的粒子组成的假设,从而解释了光电效应。这种粒子化的能量称为光子,能量也为 $E = h\nu$。

1924 年,法国物理学家德布罗意提出了存在物质波的假设。他认为既然波具有粒子性,那么粒子也应具有波动性。德布罗意的假设就是波粒二象性原理。光子的动量可写为

$$p = \frac{h}{\lambda} \tag{1.2}$$

式中,λ 为光波波长。于是,德布罗意假设将粒子的波长表示为

$$\lambda = \frac{h}{p} \tag{1.3}$$

式中,p 为粒子动量;λ 为物质波的德布罗意波长。

1927 年,戴维孙和革末在实验中利用加热的灯丝发射电子束,经过加速后射向镍晶体,同时使用检流计分别在不同的角度探测散射出的电子,成功证实了电子的波动性。

不确定原理最初也是用于描述那些不能精确确定状态的亚原子粒子。不确定原理的首要观点是,对于同一粒子不可能同时确定其坐标和动量。如果动量的不确定程度为 Δp,而坐标的不确定程度为 Δx,则不确定关系式为

$$\Delta p \Delta x \geqslant \hbar \tag{1.4}$$

式中,$\hbar = h/2\pi = 1.054 \times 10^{-34}$ J·s,称为修正普朗克常数。该关系式也适用于角坐标与角动量。

不确定性原理的第二个观点是,对于同一粒子不可能同时确定其能量和具有此能量的时间。如果给定能量的不确定程度为 ΔE,而具有此能量的时间的不确定量为 Δt,那么不确定关系式可写为

$$\Delta E \Delta t \geqslant \hbar \tag{1.5}$$

不确定性原理可以理解为,当同时测量坐标与动量或者同时测量能量与时间时,就会出现一定程度的偏差。

1.2.2 薛定谔方程

1926 年,薛定谔结合了普朗克的量子化原理和德布罗意的波粒二象性原理,提出了波动

力学理论描述电子的运动,即薛定谔方程。

一维非相对论的薛定谔方程表示为

$$\frac{-\hbar^2}{2m} \cdot \frac{\partial^2 \psi(x,t)}{\partial x^2} + V(x)\psi(x,t) = \mathrm{i}\hbar \frac{\partial \psi(x,t)}{\partial t} \tag{1.6}$$

其中,$\psi(x,t)$ 为波函数;$\hbar$ 为约化普朗克常数;$V(x)$ 为与时间无关的势能函数;m 是粒子的质量;i 是虚常数 $\sqrt{-1}$。可以利用分离变量的方法,计算波函数中与时间有关的部分以及与坐标有关(与时间无关)的部分。如将波函数写为如下形式:

$$\psi(x,t) = \psi(x)\phi(t) \tag{1.7}$$

式中,$\psi(x)$ 是空间坐标 x 的函数,$\phi(t)$ 是时间 t 的函数。将这种形式代入薛定谔方程(1.6),有

$$\frac{-\hbar^2}{2m} \cdot \frac{\partial^2 \psi(x,t)}{\partial x^2} + V(x)\psi(x)\phi(t) = \mathrm{i}\hbar\,\psi(x)\,\frac{\partial \phi(t)}{\partial t} \tag{1.8}$$

如果用式(1.8)除以总的波函数,可得

$$\frac{-\hbar^2}{2m} \cdot \frac{1}{\psi(x)} \cdot \frac{\partial^2 \psi(x,t)}{\partial x^2} + V(x) = \mathrm{i}\hbar \cdot \frac{1}{\phi(x)} \cdot \frac{\partial \phi(t)}{\partial t} \tag{1.9}$$

因为式(1.9)的左边只是坐标 x 的函数,右边只是时间 t 的函数,所以式子两边一定都等于同一个常数,用 η 表示这个分离变量常数。式(1.9)中与时间有关的项表示为

$$\eta = \mathrm{i}\hbar \cdot \frac{1}{\phi(t)} \cdot \frac{\partial \phi(t)}{\partial t} \tag{1.10}$$

式(1.10)的解为

$$\phi(t) = \mathrm{e}^{-\mathrm{i}\left(\frac{E}{\hbar}\right)t} \tag{1.11}$$

其中,$E = \hbar\nu$ 或 $E = \hbar\omega/2\pi$。薛定谔波动方程中与时间无关的项表示为

$$\frac{-\hbar^2}{2m} \cdot \frac{1}{\psi(x)} \cdot \frac{\partial^2 \psi(x)}{\partial x^2} + V(x) = E \tag{1.12}$$

其中,分离常量是粒子的总能量 E。式(1.12)可进一步表示为

$$\frac{\partial^2 \psi(x)}{\partial x^2} + \frac{\hbar^2}{2m}[E - V(x)]\psi(x) = 0 \tag{1.13}$$

其中,m 为粒子的质量;$V(x)$ 为粒子所在的势场强度;E 为粒子的总能量。

1.2.3 波函数的物理意义

波函数 $\psi(x,t)$ 用来描述晶体中的电子状态,是与坐标有关的函数和与时间有关的函数的乘积。即

$$\psi(x,t) = \psi(x)\Phi(t) = \psi(x)\mathrm{e}^{-\mathrm{i}(E/\hbar)t} \tag{1.14}$$

玻恩假设函数模的平方 $|\psi(x,t)|^2\mathrm{d}x$ 是某一时刻在 x 与 $x + \mathrm{d}x$ 之间发现粒子的概率,或称 $|\psi(x,t)|^2$ 为概率密度函数,于是有

$$| \psi(x,t) |^2 = \psi(x,t)\psi^*(x,t) = | \psi(x) |^2 \tag{1.15}$$

其中，$\psi^*(x,t)$ 为复合共轭函数。

$$\psi^*(x,t) = \psi^*(x)\mathrm{e}^{+\mathrm{i}(E/\hbar)t} \tag{1.16}$$

概率密度函数 $| \psi(x,t) |^2$ 与时间无关。这体现了经典力学与量子力学的一个最主要的区别：经典力学中粒子或物体的坐标可以被精确确定，而在量子力学中只能确定粒子在某个坐标位置的概率。

基于波函数的物理意义，对单个粒子来说，必须满足

$$\int_{-\infty}^{\infty} | \psi(x) |^2 \mathrm{d}x = 1 \tag{1.17}$$

式(1.17)对波函数进行了归一化，并且它可以作为一个边界条件，用来确定波函数的各项待定系数。

如果粒子的能量 E 和势函数 $V(x)$ 在任何位置均为有限值，则要求波函数及其导数符合以下条件：① $\psi(x)$ 必须有限、单值和连续；② $\partial\psi(x)/\partial x$ 必须有限、单值和连续。其原因在于，如果概率密度在空间某一点为无限值，那么能够确定在该点发现粒子的概率，这就与不确定性原理产生了矛盾。如果粒子总能量 E 和势函数 $V(x)$ 在任何位置均取有限值，那么根据式(1.13)可知，波函数的二阶导数必须有限，也就意味着其一阶导数必须连续，波函数的由于一阶导数与粒子动量有关，所以其也必然是有限且单值的。

1.2.4 一维自由电子的运动

对一维运动的自由电子，其薛定谔方程以及动量、能量的关系可写为

$$-\frac{\hbar^2}{2m_0}\frac{\partial\psi^2(x)}{\partial x^2} = E\psi(x) \tag{1.18}$$

$$p = m_0 v = \hbar k \tag{1.19}$$

$$E = h\nu = \frac{1}{2}\frac{p^2}{m_0} = \frac{1}{2}\frac{\hbar^2}{m_0}k^2 \tag{1.20}$$

$$k = 2\pi/\lambda \tag{1.21}$$

$$\psi(x) = A\mathrm{e}^{\mathrm{i}kx} \tag{1.22}$$

图 1.12 为一维自由电子的 $E(k)$ 关系。对于波矢为 k 的运动状态，自由电子的能量 E、动量 p 和速度 v 均可以有确定的数值。波矢 k 可用以描述自由电子的运动状态，不同的 k 值标志着自由电子的不同状态。由于波矢 k 的连续变化，自由电子的能量是连续能谱，从零到无限大的所有能量值都是允许的。

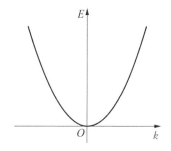

图 1.12 一维自由电子的 E-k 关系示意图

1.3 半导体的能带

1.3.1 孤立原子中的电子能级

孤立原子中的电子只受原子核和该原子中其他电子所产生的势场作用,其能量是分立能级。如图 1.13 所示为最简单的氢原子能级,它的原子核带一个正电荷,核外有一个电子绕核运动。如果将电子刚好脱离原子核的束缚成为自由电子时的能量取为势能零点,即 $E_\infty = 0\,\text{eV}$,则孤立氢原子中电子能量为

$$E_n = -\frac{m_0 q^4}{8\varepsilon_0^2 h^2 n^2} = -\frac{13.6}{n^2}, \quad n = 1,2,3,\cdots \tag{1.23}$$

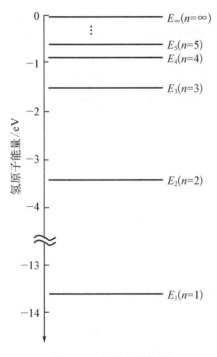

式中,m_0 是自由电子的惯性质量;q 为电子电荷;ε_0 为真空介电常数;h 为普朗克常数;正整数 n 为主量子数。根据式(1.23)可以得到如图 1.13 所示的氢原子能级图。

对于主量子数 $n=1$ 时,$E_1 = -13.6\,\text{eV}$;$n=2$ 时,$E_2 = -3.4\,\text{eV}$;$n=3$ 时,$E_3 = -1.5\,\text{eV}$;当 $n \to \infty$,$E_\infty = 0\,\text{eV}$。从氢原子的能级图中可以得到如下结论。

(1)原子中电子能量是分离的,只能取一系列不连续的特定值,每一个这样的特定值称为能级。在两个能级之间,没有另外的能量状态存在。

(2)正常状态下,氢原子的电子一般就处在能量最低的 E_1 能级上,称为基态。当电子吸收能量后,从低能级跃迁到高能级上去成为激发态。处在激发态上的电子是不稳定的,在一定的条件下,它可以放出能量,重新回到低能级上来。若电子从基态跃迁到 E_∞ 变为自由电子,称为电离。

(3)具有多个电子组成的原子,其电子所具有的能量,即能级同样是不连续的。

图 1.13 氢原子能级图

一个具有多个电子的复杂原子,由于它的每一个电子除了受原子核的作用之外,还受其他电子的作用,因此其能级分布情况与只有一个电子的氢原子不同。在复杂原子中电子可取的能量除了与主量子数有关外,还与轨道角动量、轨道在空间的取向以及电子的自旋方向等因素有关。因此在一个系统中(例如一个原子,或由原子结合成的分子、晶体等)不允许有在主量子数、轨道角动量、轨道在空间的取向和电子的自旋方向四个方面都完全相同的电子,这就是泡利不相容原理。这一原理表明,在任何一个系统的每一个能级中,最多只能容纳两个自旋方向相反的电子。当然,属于同一量子数的一些能级彼此是靠得比较近的。

对于原子的基态来说,它的电子遵循能量最小化原理,即首先填充能量最低的能级。当能量最低的能级已经填满后,按能量由小到大的次序,依次填满其他能级。对应地从电子的运动

轨道来看,它将首先填满距核较近的各个轨道。电子轨道按主量子数的不同,分成各主壳层,在每一个主壳层中又按轨道角动量不同分成几个亚壳层。具体来说,$n=1$ 的第一层电子只有一个能级(1s),因此最多容纳 2 个电子;$n=2$ 的第二层有一个 2s 能级和 3 个 2p 能级,因此可容纳 8 个电子。$n=3$ 的第三层可容纳 18 个电子。$n=4$ 的第四层可容纳 32 个电子。表 1.2 列出了各层所包含亚壳层数、电子状态和电子数目。

表 1.2　原子中电子壳层的电子数

主量子数 壳层	亚壳层的电子数							总数
	s	p	d	f	g	h	i	
1	2							2
2	2	6						8
3	2	6	10					18
4	2	6	10	14				32
5	2	6	10	14	18			50
6	2	6	10	14	18	22		72
7	2	6	10	14	18	22	26	98

半导体材料硅共有 14 个电子,它们依次填满第一层 1s,第二层 2s、2p 轨道之后,在第三层还有 4 个电子填在 3s 和 3p 能级上。原子最外层的电子称为价电子,很大程度上决定了此元素的化学性质。硅有 4 个价电子,因此是 IV 族元素。

1.3.2　电子共有化与能带

当原子间相距较远时(如气体状态),电子分布在各个原子核附近的轨道上,此时可以认为分别属于各个原子。然而,形成固态晶体后原子间相互非常接近,不同原子的内外层电子轨道将发生不同程度的交叠。例如对于硅晶体,室温下两个相邻原子间的中心距离仅约有 0.5 nm。由于电子轨道的重叠,原来属于某一原子的电子不再局限于在该原子附近运动(也可以认为单个原子中的电子受到了相邻多个原子的作用),电子的运动区域相互重叠,电子可以在相邻原子之间转移。这意味着电子能够在整个晶体中运动,这一过程称为晶体中电子的共有化。如图 1.14 所示。

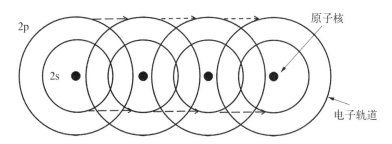

图 1.14　晶体中电子的共有化过程示意图

晶体中电子共有化的特点如下。

（1）相邻原子的最外壳层交叠程度最大,内壳层交叠相对较少,因此原子中外壳层电子共有化运动显著,原因是内层电子受原子核束缚较大。在考虑晶体中电子的共有化运动时,主要考虑价电子的共有化运动。

（2）各原子中相似壳层上的电子才有相近的能量,无外力作用时,电子只能在相似壳层中进行共有化运动。因此大量原子形成晶体后,每一个原子能级具有引起与其对应的原子能级的共有化运动。例如,2s 能级引起 2s 的共有化运动,2p 能级引起 2p 的共有化运动。

图 1.15 表示两个原子接近相互影响导致波函数交叠的情况。由于任何两个电子不会具有相同的量子数,因此两个原子中相同的能级必须分裂成两个,以保证每个电子占据相同的电子态。晶体由很多原子组成,随着晶体中价电子的共有化运动的形成,需要讨论这些电子运动的能量状态。考虑两个相同原子,当彼此距离很远时,价电子分别处在各个原子的能级中。对同一个主量子数而言,其能级为双重简并。但当两个原子接近时,由于两个原子间的相互作用,会使得双重简并能级一分为二。可以想象,若有 N 个原子排列起来形成一个固态晶体时,分别属于各个原子的分立能级分裂成为彼此分离但能量又十分接近的 N 个能级。实际晶体中原子数目 N 极大,如硅的原子体密度在 10^{22} cm^{-3} 的量级,这意味着 1 mm^3 内就有 10^{19} 个原子。因此分裂成的能级间隔很小,仅在 10^{-19} eV 量级,可以看作准连续的能量分布,即形成了能带。

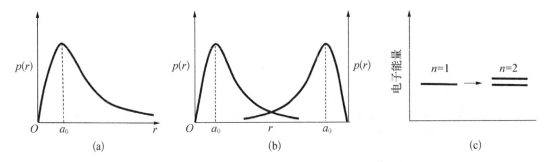

图 1.15　两个原子接近相互影响形成的能级分裂

（a）概率密度曲线;（b）波函数交叠,相互影响;（c）能级分裂

在价电子能级分裂形成价电子能带的同时,其内层电子的能级也发生分裂形成能带。如 s 能级 2 度简并,交叠后分裂为 2N 个能级;p 能级 6 度简并,交叠后分裂为 6N 个能级;d 能级 10 度简并,交叠后分裂为 10N 个能级。显然,处于低能级的内壳层电子共有化运动弱,所以能级分裂小,能带较窄;处于高能级的外壳层电子共有化运动强,能级分裂大,能带较宽。价电子的能带是最宽的,如同"准自由电子"可以在晶体中自由运动。另外,根据能量最小化原理,晶体中电子需要先填满低能带后才能填充高能带,填满的能带称为满带。没有电子的称为空带,中间的是禁带。

能级分裂产生的每一个能带又称为允带,允带之间没有能级称为禁带。如图 1.16 所示。

值得注意的是,许多实际晶体的能带与孤立原子能级间并不是一一对应的,如硅和锗。图 1.17 为孤立的硅原子能级形成硅晶体能带的示意图。当原子间的距离较大时,每个孤立的原子均有其分立的能级。只考虑外层 $n-3$ 能级的价电子,每个原子的 3s 能带中有 2N 个状态,也有 2N 个电子,因此 3s 能带是全满的;3p 能带中有 6N 个状态,而只有 2N 个 3p 电子,即它的 3p 能带是不满的。

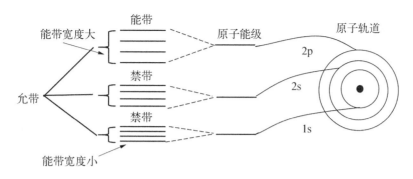

图 1.16　原子中各电子壳层能带示意图

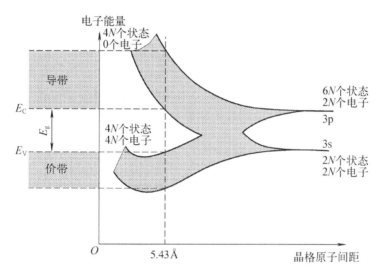

图 1.17　孤立硅原子形成硅晶体能带过程示意图

当原子与原子间的距离减小时,硅原子的 3s 及 3p 轨道彼此重叠,各个简并能级分裂,形成能带;当原子间距进一步缩小时,3s、3p 不同的分立能级所形成的能带扩展而合并成一个能带;当原子间距接近金刚石晶格中原子间的平衡距离 5.43 Å 时(硅晶格常数),合并的能带将再度分裂成为两个能带。

两个允带之间的区域形成了禁带或带隙。把禁带上面的能带叫导带,把禁带下面的能带叫价带。导带底部的能量用 E_C 表示,价带顶部的能量用 E_V 表示,禁带宽度 $E_g = E_C - E_V$,即为导带底到价顶的能量差,这是一个半导体非常重要的参数。在热力学温度 T 为 0 K 时,电子占据最低能态,因此价带上的所有能态将被电子填满,而导带中所有能态将不存在电子。当温度升高时,极少数电子受到热激发作用可能存在于导带中。

几个与能带相关的概念总结如下。

允带:允许电子能量存在的能量范围。

禁带:不允许电子能量存在的能量范围。

空带:未被电子占据的允带。

满带:允带中的能量状态(能级)均被电子占据。

价带 E_V:被价电子占据的允带。

导带 E_C:电子未占满的允带。

1.3.3 导体、半导体、绝缘体能带的简化表示

组成不同晶体的原子不同,这些原子的结合方式也是不同的。因此,不同晶体能带的宽度、禁带宽度的大小以及电子填充能带情况也不尽相同。导体、绝缘体和半导体分别具有不同的能带结构,在研究它们的电学特性时,电子在能带中的分布具有重要意义。实际上,半导体晶体的能带结构图比较复杂。为了分析半导体特性时突出主要矛盾,可以将复杂的能带结构用图 1.18(a)进行简化。其中,E_c 表示导带底的能量;E_V 表示价带顶的能量;E_g 表示禁带宽度。

导体、半导体、绝缘体导电性不同的机理,可以根据电子填充能带的情况来定性说明,如图 1.18(b)所示。固体能够导电,是其中电子在外电场作用下做定向运动的结果。由于电场力对电子的加速作用,使电子的运动速度和能量都发生了变化。从能带论来看,电子的能量变化,就是电子从一个能级跃迁到另一个能级上去。对于满带,其中的所有的能级已为电子所占满,在外电场作用下,满带中的电子无法移动也不形成电流,对导电没有贡献。通常原子中内层轨道能级都是满带,电子全部占据其中的能级,因而内层电子对导电没有贡献。对于被电子部分占满的能带,在外电场作用下,电子可从外电场吸收能量跃迁到未被电子占据的能级去,从而形成电流起导电作用,常称这种能带为导带。

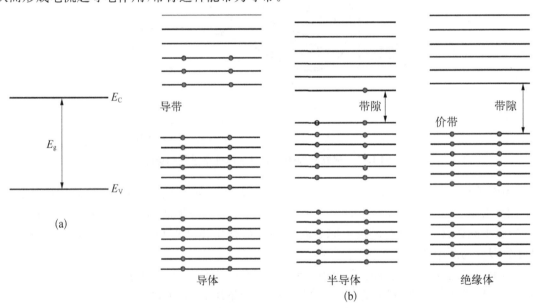

图 1.18 固体能带结构

(a) 固体能带的简化表示;(b) 固体中的能带示意图

一般情况下,绝缘体的价带为满带,全部被电子填满,而导带是空带。由于禁带宽度很大,虽然绝缘体的导带有许多空的能态可以接受电子,但室温下的热能或外加电场能量并不足以使价带顶部的电子激发到导带去,几乎没有电子能够占据导带上的能态,因此具有很大的电阻,无法传导电流。半导体的能带与绝缘体相似,在 $T = 0\ \text{K}$ 时,价带被填满电子而导带为全空。所不同的是,半导体的禁带宽度相对较窄,室温下的热能或光照可将价带顶的一部分电子激发到导带中去,使得原先全空的导带变为半满带,同时价带也变成半满带。价带中由于少了一些电子,而在满带顶部附近出现了一些空的状态(空穴),这时导带中的电子和价带中的空穴

都可以参与导电,因而具备一定的导电能力。金属的能带与绝缘体和半导体的都不同,它的价带没有被电子完全填满,在受到外界扰动时电子很容易跃迁,所以金属是良好的导体。

引进空穴概念后,就可以把价带中大量电子对电流的贡献用少量的空穴表达出来,这样做不仅仅是方便,而且具有实际的意义。所以,半导体中除了导带上的电子具有导电作用外,价带中还有空穴的导电作用。对本征(纯净)半导体来说,导带中的电子都是从价带跃迁而来,因此导带中有多少电子,价带中相应地就有多少空穴,两者同时参与导电,这就是本征半导体的导电机制。电子和空穴统称为载流子。这一点是半导体与金属的最大差异,金属中只有电子一种荷载电流的粒子,而半导体中有电子和空穴两种载流子。

绝缘体和半导体能带的区别在于两者的禁带宽度。绝缘体的禁带宽度很大(一般大于 6 eV),激发电子到导带需要很大能量,所以导带电子和价带空穴少,导电性很差。半导体禁带宽度比较小,多在 1~2 eV 左右,在常温下已有不少电子被激发到导带中去,所以具有一定的导电能力,这是绝缘体和半导体的主要区别。例如室温下金刚石的禁带宽度 E_g 为 6~7 eV,为典型的绝缘体。硅禁带宽度 $E_g=1.12\,\text{eV}$,锗 $E_g=0.67\,\text{eV}$,砷化镓 $E_g=1.43\,\text{eV}$,都为典型的半导体。半导体的禁带宽度是随着温度而变化的,例如,0 K 时硅的禁带宽度 E_g 仅约为 1.2 eV,砷化镓为 1.52 eV,这表明温度升高将导致禁带宽度减小,即禁带宽度 E_g 具有负温度特性。

1.3.4 能带理论的简要量子力学描述

1. 布洛赫定理

半导体内电子的运动规律是由半导体中的电子状态决定的。晶体由无数个相同单元周期性重复排列组成,原子的排列是长程有序的,具有严格的周期性。这意味着,在晶体内部不同原胞的对应点原子的排列情况相同,晶体的微观物理性质也相同。每个原子又包含有原子核和核外电子,原子核与电子之间、电子与电子之间都存在着库仑作用。因此,晶体中电子的运动不是彼此无关的,是相互联系的整体系统。但为使问题简化,可以近似地把每个电子的运动单独地加以考虑,即在研究一个电子运动时,把在晶体中各处的其他电子和原子核对这个电子的库仑作用,按照它们的概率分布,平均地加以考虑,这种近似称为单电子近似(single electron approximation),也称为哈特里-福克(Hartree-Fock)近似。这样,单个电子所受的库仑作用与其自身位置有关,是在与晶格同周期的周期性势场中运动。对于一维晶格,表示晶格中位置为 x 处的电势可表示为

$$V(x+na)=V(x) \tag{1.24}$$

晶体中的电子在严格周期性重复排列的原子间运动,电子的运动状态由仅包含这个电子坐标的薛定谔方程决定,表示为

$$-\frac{\hbar^2}{2m_0}\cdot\frac{\partial\psi^2(x)}{\partial x^2}+V(x)\psi(x)=E\psi(x) \tag{1.25}$$

该方程的解析解很难求,只能采用近似方法求解。布洛赫定理指出,在周期性势场中运动的电子波函数具有如下形式:

$$\psi_k(x)=e^{ikx}u_k(x) \tag{1.26}$$

$$u_k(x+na)=u_k(x) \tag{1.27}$$

其中,$u_k(x)$ 为具有晶格周期性的函数。

从布洛赫定理可以看到：① 对比自由电子波函数 $\psi(x) = A\mathrm{e}^{ikx}$，周期性势场中的布洛赫函数 $\psi_k(x) = \mathrm{e}^{ikx}u_k(x)$ 是一个被调幅的平面波，振幅 $u_k(x)$ 的变化周期与晶体晶格周期相同；② 电子的分布概率也是晶格的周期函数，在各原胞对应点上出现的概率相同，即

$$\psi(x + na) = \mathrm{e}^{ik(x+na)}u_k(x + na)$$

$$= \mathrm{e}^{ikna}\mathrm{e}^{ikx}u_k(x) = \mathrm{e}^{ikna}\psi(x)$$

$$|\psi(x + na)|^2 = |\psi(x)|^2 \tag{1.28}$$

上面的结果说明，电子可以从晶胞中某一点自由地运动到其他晶胞的对应点上，这正是电子共有化运动的体现。

2. 布里渊区与能带图

晶体中电子处在不同的 k 状态，则具有不同的能量 $E(k)$。通过周期性势场 $V(x)$ 可以

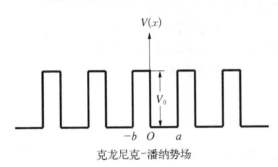

克龙尼克-潘纳势场

图 1.19 克龙尼克-潘纳(Kronig-Penney) 晶体势场简单模型

求解晶体中电子的薛定谔方程，进而得出 $E(k)$ 关系曲线。晶体的实际势场 $V(x)$ 往往很复杂，且只能通过各种近似取得近似解。克龙尼克-潘纳(Kronig-Penney)提出了一个晶体势场的简单模型，如图 1.19 所示，以便确定晶体中的势函数 $V(x)$。

求解后，得到如图 1.20 所示的 $E(k)$ 关系曲线。与图 1.12 所示的一维运动的自由电子 $E(k)$ 关系对比，发现电子在晶体周期性势场中运动的基本特点和自由电子的运动十分相似。

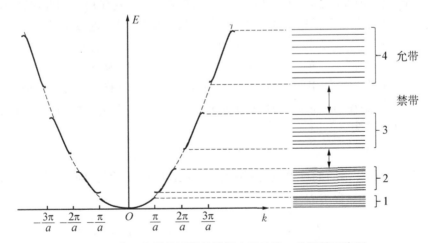

图 1.20 电子在晶体周期性势场中运动的一维能带示意图

从图 1.20 可以看到，与自由电子连续的 $E(k)$ 关系不同，当 $k = \dfrac{n}{a}\pi(n = 0, \pm1, \pm2, \cdots)$ 时，能量出现不连续区域，从而形成了一系列允带和禁带。允带出现在以下几个区(布里渊区)中：

第一布里渊区，$-\dfrac{\pi}{a} < k < \dfrac{\pi}{a}$

第二布里渊区，$-\dfrac{2\pi}{a}<k<-\dfrac{\pi}{a},\dfrac{\pi}{a}<k<\dfrac{2\pi}{a}$

第三布里渊区，$-\dfrac{3\pi}{a}<k<-\dfrac{2\pi}{a},\dfrac{2\pi}{a}<k<\dfrac{3\pi}{a}$

由于图 1.20 中的 $E(k)$ 函数具有明显的对称性，可以把其他布里渊区中的 $E(k)$ 曲线平移整数个 $2\pi/a$，放入第一布里渊区，就如图 1.21 所示的简约布里渊区能带图。此时要标志一个状态可用 $E=E_n(k)(n=1,2,\cdots)$ 来表示。其中，n 为能带的编号；k 表示每个能带中不同的电子状态和能级。

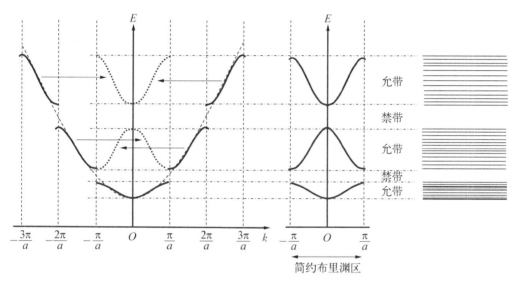

图 1.21　简约布里渊区能带示意图

1.3.5　硅和砷化镓的能带图

本节将把能带概念扩展到三维空间和真实晶体中。实际晶体中，沿晶体中的不同方向，原子的间距可能不同。例如图 1.22 所表示的面心立方 [100] 方向和 [110] 方向的原子排布。因此，电子在不同方向上运动所受到的势场作用也不相同，从而产生不同的 $E(k)$ 关系。也就是说，$E(k)$ 关系是 k 空间方向上的函数。

图 1.23 为砷化镓和硅的 $E(k)$ 关系简化示意图。可以看到，在图中 k 轴正、负方向，设定了两个不同的晶向。对于一维模型来说，$E(k)$ 关系曲线在 k 坐标上是对称的，因此负半轴的信息完全可以由正半轴得出。于是可以将 [100] 方向的图形绘制在一侧，而将 [111] 方向的 $E(k)$ 关系绘制在另一侧。对于金刚石或闪锌矿类型的晶格来说，价带的最大能量和导带的最小能量会出现在 $k=0$ 处或沿这两个晶向之一的方向上。

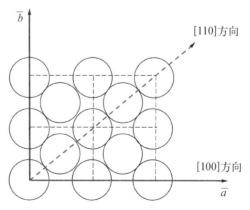

图 1.22　面心立方的 [100] 方向和 [110] 方向的原子排布

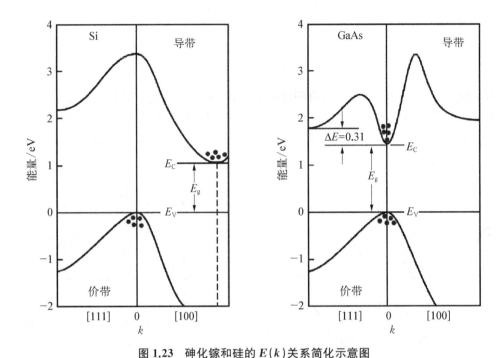

图 1.23 砷化镓和硅的 $E(k)$ 关系简化示意图

在砷化镓的 $E(k)$ 关系曲线中,它的导带最小能量与价带最大能量具有相同的 k 坐标,均出现在 $k=0$ 处。因此导带中的电子倾向于停留在能量最小的 $k=0$ 处。同样,价带中的空穴也倾向于聚集在该最大能量处。对于 GaAs,具有这种特性的半导体称为直接带隙半导体,它的价带与导电之间电子的跃迁不会对其动量产生影响,只需要遵循能量守恒定律。直接带隙半导体特别适用于制造半导体激光器和其他光学器件。

在硅的 $E(k)$ 关系中,价带的最大能量也出现在 $k=0$ 处,但导带的最小能量点不在 $k=0$ 处,而是在 [100] 方向上。最小的导带能量与最大的价带能量之间的差别仍然为禁带宽度 E_g。这种价带能量最大值和导带能量最小值对应不同 k 坐标的半导体,通常称为间接带隙半导体。当电子在价带和导带中跃迁时,不仅要遵循能量守恒定律,还必须遵循动量守恒定律。因此,间接带隙材料中的跃迁必然包含与晶体的相互作用,以使晶体的动量保持恒定。锗也是一种间接带隙半导体,它的价带能量最大值在 $k=0$ 处,而导带能量最小值在 [111] 方向上。另外一些化合物半导体,如 GaP 和 AlAs 也是间接带隙半导体。

1.4 有效质量

1.4.1 有效质量定义

一般对实际半导体而言,$E(k)$ 函数非常复杂。但对半导体性质起主要作用的往往是在能带底部或顶部的电子,因此通常只考虑能带极值附近的 $E(k)$ 关系。在能带底部极值($k=0$)附近对 $E(k)$ 函数进行泰勒级数展开,有

$$E(k) = E(0) + \left(\frac{\mathrm{d}E}{\mathrm{d}k}\right)_{k=0} k + \frac{1}{2}\left(\frac{\mathrm{d}^2 E}{\mathrm{d}k^2}\right)_{k=0} k^2 + \cdots \tag{1.29}$$

$k=0$ 时能量 E 变化很小,一阶导数近似为 0,因此

$$E(k) - E(0) = \frac{1}{2}\left(\frac{\mathrm{d}^2 E}{\mathrm{d}k^2}\right) k^2 \tag{1.30}$$

对于给定的半导体,$\left(\dfrac{\mathrm{d}^2 E}{\mathrm{d}k^2}\right)_{k=0}$ 是一个定值,假设

$$\left(\frac{\mathrm{d}^2 E}{\mathrm{d}k^2}\right)_{k=0} = \frac{\hbar^2}{m^*} \tag{1.31}$$

$$E(k) - E(0) = \frac{1}{2}\left(\frac{\mathrm{d}^2 E}{\mathrm{d}k^2}\right) k^2 = \frac{\hbar^2 k^2}{2m^*} \tag{1.32}$$

其中

$$m^* = \frac{\hbar^2}{\left(\dfrac{\mathrm{d}^2 E}{\mathrm{d}k^2}\right)} \tag{1.33}$$

对自由电子来说,其能量

$$E = \frac{\hbar^2 k^2}{2m_0} \tag{1.34}$$

即

$$m_0 = \frac{\hbar^2}{\left(\dfrac{\mathrm{d}^2 E}{\mathrm{d}k^2}\right)} \tag{1.35}$$

对比发现,m^* 的表示式(1.33)与自由电子能量表达式(1.35)类似,因此称其为有效质量。

值得注意的是,自由电子静质量 m_0 为常数,而有效质量 m^* 与 $E(k)$ 关系有关。只有在能带图上的特定位置,m^* 的值才能作为常数,可用回旋共振的方法测出。另外,m^* 在各个方向上不相等,而且还可以有负值。m^* 的大小由 E 对 k 的二阶导数决定,在带底处,$E(k)$ 二阶导数为正,因而电子的有效质量 m_n^* 为正;而在带顶部,$E(k)$ 二阶导数为负(曲率为负),因此有效质量为负。

1.4.2 电子的平均速度和加速度

可从自由电子的 $E(k)$ 关系推导其速度,对式(1.34)两边求 k 的导数,有

$$\frac{\mathrm{d}E}{\mathrm{d}k} = \hbar \frac{\hbar k}{m_0} = \hbar \frac{p}{m_0} = \hbar \frac{m_0 v}{m_0} = \hbar v \tag{1.36}$$

可得自由电子速度

$$v = \frac{1}{\hbar} \frac{\mathrm{d}E}{\mathrm{d}k} \tag{1.37}$$

相应地,可求得半导体中电子的平均速度为

$$v = \frac{1}{\hbar} \frac{\mathrm{d}E}{\mathrm{d}k} = \frac{1}{\hbar} \frac{\mathrm{d}\left(\frac{\hbar^2 k^2}{2m^*}\right)}{\mathrm{d}k} = \frac{\hbar k}{m_n^*} \tag{1.38}$$

晶格中电子的有效动量(准动量) $mv = \hbar k$ 也类似于自由电子动量的表达。

实际的半导体器件在一定的电压下工作,半导体内部产生外加电场。当电场强度为 E 时,电子受外力 $f = -qE$。外力对电子做的功等于其能量的变化,即

$$\mathrm{d}E = f\,\mathrm{d}s = fv\,\mathrm{d}t \tag{1.39}$$

将半导体平均速度 v 的表达式(1.39)代入,可得

$$\mathrm{d}E = fv\,\mathrm{d}t = \frac{f}{\hbar} \frac{\mathrm{d}E}{\mathrm{d}k} \mathrm{d}t \tag{1.40}$$

考虑到

$$\mathrm{d}E = \frac{\mathrm{d}E}{\mathrm{d}k} \mathrm{d}k \tag{1.41}$$

因此有

$$\frac{\mathrm{d}E}{\mathrm{d}k} \mathrm{d}k = \frac{f}{\hbar} \frac{\mathrm{d}E}{\mathrm{d}k} \mathrm{d}t \tag{1.42}$$

$$f = \hbar \frac{\mathrm{d}k}{\mathrm{d}t} \tag{1.43}$$

式(1.43)反映了在外力作用下,电子波矢 k 随时间不断变化,相应速度不断变化,则平均加速度为

$$a = \frac{\mathrm{d}v}{\mathrm{d}t} = \frac{\mathrm{d}}{\mathrm{d}t}\left(\frac{\hbar k}{m_n^*}\right) = \frac{\hbar}{m_n^*} \frac{\mathrm{d}k}{\mathrm{d}t} = \frac{f}{m_n^*} \tag{1.44}$$

从电子的平均速度表达式(1.38)和加速度表达式(1.44)来看,借助于有效质量的概念,晶体电子在外力的作用下的运动规律可以用经典的牛顿理论来描述。因此有效质量 m^* 是一个将经典理论和量子理论联系起来的概念。有效质量的意义在于:它概括了半导体内部势场的作用,使得在解决半导体中电子在外力作用下的运动规律时,可以不涉及半导体内部势场的作用;由于特定的有效质量可以直接由实验测定,因而可以很方便地求解电子的运动规律和能带极值附近的 $E(k)$ 关系。有效质量与能量 E 对于 k 的二次微商成反比,能带越窄,二次微商越小,有效质量越大。内层电子的能带窄,有效质量大;外层电子的能带宽,有效质量小。所以对于外层电子,在外力的作用下可以获得较大的加速度,如图1.24所示。

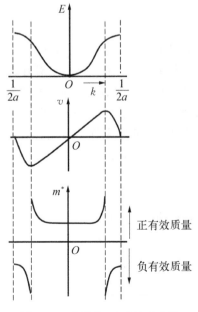

图 1.24　半导体 $E(k)$ 关系中的速度和有效质量

　　价带中的空状态，一般都出现在价带顶部附近，而价带顶部附近电子的有效质量是负值。如果用 m_n^*、m_p^* 分别表示电子和空穴的有效质量，则有 $m_p^* = -m_n^*$，在价带顶部附近电子的有效质量 m_n^* 为负值，因而空穴的有效质量 m_p^* 为正值。

习　题

第 2 章

热平衡半导体

2.1 半导体中的杂质和缺陷

2.1.1 本征半导体和杂质半导体

在本征半导体中,原子严格按周期性排列,晶体具有完整的晶格结构且无杂质和缺陷。此时,晶体中的电子在严格的周期性势场中做共有化运动,形成允带和禁带。载流子完全由本征热激发提供,电子可能的能量状态是处于允带中,禁带中无任何电子可能存在的能量状态。但是,在实际应用的半导体晶格中,由于材料制造原因或人为控制因素,总是呈现出非理想的情况。

第一,在热力学温度大于 0 K 时,晶体中的原子也在其平衡位置附近振动,并不是完全静止在周期性晶格点的位置上;第二,半导体晶格中可能存在不同的杂质原子,其电离可以提供载流子参与导电;第三,实际生长出的晶格结构也并非完美,往往存在点缺陷(空位、间隙原子)、线缺陷(位错)或面缺陷(层错、晶界)等,如图 2.1 所示。从能级的角度看,在这些杂质或缺陷附近区域,严格周期性排列的原子所产生的周期性势场受到破坏,会引起局域性的量子态,而其对应的能级常处在半导体的禁带中,从而对材料的物理化学性质产生了决定性的影响。例如,在硅晶体中,若以每十万个硅原子中掺入一个杂质原子的比例掺入杂质硼(B)原子,则其室温电导率将比纯硅增加约 1 000 倍。因此,为了尽量避免半导体器件在制造过程中引入的杂质或晶格缺陷对器件性能产生的严重影响,一般要求生长硅单晶时控制其位错密度在 10 cm^{-2} 以下。

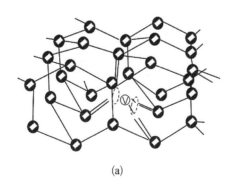
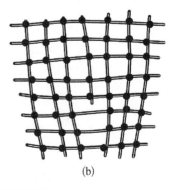

(a)   (b)

图 2.1　实际半导体中典型的缺陷示意图

(a) 硅、锗晶体中的空位;(b) 金刚石结构中的位错

半导体的杂质浓度定义为其单位体积中的杂质原子数目,表示其晶体中杂质含量的多少。一般杂质原子在半导体中以两种方式存在:一种方式是杂质原子位于晶格原子间隙位置,称为间隙式杂质;另一种方式是杂质原子取代晶格原子而位于晶格点处,称为替位式杂质。间隙式杂质原子一般比较小,例如锂(Li)原子的半径为 0.068 nm,在硅、锗、砷化镓等常见半导体中是间隙式杂质。替位式杂质原子在尺寸和价电子壳层结构上与半导体的比较相近。如硅、锗是Ⅳ族元素,Ⅲ和Ⅴ族元素的硼、磷在硅与锗晶体中都是典型的替位式杂质。

2.1.2　施主杂质与 N 型半导体

在集成电路制造工艺中,通过离子注入、热扩散等方法,可以在硅中掺杂Ⅲ、Ⅴ族的磷和硼等元素,分别形成半导体器件中最基本的 P 型和 N 型半导体材料。首先,以图 2.2 所示的硅中掺磷为例,磷原子以替位式杂质的形式占据了原有硅原子的位置。磷原子的最外层有 5 个价电子,其中 4 个价电子与相邻的 4 个硅原子形成了共价键,还剩余 1 个价电子。这个多余的价电子被束缚于磷原子中,但这种束缚作用比共价键的束缚作用弱得多,只要很少的能量就可以使它挣脱原子核的束缚,成为导电电子在晶格中自由运动。此时磷原子就成为少了 1 个价电子的磷离子(P^+),它是一个不能移动的正电中心。这一多余价电子脱离杂质原子的束缚,成为导电电子的过程称为杂质电离,所需要的能量称为杂质电离能,用 ΔE_D 表示。Ⅴ族杂质元素在硅、锗中的电离能很小。如表 2.1 所示,典型的Ⅴ族杂质元素在硅中的电离能为 0.04～0.05 eV,在锗中约为 0.01 eV,远小于硅、锗的禁带宽度(室温下分别约为 1.12 eV 和 0.66 eV)。

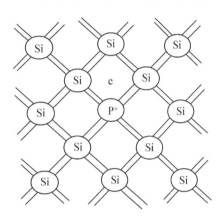

图 2.2　N 型半导体(在硅中掺入磷作为施主杂质)

表 2.1　硅、锗晶体中Ⅴ族杂质元素的电离能(eV)

晶　体	杂　　质		
	P	As	Sb
Si	0.044	0.049	0.039
Ge	0.012 6	0.012 7	0.009 6

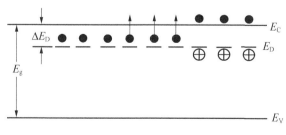

图 2.3　施主能级与施主电离过程的示意图

如前所述,Ⅴ族杂质元素在硅、锗中电离后,释放电子,使导带中的导电电子增多,增强了半导体的导电能力,因此称其为施主杂质或 N 型杂质,对应的过程称为施主电离。这种主要依靠导带电子导电的半导体称为电子型或 N 型半导体。基于如图 2.3 所示的能带图(其中黑点表示电子),可以从能量角度解释施主杂质的电离过程。当电子得到电

离能能量 ΔE_D 后,从束缚态跃迁到导带,所以电子被施主杂质束缚时的能量状态(施主能级)比导带底 E_C 低 ΔE_D。因为该类杂质的 $\Delta E_D \ll E_g$,所以施主能级 E_D 位于离导带底很近的禁带中。一般情况下,施主杂质是比较少的,杂质原子间的相互作用可以忽略。因此,这些施主能级是一些具有相同能量的局域化孤立能级。

2.1.3　受主杂质与P型半导体

在硅晶体中掺入Ⅲ族杂质硼就形成了P型半导体。如图2.4所示,硼原子占据了硅原子的位置。硼原子最外层有3个价电子,当它与周围的4个硅原子形成共价键时,还缺少1个电子,必须从其他的硅原子中夺取1个价电子,因此称它为受主杂质或P型杂质。在失去价电子的硅共价键中产生一个空位,称为空穴。带负电的硼离子(B⁻)和带正电的空穴间有静电引力作用,所以这个空穴受到硼离子的束缚,在硼离子附近运动。不过,由于硼离子对这个空穴的束缚很弱,极少能量就可以使空穴挣脱束缚,成为在晶体的共价键中自由运动的导电空穴,这一过程称为受主电离。而硼原子成为接受电子的硼离子(B⁻),也是一个不能移动的负电中心。

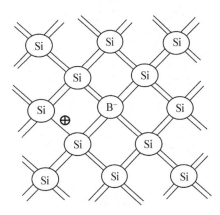

图 2.4　P型半导体(在硅中掺入硼作为施主杂质)

使空穴挣脱受主杂质束缚成为导电空穴所需要的能量,称为受主杂质的电离能 ΔE_A。如表2.2所示,Ⅲ族杂质元素在硅、锗晶体中的电离能很小,同样比硅、锗晶体的禁带宽度小得多。受主杂质的电离过程也可以用能带图表示(见图2.5),其中圆圈表示空穴。当空穴得到能量 ΔE_A 后,就从受主的束缚态跃迁到价带成为导电空穴。考虑到能带图中表示空穴的能量是越向下越高(空穴与电子能量的符号相反),所以受主能级(空穴被受主杂质束缚时的能量状态)比价带顶 E_V 低 ΔE_A,它位于离价带顶很近的禁带中,一般情况下也是局域化的孤立能级。

表 2.2　硅、锗晶体中Ⅲ族杂质元素的电离能(eV)

晶　体	杂　质			
	B	Al	Ga	In
Si	0.045	0.057	0.065	0.16
Ge	0.01	0.01	0.011	0.011

值得注意的是,虽然在P型半导体中引入了空穴的概念,但受主电离过程本质上依然是电子的运动,即价带中的电子得到能量 ΔE_A 后,跃迁到受主能级上,再与束缚在受主能级上的空穴复合,并在价带中产生了一个可以自由运动的导电空穴,同时也就形成一个不可移动的受主离子。

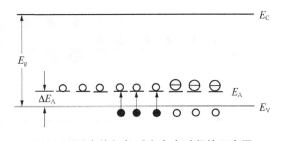

图 2.5　受主能级与受主电离过程的示意图

综上所述,在硅、锗晶体中掺杂Ⅲ、Ⅴ族杂质后,分别构成了受主和施主杂质,对应 N 型和 P 型半导体。由于硅、锗中的Ⅲ、Ⅴ族杂质的电离能都很小,所以受主能级接近于价带顶,施主能级接近于导带底。通常将这些杂质能级称为浅能级,将产生浅能级的杂质称为浅能级杂质。在室温下,晶格原子热振动的能量会传递给电子,一般掺杂浓度不高时,Ⅲ、Ⅴ族杂质几乎全部电离。

2.1.4　杂质补偿与深能级杂质

1. 杂质的补偿作用

基于施主和受主杂质之间存在互相抵消的作用,在制造半导体器件的过程中,集成电路器件经常通过采用杂质补偿的方法来改变半导体某个区域的导电类型或电阻率。在同时存在 N 型杂质(施主)和 P 型杂质(受主)的情况下,半导体的导电类型由掺杂浓度高的杂质决定。例如,施主杂质浓度为 $N_D(\mathrm{cm}^{-3})$,受主杂质浓度为 N_A,且 $N_D \gg N_A$。因为受主能级低于施主能级,所以施主杂质的电子首先跃迁到 N_A 个受主能级上,还有 $N_D - N_A$ 个电子在施主能级上。在杂质全部电离的条件下,它们跃迁到导带中成为导电电子,因此有效的电子浓度为 $n_0 = N_D - N_A \approx N_D$,此时的半导体可以认为是 N 型的,以电子导电为主。对于受主杂质远大于施主浓度($N_A \gg N_D$)的情况正好相反。

实际中可以通过扩散或离子注入进行半导体的杂质补偿,以制成各种器件。但是,若工艺控制不当,半导体中施主杂质浓度 N_D 与受主杂质浓度 N_A 相差不大或相等,施主电子刚好够填充受主能级,虽然杂质很多,但几乎不能再向导带和价带提供电子和空穴,这种情况称为杂质的高度补偿。这种材料容易被误认为高纯半导体,实际上含杂质很多,性能很差,一般不能用来制造半导体器件。

2. 深能级杂质

硅或锗中的Ⅲ、Ⅴ族杂质电离能都在 0.01 eV 左右。这些杂质在禁带中引入的杂质能级一般非常接近导带或价带,因此称为浅能级。在半导体中还经常存在着另一类杂质,它们引入的能级在禁带中心附近,这样的能级常称为深能级。如图 2.6 所示,非Ⅲ、Ⅴ族杂质在硅产生的施主能级距离导带底较远,产生的受主能级距离价带顶也较远。注意图中禁带中线以上的能级低于导带底的能量,在禁带中线以下的能级高于价带顶的能量,施主能级用实心短直线段表示,受主能级用空心短直线段表示。

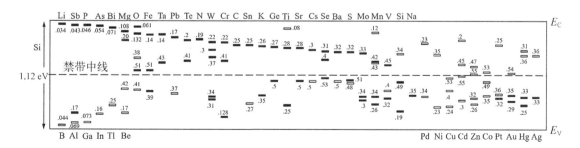

图 2.6　硅晶体中典型的深能级示意图

这些深能级杂质能够产生多次电离,相应引入多个能级。有的杂质既能引入施主能级,又能引入受主能级。举例如下。

（1）在硅中,Ⅰ族元素铜产生 3 个受主能级,银产生 1 个受主能级和 1 个施主能级;金产生 2 个施主能级和 1 个受主能级。杂质锂在硅中是间隙式杂质,产生 1 个浅施主能级。钠在硅中产生 1 个施主能级,钾产生 2 个施主能级,铯产生 1 个施主能级和 1 个受主能级。

(2) Ⅱ族元素汞在硅中产生 2 个施主能级和 2 个受主能级,铍产生 2 个受主能级,锌产生 4 个受主能级,镉产生 4 个受主能级,镁产生 2 个施主能级,锶产生 2 个施主能级,钡在硅中产生 1 个施主能级和 1 个受主能级。

(3) Ⅲ族元素铝在硅中产生 1 个施主能级。

(4) Ⅳ族元素碳在硅中产生 1 个施主能级,钛产生 1 个受主能级和 2 个施主能级,锡和铅均各产生 1 个施主能级及 1 个受主能级。

(5) Ⅴ族元素磷在硅中,铋产生 1 个施主能级,钽产生 2 个施主能级,钒产生 2 个施主能级和 1 个受主能级。

(6) Ⅵ族元素氧在硅中产生 3 个施主能级及 2 个受主能级,硫产生 2 个施主能级及 1 个受主能级,碲产生 2 个施主能级,铬产生 3 个施主能级,硒产生 3 个施主能级,钼产生 3 个施主能级,钨产生 5 个施主能级。

(7) 过渡族金属元素锰在硅中,锰产生 3 个施主能级及 2 个受主能级,铁产生 3 个施主能级,镍产生 2 个受主能级,钴产生 3 个受主能级。铂系金属钯和铂各产生 2 个受主能级,铂还产生 1 个施主能级。

一般来讲,深能级杂质产生多个能级的原因较为复杂。与杂质原子的电子壳层结构、杂质原子的大小、杂质在半导体晶格中的位置等因素有关,目前还没有完善的理论加以说明。许多化学元素在半导体中产生能级的情况也还没有深入研究。一般情况下,深能级杂质含量极少,而且能级较深,电离能比较大,不容易电离,它们对半导体中的导电电子浓度、导电空穴浓度和导电类型的影响远没有浅能级杂质显著,对热平衡中的载流子浓度往往没有直接的贡献。但对于载流子的复合作用比浅能级杂质更强,故这些杂质也称为复合中心,可以缩短非平衡载流子的寿命。例如,金是一种很典型的复合中心,在制造高速开关器件时,常有意地掺入金以提高器件的速度。同时深能级杂质电离后成为带电中心,会对载流子起散射作用,导致迁移率减少和半导体导电性能变化。

2.2 载流子的统计分布

半导体的导电性与温度和杂质的含量关系密切,这主要是半导体导带中的电子和价带中的空穴浓度变化的结果。本节将讨论热平衡情况下载流子的统计分布及其与杂质浓度、温度的影响规律。

2.2.1 热平衡状态与热平衡载流子浓度

在一定温度下,如果没有其他外部作用,电子不断从热振动的晶格中获得一定的能量,就可能从低能量的量子态跃迁到高能量的量子态。载流子通过本征激发和杂质电离两种方式产生。本征激发时电子从价带跃迁到导带,同时形成导带中的电子和价带中的空穴(或称为电子-空穴对)。在杂质电离方式中,当电子从施主能级跃迁到导带时,产生导带电子;当电子从价带激发到受主能级时产生价带空穴。与此同时,还存在着相反的过程,即电子从高能量的量子态跃迁到低能量的量子态,并向晶格放出一定能量,从而使导带中的电子和价带中的空穴不断减少,这一过程称为载流子的复合。在恒定温度下,载流子的产生和复合两个矛盾的过程将建立起动态平衡,从而导带中的电子和价带中的空穴总数量基本保持稳定,称为热平衡状态。这种处于热平衡状态下的导带中的电子和价带中的空穴称为热平衡载流子。

热平衡载流子的浓度是随温度变化的。温度升高,晶格热运动激烈,热激发作用就会增强,从而使电子与空穴的产生超过复合,打破了原温度下的热平衡;但随电子与空穴数目增加,电子-空穴对的复合也会增强;当浓度增加到一定数值,电子-空穴对的产生与复合又会在更高的浓度水平上达到新的稳定平衡状态。可见,载流子的热平衡取决于其电子-空穴对的产生与复合这对矛盾的对立统一。

为了计算半导体热平衡载流子浓度并了解其随温度变化的规律,首先必须解决两个问题:

(1) 单位晶体体积内,能带中单位能量间隔中所允许的载流子状态(量子态)数目,即状态密度;

(2) 载流子占据这些允许的状态的概率,即统计分布函数。

最终平衡状态下载流子的浓度为两者的乘积,下面依次讨论这两方面的问题。

2.2.2　载流子的状态密度

如前所述,在半导体的导带和价带中,有大量间隔极小的能级存在,可以认为能带中能量是连续的。因而可将能带分为若干能量很小的间隔来处理。假定在能带中 $E\sim(E+\mathrm{d}E)$ 能量间隔内有 $\mathrm{d}Z$ 个量子态,则状态密度 $g(E)$ 为

$$g(E)=\frac{\mathrm{d}Z}{\mathrm{d}E} \tag{2.1}$$

可以通过下述步骤计算载流子的状态密度:首先计算出单位 k 空间中的量子态数,即 k 空间的状态密度;然后算出能量 $E\sim(E+\mathrm{d}E)$ 间隔所对应的 k 空间体积,并与 k 空间中的状态密度相乘,即得到能量 $E\sim(E+\mathrm{d}E)$ 间隔之间的量子态数 $\mathrm{d}Z$;最后,根据式(2.1)求得状态密度 $g(E)$。

由于电子一般都集中在导带底附近的状态中,所以只需要计算导带底附近的状态密度。推导的过程可参阅其他资料,这里直接给出结果。对于导带底在布里渊中心的简单能带,导带底附近的电子状态密度为

$$g_{\mathrm{C}}(E)=4\pi\frac{(2m_{\mathrm{n}}^{*})^{3/2}}{h^{3}}\sqrt{(E-E_{\mathrm{C}})} \tag{2.2}$$

同样可以得到价带顶附近的空穴状态密度为

$$g_{\mathrm{V}}(E)=4\pi\frac{(2m_{\mathrm{p}}^{*})^{3/2}}{h^{3}}\sqrt{(E_{\mathrm{V}}-E)} \tag{2.3}$$

其中,m_{n}^{*}、m_{p}^{*} 分别为电子、空穴的有效质量。式(2.2)与(2.3)表明,导带底附近单位能量间隔内的电子量子态数目、价带顶附近空穴的量子态数目均随着能量增加按抛物线关系增大,即能量越高,载流子的状态密度越大。图 2.7 给出了状态密度 $g_{\mathrm{C}}(E)$、$g_{\mathrm{V}}(E)$ 随能量的变化曲线。这里要注意的是,由于空穴的正电

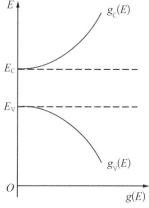

图 2.7　状态密度 $g_{\mathrm{C}}(E)$、$g_{\mathrm{V}}(E)$ 随能量的变化规律

性与电子负电性相反,空穴的能量坐标也与电子方向相反。同时可以看到,在禁带范围(带隙)内,$g_C(E)$、$g_V(E)$的值均为 0。

2.2.3 载流子的统计分布规律

半导体中电子的浓度是非常高的,例如硅晶体每立方厘米中约有 10^{22} 个价电子。在一定温度下,大量电子做无规则热运动,电子既可以通过晶格热振动获得能量,从低能量的量子态跃迁到高能量的量子态,也可以从高能量的量子态跃迁到低能量的量子态并释放出多余的能量。因此,从单个电子来看,它所具有的能量是随机的。但是,从大量电子的整体来看,在热平衡状态下,电子体系按能量大小具有一定的统计分布规律性,即电子在不同能量的量子态上统计分布概率是一定的,需要用统计分布函数描述。

1. 微观粒子按能量的统计分布函数

根据热统计物理学的基本原理,微观粒子按能量的统计分布函数主要有以下几种。

(1)麦克斯韦-玻尔兹曼统计分布函数。主要适用于经典粒子按能量的分布描述,要求不同微观粒子之间相互可以区分,而且每个能态上所允许存在的粒子数量不受限制。例如在密闭容器中的气体分子就遵循麦克斯韦-玻尔兹曼统计分布规律。

(2)玻色-爱因斯坦统计分布函数(玻色子)。适用的情况为不同微观粒子之间无法相互区分,每个量子态上所允许存在的粒子数量仍然不受限制,即不受泡利不相容原理的约束。典型的是光子遵循玻色-爱因斯坦统计分布规律。

(3)费米-狄拉克统计分布函数(费米子)。主要适用的情况为不同微观粒子之间无法相互区分,并且每个量子态上只允许存在一个微观粒子,服从泡利不相容原理。例如,晶体中的电子就遵循费米-狄拉克统计分布函数(简称为费米分布函数)。

2. 电子的费米分布函数

电子所遵循的费米分布函数:热平衡状态下一个能量为 E 的量子态,被电子占据的概率为

$$f_F(E) = \frac{1}{1 + \exp\left(\dfrac{E - E_F}{kT}\right)} \tag{2.4}$$

式中,k 是玻尔兹曼常数;T 是热力学温度。该式说明,每个量子态被电子占据的概率是能量 E 的函数。

式(2.4)中的 E_F 具有能量的量纲,称为费米能级,是一个非常重要的物理参数。它与温度、半导体材料的导电类型、杂质的浓度以及能量零点的选取有关,反映了电子在各个能级中分布的情况。在一定的温度下,只要确定了 E_F 的数值,电子在各量子态上的统计分布情况就能够确定。如果将半导体中大量电子的集体看作一个热力学系统,由热统计理论可以证明,费米能级 E_F 是系统的化学势。当系统处于热平衡状态且不对外界做功的情况下,系统中增加一个电子所引起系统自由能的变化等于系统的化学势,也就是等于系统的费米能级。非常重要的一点是,处于热平衡状态的系统有统一的化学势,所以处于热平衡状态的电子系统应有统一的费米能级,这一结论在分析半导体器件的工作原理时非常有用。

结合图 2.8 所示的 $f_F(E)$ 与 E 的关系曲线,可以讨论费米分布函数的一些特性。

第一,当温度 $T=0\ \mathrm{K}$ 时,若 $E<E_F$,则 $f_F(E)=1$;若 $E>E_F$,则 $f_F(E)=0$。 可见在热

力学温度为 0 K 时，能量比 E_F 小的量子态被电子占据的概率是 100%，而能量比 E_F 大的量子态被电子占据的概率是 0，即为空态无电子占据。

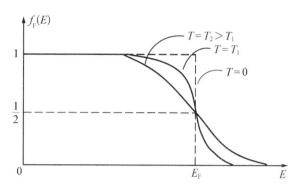

第二，当温度 $T_1 > 0$ K 时，若 $E > E_F$，则 $f_F(E) < 1/2$；若 $E = E_F$，则 $f_F(E) = 1/2$；若 $E < E_F$，则 $f_F(E) > 1/2$。上述结果说明，当系统的温度高于热力学温度 0 K 时，如果量子态的能量比费米能级低，则该量子态被电子占据的概率大于 50%；若量子

图 2.8 费米分布函数 $f_F(E)$ 与能量 E 的关系曲线

态的能量比费米能级高，则该量子态被电子占据的概率小于 50%。而当量子态的能量等于费米能级时，则该量子态被电子占据的概率正好是 50%。

第三，若提高温度至 T_2，随着温度的升高，电子占据能量小于费米能级 E_F 量子态的概率下降，而占据能量大于费米能级 E_F 量子态的概率增大。

一般可以认为，温度不高时，能量大于费米能级的量子态基本上没有被电子占据，能量小于费米能级的量子态基本被电子占据，电子占据费米能级的概率总是为 1/2。例如，在室温（$T = 300$ K）状态下，根据式（2.4）可计算得到，对于比费米能级高 $3kT$ 的能级（$E - E_F = 3kT$），被电子占据的概率仅为 0.047 4%。因此，费米能级是电子填充能级水平的标志，其位置直观地描述了电子占据量子态的情况，系统的费米能级越高，说明高能量量子态上的电子数量越多。

3. 玻尔兹曼分布

对半导体常见的一种情况是，E_F 在禁带中，而且与导带或价带距离较远。此时在式（2.4）中，如 $E - E_F \gg kT$，则有

$$\exp\left(\frac{E - E_F}{kT}\right) \gg 1 \tag{2.5}$$

因此

$$1 + \exp\left(\frac{E - E_F}{kT}\right) \approx \exp\left(\frac{E - E_F}{kT}\right) \tag{2.6}$$

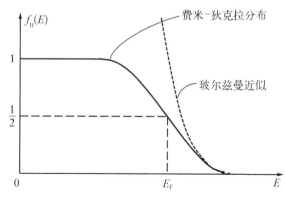

图 2.9 玻尔兹曼分布函数 $f_B(E)$ 与费米分布函数 $f_F(E)$ 的对比

这样，在 $E - E_F \gg kT$ 的特定条件下，费米分布函数转化为玻尔兹曼分布函数为

$$f_B(E) = \exp\left(-\frac{E - F_F}{kT}\right) \tag{2.7}$$

玻尔兹曼分布函数的曲线如图 2.9 所示。可以看到，量子态被占据的概率随其能量变化而指数性减小，随着能量 E 增加到 $E - E_F \gg kT$ 时，被占据的概率非常小，这正是玻尔兹曼分布函数 $f_B(E)$ 与费米分布函数 $f_F(E)$ 共同适用的范围。

4. 空穴的统计分布规律

用 $f(E)$ 表示能量为 E 的量子态被电子占据的概率,则空穴被占据的概率可看作能量为 E 的量子态未被一个电子占据的概率,即 $1-f(E)$。

由式(2.4)可得,空穴的费米分布函数为

$$1-f_F(E) = \frac{1}{\exp\left(-\dfrac{E-E_F}{kT}\right)+1} = \frac{1}{\exp\left(\dfrac{E_F-E}{kT}\right)+1} \tag{2.8}$$

当 $E-E_F \gg kT$ 时,则空穴的玻尔兹曼分布可写为

$$1-f_B(E) = \exp\left(\frac{E-E_F}{kT}\right) \tag{2.9}$$

在分析半导体材料性质和器件的工作原理时,最常遇到的情况是费米能级 E_F 位于禁带内,而且与导带底或价带顶的距离远大于 kT(室温下 $kT \approx 26$ meV,硅、锗的禁带宽度分别约为 1.12 eV 和 0.66 eV)。此时,对导带中的电子、价带中的空穴分布都可以近似用玻尔兹曼分布函数描述。由于随着能量 E 的增大,占据概率 $f_F(E)$ 或 $f_B(E)$ 的值迅速减小,所以导带中绝大多数电子分布在导带底附近。同理,价带中随着能量 E 的增大,$1-f_F(E)$ 或 $1-f_B(E)$ 的值迅速增大,即绝大多数空穴分布在价带顶附近。通常把服从玻尔兹曼统计规律的电子系统称为非简并性系统,而把服从费米统计规律的电子系统称为简并性系统。

2.3 能带中的电子和空穴浓度

2.3.1 导带中电子的浓度

非简并状态下,根据状态密度和分布函数的定义,在 $E-E_F \gg kT$ 情况下,单位晶体体积内能量 E 至 $E+dE$ 间的电子数量 dn(电子浓度)为

$$dn = g_C(E)f_B(E)dE \tag{2.10}$$

对整个导带能量范围进行积分,就得出单位体积晶体中整个能量范围内的电子数,即导带电子浓度为

$$n_0 = \int dn = \int_{E_C}^{\infty} g_C(E)f_B(E)dE \tag{2.11}$$

函数 $f_B(E)$ 的值随着能量的增加迅速减小,因此对积分有贡献的基本上只限于导带底附近的区域。将式(2.2)中导电电子的状态密度 $g_C(E)$ 和式(2.7)中电子的分布函数 $f_B(E)$ 代入,可得热平衡状态下非简并半导体的导电电子浓度

$$n_0 = N_C\exp\left(-\frac{E_C-E_F}{kT}\right) \tag{2.12}$$

其中

$$N_C = \frac{2(2\pi m_n^* kT)^{\frac{3}{2}}}{h^3} \tag{2.13}$$

称为导带有效状态密度,其值与温度和电子的有效质量有关。

式(2.12)中的指数因子是经典统计中电子占据能量为 E_C 的量子态的概率。如果认为单位体积的导带电子态数目是 N_C,它们都集中在导带底 E_C,则式(2.12)正好是两者之积。这也就是把 N_C 称为导带有效状态密度的原因。

2.3.2　价带中空穴浓度

类似地,对于 $E - E_F \gg kT$ 情况,热平衡状态下非简并半导体的价带空穴浓度

$$p_0 = \int_{-\infty}^{E_v} [1 - f_B(E)] g_V(E) \mathrm{d}E \tag{2.14}$$

将式(2.3)中价带空穴的状态密度 $g_V(E)$ 和式(2.9)中空穴分布函数 $1 - f_B(E)$ 代入,有

$$p_0 = N_V \exp\left(-\frac{E_F - E_V}{kT}\right) \tag{2.15}$$

其中

$$N_V = \frac{2(2\pi m_{dp} kT)^{\frac{3}{2}}}{h^3} \tag{2.16}$$

称为价带有效状态密度。

同样的,可以将式(2.15)理解为,如果把价带中的所有量子态都集中在价带顶 E_V,它的状态密度是 N_V,则价带中的空穴浓度是 N_V 中有空穴占据的量子态数。

在分析载流子的分布问题时,根据导带和价带有效状态密度可以衡量能带中电子填充的情况。例如,如果 $n \ll N_C$,说明导带中的电子数量非常稀少。显然,N_C 和 N_V 均正比于 $T^{3/2}$,是温度的函数。表 2.3 给出了室温下 300 K 典型半导体的有效状态密度。

表 2.3　室温(300 K)下硅和砷化镓的相关参数值

材　料	硅(Si)	砷化镓(GaAs)	材　料	硅(Si)	砷化镓(GaAs)
N_C	$2.8 \times 10^{19} / \mathrm{cm}^3$	$4.7 \times 10^{17} / \mathrm{cm}^3$	E_g	1.12 eV	1.42 eV
N_V	$1.1 \times 10^{19} / \mathrm{cm}^3$	$7.0 \times 10^{18} / \mathrm{cm}^3$	n_i	$1.5 \times 10^{10} / \mathrm{cm}^3$	$2.25 \times 10^{6} / \mathrm{cm}^3$

从式(2.12)及式(2.15)看到,导带中电子浓度 n_0 和价带中空穴浓度 p_0 都随着温度 T 和费米能级 E_F 的不同而变化。其中温度的影响一方面来源于 N_C 和 N_V,另一方面,更主要的是来源于玻尔兹曼分布函数中的指数随温度迅速变化。另外,费米能级也与温度及半导体中所含杂质情况密切相关。只要确定了费米能级 E_F,在一定温度 T 时,半导体导带中电子浓度和价带中空穴浓度就可以计算出来。

2.3.3 导带电子与价带空穴浓度之积

将式(2.12)及式(2.15)相乘,得到载流子浓度乘积

$$n_0 p_0 = N_C N_V \exp\left[\frac{-(E_C - E_F)}{kT}\right] \exp\left[\frac{-(E_F - E_V)}{kT}\right] = N_C N_V \exp\left[\frac{-(E_C - E_V)}{kT}\right]$$

$$(2.17)$$

令 $E_g = E_C - E_V$ 为半导体的带隙(禁带)宽度,有

$$n_0 p_0 = N_C N_V \exp\left(-\frac{E_g}{kT}\right) \tag{2.18}$$

可见,在特定的半导体材料中,电子和空穴的浓度乘积 $n_0 p_0$ 只取决于温度 T。处于热平衡状态下两种载流子浓度的乘积保持恒定,与半导体的费米能级和所含杂质均无关。也就是说,如果半导体中的电子浓度增大,空穴浓度就要相应减小;反之亦然。这说明导带电子浓度与价带空穴浓度相互制约,也反映了电子-空穴对产生和复合的动态平衡。此外,不同的半导体材料带隙 E_g 不同,载流子乘积 $n_0 p_0$ 也将不同。带隙大的材料,两种载流子的乘积较小。需要说明的是,上述关系式不论是本征半导体还是杂质半导体,只要是对于热平衡状态下的非简并半导体都普遍适用。

2.4 本征与杂质半导体的载流子浓度

2.4.1 本征半导体载流子浓度与费米能级

本征半导体是指没有任何杂质和缺陷的半导体材料,其能带中只存在导带和价带,禁带中不存在由于杂质和缺陷而引入的能级。本征半导体的载流子通过本征激发产生,具体来说,当 $T = 0\,K$ 时,价带中的全部电子态都被电子占据;当 $T > 0\,K$ 时,少量电子从价带激发到导带,同时在价带中产生空穴,即生成了电子-空穴对。因此,本征激发产生的导带电子浓度必然与价带的空穴浓度相等,即满足

$$n_0 = p_0 = n_i \tag{2.19}$$

式(2.19)即为半导体本征激发情况下的电中性条件,其中 n_i 为本征载流子浓度。

将式(2.19)表达式代入式(2.18),则本征半导体的载流子浓度

$$n_i = (N_C N_V)^{\frac{1}{2}} \exp\left(-\frac{E_g}{2kT}\right) \tag{2.20}$$

由上式可见,本征半导体的载流子浓度 n_i 只与半导体本身的能带结构和温度有关。如图2.10所示,对于给定的半导体,本征载流子浓度随温度升高而呈近似指数增加。在一定温度下,禁带越宽(激发能越大)的半导体材料,本征载流子浓度越小。表2.3同时给出了室温下硅和砷化镓的本征载流子浓度和禁带宽度的数值。

根据式(2.19)和式(2.20),可以得到一个重要的关系式

$$n_0 p_0 = N_C N_V \exp\left(-\frac{E_g}{kT}\right) = n_i^2 \qquad (2.21)$$

式(2.21)称为载流子的质量作用定律或载流子的热平衡条件,说明导带电子浓度 n_0 与价带空穴浓度 p_0 之积等于本征载流子浓度 n_i 的平方。该式同样对热平衡下的非简并半导体成立,如果已知本征载流子浓度 n_i 和其中一种载流子浓度,便可由该式求出另一种载流子浓度。

将热平衡状态下导电电子浓度 n_0 的表达式(2.11)和价带中空穴浓度表达式(2.14)代入电中性条件式(2.19),有

$$N_C \exp\left(-\frac{E_C - E_F}{kT}\right) = N_V \exp\left(-\frac{E_F - E_V}{kT}\right) \qquad (2.22)$$

等式两边取对数,得到本征半导体的费米能级位置 E_i

$$E_i = E_F = \frac{1}{2}(E_C + E_V) + \frac{1}{2}kT\ln\frac{N_V}{N_C} \qquad (2.23)$$

代入 N_C 和 N_V 的表达式(2.13)与式(2.16),有

$$E_i = \frac{E_C + E_V}{2} + \frac{3kT}{4}\ln\frac{m_p^*}{m_n^*} \qquad (2.24)$$

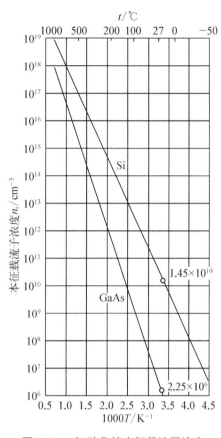

图 2.10　硅、砷化镓本征载流子浓度随温度的变化关系

式(2.24)第二项的值取决于空穴与电子的有效质量之比 m_p^*/m_n^*,对于硅 $m_p^*/m_n^* \approx 0.5$,对锗 $m_p^*/m_n^* \approx 0.66$,对砷化镓 $m_p^*/m_n^* \approx 7$,因此室温下三种典型半导体的 $\ln(m_p^*/m_n^*)$ 值均在 2 以下。于是第二项的值应为 $1.5kT$ 以下。在室温 300 K 时,$kT \approx 0.026$ eV,与三种常见半导体的禁带宽度相比(硅 $E_g = 1.12$ eV,锗 $E_g = 0.66$ eV,砷化镓 $E_g = 1.42$ eV),式(2.23)中第二项可以忽略不计。因此,本征半导体的费米能级 E_i,基本上处于禁带中线处,即

$$E_i \approx \frac{1}{2}(E_C + E_V) \qquad (2.25)$$

这也是非常有用的结论。进一步利用 n_i 和 E_i,可以将电子浓度和空穴浓度写为

$$n_0 = n_i \exp\left(\frac{E_F - E_i}{kT}\right) \qquad (2.26)$$

$$p_0 = n_i \exp\left(\frac{E_i - E_F}{kT}\right) \qquad (2.27)$$

上述关系式也对热平衡状态下的本征和掺杂半导体都适用,对于分析半导体器件的能带结构非常方便。

本征半导体在实际应用于集成电路器件时存在巨大的限制。由于实际材料总是存在杂质和缺陷,要使载流子的主要来源为本征激发,就要求半导体中杂质不能超过一定限度。例如,

室温下,硅的本征载流子浓度为 1.02×10^{10} cm^{-3},为达到本征条件,就要求硅材料的纯度大于99.999 999 999 99%。这样高的纯度,目前的制造工艺尚无法做到。另外如式(2.20)所示,随着温度的升高,本征载流子浓度会迅速地增加。例如在室温附近,纯硅的温度每升高 8 K 左右,本征载流子浓度就增加约 1 倍,导致无法用于制造性能稳定的半导体器件。因此,集成电路中的器件都使用进行可控掺杂杂质的半导体材料,主要通过杂质电离提供载流子,一般要求本征载流子的浓度至少比杂质浓度低 1~2 个数量级。

此外,由于本征载流子浓度与温度的强相关性,半导体器件都有一定的极限工作温度,超过这一温度后,本征激发产生的载流子浓度超过杂质电离的载流子浓度,器件就失效了。例如,典型的平面工艺硅三极管常采用室温电阻率为 1 Ω·cm 左右的材料,是在硅中掺入 5×10^{15} cm^{-3} 的施主杂质锑而制成的。如果要使载流子主要来源于杂质电离,即本征载流子浓度至少比杂质浓度低一个数量级(5×10^{14} cm^{-3}),由图 2.10 中查得对应温度为 526 K,所以该类硅器件的极限工作温度是 520 K 左右。砷化镓禁带宽度比硅大,本征载流子浓度相对低,因此其极限工作温度可高达 720 K 左右,适宜于制造大功率器件。

2.4.2 杂质半导体的载流子浓度与费米能级

1. N 型半导体

在含有杂质的半导体中,除了由本征激发产生的电子-空穴对以外,还存在着杂质电离过程,即施主能级上的电子获得电离能被激发到导带,或受主能级上的空穴被激发到价带,同时产生不可移动的正、负电中心,如图 2.11 所示。杂质电离能比本征激发的激活能(对应于禁带宽度)一般低 2 个数量级左右,因此不同的温度范围下半导体中主要的载流子来源有所不同。在较低温度下,主要是杂质电离过程。只有在较高的温度下,本征激发才成为载流子的主要来源。对绝大多数硅、砷化镓等半导体器件来说,工作温度下杂质基本上全部电离而本征激发可以忽略,这种情况常称为杂质饱和电离。

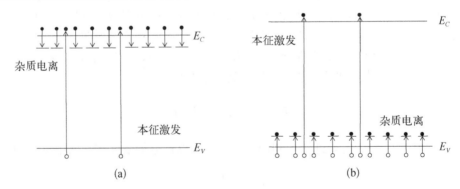

图 2.11 杂质半导体中的杂质电离与本征激发

(a) N 型半导体;(b) P 型半导体

这里只考虑杂质饱和电离的情况,以 N 型半导体为例,施主能级上的电子全部被激发到导带上去,成为导带电子的主要来源,此时本征激发引起的导带电子数目可以忽略。因此,导带中电子浓度与施主掺杂的浓度近似相等,即

$$n_0 = N_D \tag{2.28}$$

式中，N_D 为施主的掺杂浓度。

在饱和电离条件下，虽然从价带通过本征激发到导带的电子只是极少数，但是本征激发后必然在价带中留下了少量的空穴。根据热平衡条件 $n_0 p_0 = n_i^2$，可以求出价带空穴浓度为

$$p_0 = \frac{n_i^2}{n_0} = \frac{n_i^2}{N_D} \tag{2.29}$$

例如，在硅中掺入 $N_D = 1 \times 10^{16}$ cm^{-3} 的施主杂质，室温下施主全部电离，硅的本征载流子浓度 $n_i = 1.5 \times 10^{10}$ cm^{-3}，可以得到导带中电子、价带中空穴的浓度分别为

$$n_0 = N_D = 1 \times 10^{16}\ \text{cm}^{-3}; p_0 = n_i^2\ /\ n_0 = 2.25 \times 10^4\ \text{cm}^{-3}$$

可见，在杂质饱和电离的温度范围内，N 型半导体中电子的浓度比空穴的浓度高十几个数量级，因此可以将 N 型半导体导带中的电子称为多数载流子（多子），价带中的空穴称为少数载流子（少子）。对于 P 型半导体则相反。值得注意的是，半导体中少子的数量虽然很少，但它们在半导体器件工作中却起着极其重要的作用。

明显的，多子浓度远大于本征载流子浓度，而少子浓度则远小于本征载流子浓度。本征激发产生的两种载流子浓度相等，均为 n_i。但掺入杂质后，半导体中的多子浓度与本征状态相比明显增大，而少子浓度减少（如对 N 型半导体 $n_0 \gg n_i$，$p_0 \ll n_i$）。这个事实可以从能带理论得到定性解释，在杂质完全电离的情况下，随多子浓度的增大，少子与多子相遇并复合的概率也会相应增大，因此在热激发产生率不变的情况下，本征激发所形成的电子-空穴对要比本征半导体的载流子浓度 n_i 更少。

将导带中电子浓度 $n_0 = N_D$ 代入式(2.12)，可得 N 型半导体在饱和电离情况下的费米能级

$$E_F = E_C - kT \ln \frac{N_C}{N_D} \tag{2.30}$$

或将电子浓度代入式(2.26)，可得

$$E_F = E_i + kT \ln \frac{N_D}{n_i} \tag{2.31}$$

式(2.30)和式(2.31)指出，在杂质饱和电离状态，N 型半导体的费米能级位于导带底与本征费米能级（禁带中央）之间，如图 2.12(b)所示。

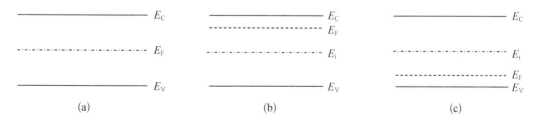

图 2.12　杂质半导体费米能级位置的示意图

(a) 本征半导体；(b) N 型半导体；(c) P 型半导体

2. P 型半导体

类似地，对于 P 型半导体，在杂质饱和电离的温度范围内，价带的空穴主要来自掺杂的受

主杂质。受主杂质全部电离后,本征激发产生的价带空穴可以忽略,价带空穴浓度近似等于受主浓度,因此有

$$p_0 = N_A \tag{2.32}$$

$$n_0 = \frac{n_i^2}{p_0} = \frac{n_i^2}{N_A} \tag{2.33}$$

式中,N_A 为施主浓度。

同理可得 P 型半导体在饱和电离情况下的费米能级

$$E_F = E_V + kT\ln\frac{N_V}{N_A} \tag{2.34}$$

$$E_F = E_i - kT\ln\frac{N_A}{n_i} \tag{2.35}$$

可见 P 型半导体饱和电离时费米能级位于价带顶与本征费米能级(禁带中央)之间。

3. 杂质补偿情况

如果在同一块半导体中,施主与受主杂质同时存在,即可认为存在杂质补偿作用。此时,掺杂浓度较大的杂质决定该半导体的导电类型。电中性条件要求,平衡半导体中总的正负电荷必须相等,因此在杂质饱和电离状态,有

$$n_0 + N_A = p_0 + N_D \tag{2.36}$$

此处 N_A 即为电离的受主浓度,N_D 为电离的施主浓度。如果 $N_D > N_A$,则与只含有施主的 N 型半导体类似,在室温下,多子电子浓度为

$$n_0 = N_D - N_A \tag{2.37}$$

价带中空穴(少子)的浓度为

$$p_0 = \frac{n_i^2}{n_0} = \frac{n_i^2}{N_D - N_A} \tag{2.38}$$

根据式(2.12)和式(2.26),对应的费米能级为

$$E_F = E_C - kT\ln\frac{N_C}{N_D - N_A} \tag{2.39}$$

$$E_F = E_i + kT\ln\frac{N_D - N_A}{n_i} \tag{2.40}$$

如果 $N_A > N_D$,与只含有受主的 P 型半导体类似,在室温下多子空穴浓度

$$p_0 = N_A - N_D \tag{2.41}$$

少子电子的浓度为

$$n_0 = \frac{n_i^2}{p_0} = \frac{n_i^2}{N_A - N_D} \tag{2.42}$$

对应的费米能级为

$$E_F = E_V + kT \ln \frac{N_V}{N_A - N_D} \tag{2.43}$$

$$E_F = E_i - kT \ln \frac{N_A - N_D}{n_i} \tag{2.44}$$

如果 $N_A = N_D$，则受主电离产生的空穴全部被施主上的电子所补偿，能带中的载流子只能由本征激发产生，此时称为完全补偿。另外，当温度远高于饱和电离温度时，本征激发所产生的载流子数目可以远大于杂质电离所产生的载流子数目，即 $n \gg N_D$ 和 $p \gg N_A$，这时费米能级和载流子浓度与未掺杂的本征半导体是基本相同的。

2.4.3 载流子浓度与费米能级位置随温度变化的关系

无论半导体中杂质激发所需的电离能还是本征激发所需的能量，都来源于吸收晶格的热振动能量，因而两种激发都会随温度而变化。可以认为，当半导体杂质浓度一定时，随着温度升高，其中的载流子经历了从以杂质电离为主到以本征激发为主的过程。

以 N 型半导体为例，图 2.13(a) 表示了杂质半导体中的载流子激发随温度的变化情况。当温度很低时，晶格热振动的能量很小，只有少部分杂质能级上的电子可以激发到导带，杂质的电离不充分，这一过程称为弱电离区。在此情况下，多子浓度将小于施主浓度，而本征激发产生的少子浓度更低。图 2.13(b) 所示的是当温度升高到室温附近时杂质能级饱和电离的情况。在此温度范围中，本征激发可忽略，载流子以杂质电离为主，如 2.4.2 节所述的情况。在此基础上，如果进一步升高温度，将促使本征激发迅速增强，产生大量电子和空穴，但杂质电离依然饱和，此时载流子逐渐由杂质电离过渡为本征激发，称为过渡区，如图 2.13(c) 所示。值得注意的是，多子浓度在饱和电离的温度范围内基本不变，而少子浓度随温度升高而迅速增大。

图 2.13(d) 所示的是当温度升到较高程度，本征激发的载流子浓度接近甚至超过杂质浓度的时候，此时电子浓度与空穴浓度接近相等，不再具有原来单一的 N 型或 P 型特点，基本表现为本征半导体的特性。显然，半导体中掺杂的杂质浓度越高，过渡到以本征激发为主所需的温度就会越高。表 2.4 给出了不同掺杂浓度的硅材料进入以本征激发为主时所需的温度。

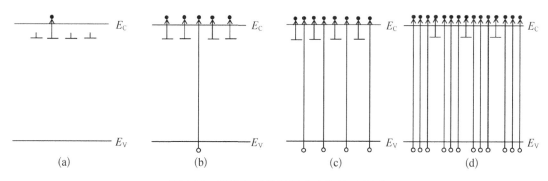

图 2.13 载流子激发随温度变化的示意图

(a) 低温弱电离区；(b) 室温饱和电离；(c) 过渡区；(d) 本征激发为主

表 2.4   不同杂质浓度的硅进入以本征激发为主的温度

杂质浓度 N_D/cm^{-3}	电阻率 $\rho/(\Omega \cdot cm)$	$n_i = N_D$ 的温度/℃
10^{16}	1	350
10^{15}	10	270
10^{14}	100	180

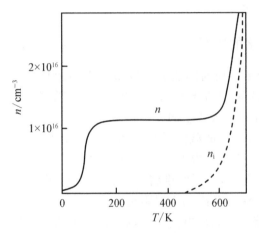

图 2.14   硅材料载流子浓度与温度的
变化关系示意图

图 2.14 给出了硅材料的载流子浓度与温度的变化关系,其中温度 T 为 150~600 K,是多数半导体器件工作的温度范围。此时载流子的来源以饱和电离为主,其浓度和半导体的导电性能均处于相对稳定的状态。杂质半导体的费米能级随温度的变化过程如图 2.15 所示。伴随着温度的升高和本征激发的增强,N 型半导体的费米能级从接近导带底 E_C 的地方向禁带中央移动,P 型半导体的费米能级也从接近价带顶 E_V 的地方向禁带中央移动。对两类杂质半导体,随着温度的升高,费米能级均逐渐远离导带底而接近本征费米能级。当费米能级移到禁带中央 E_i,也就意味着半导体从杂质导电转变为本征特性。

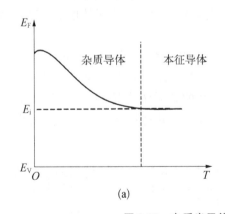

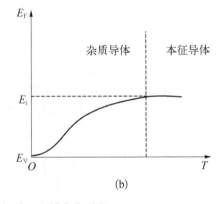

图 2.15   杂质半导体费米能级随温度的变化过程

(a) N 型半导体;(b) P 型半导体

杂质半导体费米能级和掺杂浓度随温度的变化曲线如图 2.16 所示。由费米能级的表达式(2.12)和式(2.26)可以看到,对于 N 型半导体来说,施主杂质浓度 N_D 越高,费米能级越靠近导带底而远离本征费米能级。对于 P 型半导体,受主杂质浓度 N_A 越高,费米能级越靠近价带顶而远离本征费米能级。

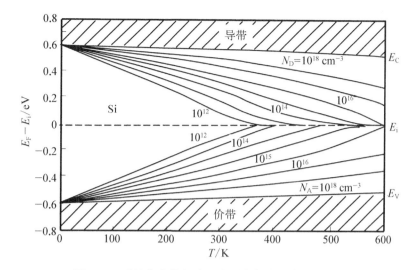

图 2.16 硅的费米能级随温度和掺杂浓度的变化曲线

2.5 简并半导体

2.5.1 简并半导体的载流子浓度

在前面讨论中,假定费米能级与导带底或价带顶较远,处于半导体的禁带之中,即 $E - E_F \gg kT$。在这种情况下,费米分布函数可以用玻尔兹曼分布函数来近似。但在重掺杂等情况下,费米能级可以非常接近其至进入能带,这种现象称为载流子的简并化,发生载流子简并化的半导体称为简并半导体。在简并状态中,导带底的量子态基本已被电子所占据(费米能级以下),或价带顶空穴基本被空穴所占据。量子态被载流子占据概率很小的条件不再成立,必须考虑泡利不相容原理的限制,因此不能再使用玻尔兹曼分布函数描述能带中载流子的统计分布,而必须使用费米分布函数。

对于简并半导体,计算能带中载流子浓度的方法与前面对于非简并半导体所用的方法类似,只是要把描述载流子占据量子态的概率替换为费米分布函数。导带电子浓度为

$$n_0 = \int \mathrm{d}n = \int_{E_C}^{\infty} g_C(E) f(E) \mathrm{d}E \tag{2.45}$$

将式(2.2)中导电电子的状态密度 $g_C(E)$ 和式(2.4)中电子费米分布函数 $f(E)$ 代入可得

$$n_0 = \frac{4\pi(2m_n)^{1/2}}{h^3} \int_{E_C}^{\infty} \frac{(E - E_C)^{1/2}}{\exp\left(\dfrac{E - E_F}{kT}\right) + 1} \mathrm{d}E \tag{2.46}$$

为计算方便,引入无量纲变数

$$\xi = \frac{E - E_C}{kT} \tag{2.47}$$

和简约费米能级

$$\eta_n = \frac{E_F - E_C}{kT} \tag{2.48}$$

再利用 N_C 的表达式(2.13),由式(2.46)得

$$n_0 = \frac{2}{\sqrt{\pi}} N_C \int_0^\infty \frac{\xi^{1/2} d\xi}{\exp(\xi - \eta_n) + 1} = \frac{2}{\sqrt{\pi}} N_C F_{1/2}(\eta_n) \tag{2.49}$$

式中,$F_{1/2}$ 称为费米积分,其值为

$$F_{1/2} = \int_0^\infty \frac{\xi^{1/2} d\xi}{\exp(\xi - \eta_n) + 1} \tag{2.50}$$

用同样的方法,可以得出价带空穴浓度为

$$p_0 = \frac{2}{\sqrt{\pi}} N_V F_{1/2}(\eta_p) \tag{2.51}$$

其中,

$$\eta_p = \frac{E_V - E_F}{kT} \tag{2.52}$$

2.5.2 简并化条件

在一定温度下,若已知载流子浓度,则可以根据式(2.49)或式(2.51)估计可发生简并化的条件。把式(2.49)和式(2.51)写成如下形式:

$$n_0 = c F_{1/2}(\eta_n) \left(T \frac{m_n}{m} \right)^{3/2} \tag{2.53}$$

$$p_0 = c F_{1/2}(\eta_p) \left(T \frac{m_p}{m} \right)^{3/2} \tag{2.54}$$

式中,

$$c = \frac{2}{\sqrt{\pi}} \cdot \frac{2(2\pi mk)^{3/2}}{h^3} \tag{2.55}$$

根据式(2.53)或式(2.54),以简约费米能级 η_n 或 η_p 为参数,画出载流子浓度随温度和状态密度有效质量乘积变化的双对数曲线,如图 2.17 所示。显然,在同样的载流子浓度下,温度越低,载流子的状态密度有效质量就越小,也就越容易发生简并。对于选定的简并标准(如 $\eta=0$),依据半导体中载流子的状态密度有效质量和温度的数值,由图 2.17 可以确定发生简并时载流子浓度的最低值。

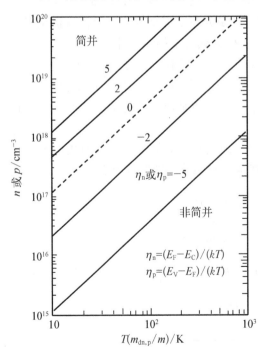

图 2.17 对于不同简约费米能级,载流子浓度随温度和状态密度有效质量的乘积变化

一般认为，$E_F > E_C + 5kT$ 时为完全简并半导体。在锗、硅中 N_C、N_V 为 $10^{18} \sim 10^{19}$ cm^{-3} 量级，所以锗、硅在室温下发生简并时需要掺杂的施主杂质浓度或受主杂质浓度约为 10^{18} m^{-3} 以上。砷化镓中 N_C 比 N_V 要小得多，所以导带电子比价带空穴更容易发生简并。P 型砷化镓发生简并时，受主杂质浓度约在 10^{18} m^{-3} 以上；而对于 N 型砷化镓，施主杂质浓度只要超过 10^{17} cm^{-3} 就开始发生简并了。大多数隧道器件和半导体激光器件所使用的主要是重掺杂的简并半导体。

2.5.3　禁带变窄效应

在简并半导体中，杂质浓度高，杂质原子之间比较靠近，导致杂质原子之间的电子波函数发生交叠，使孤立的杂质能级扩展为能带，通常称为杂质能带。杂质能带中的电子通过在杂质原子之间的共有化运动参加导电的现象称为杂质带导电。由于杂质能级扩展为杂质能带，将使杂质电离能减少。杂质能带若进入导带或价带，与导带或能带重叠，就会形成新的简并能带，使能带的状态密度发生变化，简并能带的尾部进入禁带中。所以在重掺杂时，半导体的禁带宽度变小了，这种现象称为禁带变窄效应，如图 2.18 所示。但是现有的理论还未能完善地解释重掺杂半导体材料的许多特性。

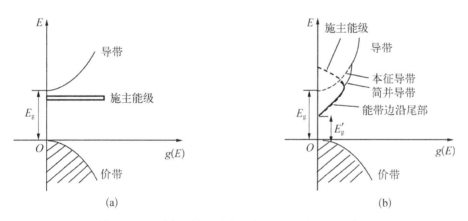

图 2.18　N 型半导体状态密度与能量 E 的关系示意图

(a) 非简并半导体；(b) 简并半导体

2.6　非平衡载流子

2.6.1　非平衡载流子的注入与复合

处于热平衡状态的半导体，在一定温度下载流子浓度是一定的。在非简并情况下，平衡电子浓度 n_0 和空穴浓度 p_0 的乘积满足关系式

$$n_0 p_0 = N_V N_C \exp\left(-\frac{E_g}{kT}\right) = n_i^2 \tag{2.56}$$

式(2.56)也是判别非简并半导体处于热平衡状态的依据。

如果对平衡状态的半导体施加外界作用,破坏热平衡的条件,半导体的载流子浓度就会偏离热平衡状态。比平衡状态多的这部分载流子被称为非平衡载流子,或过剩载流子。

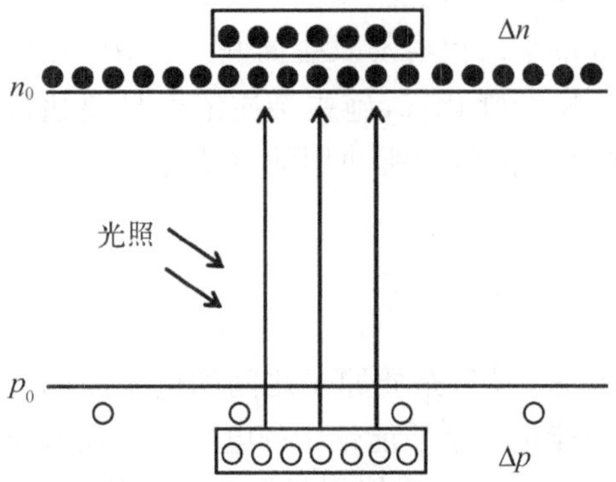

图 2.19　光注入产生非平衡载流子的示意图

如图 2.19 所示,在一定温度下用适当波长的光照射 N 型半导体。如果入射光子的能量大于该半导体的禁带宽度,光子就能够把价带中的电子激发到导带上去,产生电子-空穴对,从而使导带比平衡时多出非平衡电子 Δn,价带多出非平衡空穴 Δp。此时,把非平衡电子称为非平衡多数载流子(简称非平衡多子),而把非平衡空穴称为非平衡少数载流子(简称非平衡少子)。对 P 型半导体则相反。这种通过光照产生非平衡载流子的方法,称为非平衡载流子的光注入,此时有

$$\Delta n = \Delta p$$

半导体中注入载流子数量的多少,控制着集成电路器件的工作状态。非平衡载流子在数量上对多子和少子浓度的影响往往有很大的差别。一般情况下,注入的非平衡载流子浓度比平衡时的多数载流子浓度小得多,即对 N 型半导体,$\Delta n \ll n_0$,满足这个条件的注入称为小注入。以典型的中等浓度掺杂的 N 型硅为例,如 $n_0 = N_D = 1 \times 10^{15} \ \mathrm{cm}^{-3}$,$p_0 = 1 \times 10^5 \ \mathrm{cm}^{-3}$,假设注入非平衡载流子的浓度 $\Delta n = \Delta p = 10^{10} \ \mathrm{cm}^{-3}$。载流子的总浓度等于平衡载流子浓度和注入非平衡载流子浓度的总和。对于注入后的电子总浓度,由于 $\Delta n \ll n_0$,有

$$n = n_0 + \Delta n \approx n_0 \tag{2.57}$$

但由于 $\Delta p \gg p_0$,空穴的总浓度

$$p = p_0 + \Delta p \approx \Delta p \tag{2.58}$$

可见在小注入情况下,半导体多子浓度的变化可以忽略,但少子浓度反而增加了几个数量级。相对来说,所注入的非平衡多子的影响可以忽略,而非平衡少子往往起着重要作用。因此,通常重点讨论的非平衡载流子是指非平衡少子。另一种情况是,若注入的过量载流子浓度 Δn 可以与平衡多子浓度 n_0 相比拟,则称为高水平注入或大注入。

除了光注入,用电场等其他能量传递方式也可以产生非平衡载流子。例如本书第 3 章中,PN 结在正向工作时,在结两侧也会出现电注入载流子的情况。另外,集成电路中当金属连线与半导体接触时,施加适当偏压,也可以用电注入的方法产生非平衡载流子。

当产生非平衡载流子的外部作用撤除后,注入的非平衡载流子并不能一直存在,载流子的浓度将由非平衡态逐渐恢复到平衡态,也就是说,原来激发到导带的电子又回到价带,过剩的电子和空穴又成对地消失了,这一过程称为非平衡载流子的复合。非平衡载流子的复合是半导体由非平衡态趋向平衡态变化的统计弛豫过程。事实上,我们所说的热平衡状态也不是一种绝对静止的状态。就半导体中的载流子而言,任何时刻电子和空穴产生和复合的微观过程也都在不断地进行。

通常定义单位时间、单位体积内产生的载流子数量称为载流子的产生率,用 G 表示;把单位时间、单位体积内复合的载流子数称为载流子的复合率,用 R 表示。产生率主要受外界条

件决定,复合率则与过剩载流子的浓度有关。在热平衡状态,载流子的产生和复合处于相对的平衡状态,单位时间内产生的电子和空穴数目与复合的数目相等,即 $G=R$,产生率与复合率相等,从而保持载流子浓度稳定不变。有外界作用如光注入时,打破了电子空穴产生与复合的相对平衡,产生超过了复合,即 $G>R$,因而在半导体中产生了非平衡载流子,半导体处于非平衡态。随着非平衡载流子数目的增多,复合率增大,当产生和复合这两个过程的速率再次相等时,$G=R$,非平衡载流子的数目达到稳定值。需要注意的是,当光照停止的时刻,半导体中仍然存在大量非平衡载流子。由于电子和空穴的浓度都大于平衡状态,它们在热运动中相遇而复合的概率也相应增大,电子-空穴对的复合率超过产生率,即 $R>G$,因而会形成净复合,使非平衡载流子逐渐减少,最终其浓度恢复为平衡值,半导体也就恢复到热平衡状态。

2.6.2　非平衡载流子的寿命

实验证明,在只存在体内复合的简单情况下,如果非平衡载流子的数量不是太大,则在单位时间内,由于复合而引起非平衡载流子浓度的减少率 $-\mathrm{d}\Delta p/\mathrm{d}t$ 与其浓度 Δp 成比例,即

$$-\frac{\mathrm{d}\Delta p}{\mathrm{d}t} \propto \Delta p \tag{2.59}$$

引入比例系数 $1/\tau$,则式(2.59)可写成

$$\frac{\mathrm{d}\Delta p}{\mathrm{d}t} = -\frac{\Delta p}{\tau} \tag{2.60}$$

显然,式(2.59)的左边 $\mathrm{d}\Delta p/\mathrm{d}t$ 项就是单位时间、单位体积内复合的载流子数量,即非平衡载流子的净复合率 R。而等式右侧系数 $1/\tau$ 的物理意义为单位时间内非平衡载流子复合的概率。小注入时,可认为 τ 为恒量。

设 Δp_0 为 $t=0$ 初始时刻的非平衡载流子浓度。求解式(2.60),可得

$$\Delta p = \Delta p_0 \mathrm{e}^{-t/\tau} \tag{2.61}$$

式(2.61)表明,半导体中非平衡载流子的浓度随时间按指数规律减小,常数 τ 是反映衰减快慢的时间常数。图 2.20 给出了这一规律。

利用式(2.61),可以得到非平衡载流子的平均生存时间为

$$\bar{t} = \frac{1}{\Delta p_0} \int_0^\infty \frac{1}{\tau} \Delta p_0 \mathrm{e}^{-t/\tau} t \, \mathrm{d}t = \tau \tag{2.62}$$

因此,参量 τ 标志着非平衡载流子复合前平均存在的时间,通常称为非平衡载流子的寿命。当经历 τ 时间后,非平衡载流子的浓度 Δp 衰减到其初始时刻值 Δp_0 的 $1/\mathrm{e}$。显然,寿命不同,非平衡载流子浓度衰减的快慢程度也不同,寿命越短,衰减得越快。

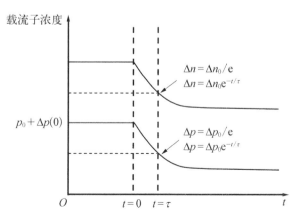

图 2.20　非平衡载流子浓度随时间减小的规律

非平衡载流子的寿命是标志半导体材料质量的主要参数之一。对于不同种类、纯度和结构完整性的半导体,非平衡载流子的寿命差异较大,一般在 $10^{-9} \sim 10^{-2}$ s 范围。通常锗比硅容易获得较高的寿命,在较完整的锗和硅单晶中,寿命可达到毫秒的数量级。砷化镓的非平衡载流子寿命极短,约为纳秒量级。平面集成电路器件中所使用的硅寿命一般在几十微秒以上。

2.6.3 准费米能级

当半导体中的电子系统处于热平衡状态时,电子和空穴的浓度是费米能级位置的函数。处于热平衡状态的电子系统有统一的费米能级,它是电子填充能级水平的标志。系统的费米能级越高,说明高能量状态电子越多。

在非简并的情况下,平衡状态下半导体导带和价带中电子和空穴的浓度满足统计规律:

$$n_0 = N_C \exp\left(-\frac{E_C - E_F}{kT}\right) \tag{2.63}$$

$$p_0 = N_V \exp\left(\frac{E_F - E_V}{kT}\right) \tag{2.64}$$

或

$$n_0 = n_i \exp\left(\frac{E_F - E_i}{kT}\right) \tag{2.65}$$

$$p_0 = n_i \exp\left(\frac{E_i - E_F}{kT}\right) \tag{2.66}$$

当外界条件产生载流子注入后,半导体处于非平衡状态,这时就不再存在统一的费米能级。事实上,电子系统的热平衡状态是通过热跃迁实现的。在同一个能带范围内,热跃迁十分频繁,极短时间内就能导致一个能带内的热平衡,而导带与价带之间的热跃迁就困难得多。因此当半导体平衡态遭到破坏而处于非平衡态时,可以认为,就价带和导带中各自的电子来说,都分别近似处于平衡态,而导带和价带之间的电子之间处于非平衡状态。从这个角度考虑,费米能级和统计分布函数对于导带和价带各自的能量范围依然是近似适用的,可以引入分别用于描述导带电子的费米能级 E_{Fn} 和描述价带空穴的费米能级 E_{Fp},两者均为局域化的,统称为"准费米能级"。

引入准费米能级后,非平衡状态下的载流子浓度就可以用与平衡载流子浓度类似的公式来表达:

$$n = N_C \exp\left(-\frac{E_C - E_{Fn}}{kT}\right) \tag{2.67}$$

$$p = N_V \exp\left(\frac{E_{Fp} - E_V}{kT}\right) \tag{2.68}$$

或

$$n = n_i \exp\left(\frac{E_{Fn} - E_i}{kT}\right) \tag{2.69}$$

$$p = n_i \exp\left(\frac{E_i - E_{Fp}}{kT}\right) \tag{2.70}$$

式中，$n = n_0 + \Delta n$；$p = p_0 + \Delta p$。通过载流子浓度可以确定准费米能级 E_{Fn} 和 E_{Fp} 的位置。只要载流子浓度不是太高，以致使 E_{Fn} 和 E_{Fp} 进入了导带或价带，上面两组公式都是适用的。进一步的，根据 n 与 n_0、p 与 p_0 的关系，还可以得到

$$n = n_0 \exp\left(\frac{E_{Fn} - E_F}{kT}\right) \tag{2.71}$$

$$p = p_0 \exp\left(\frac{E_F - E_{Fp}}{kT}\right) \tag{2.72}$$

由式(2.71)、式(2.72)明显看出，无论是电子还是空穴，非平衡载流子数量越多，其准费米能级偏离平衡费米能级 E_F 就越远，但是两者的偏离是有差别的。对于 N 型半导体，在小注入条件下，由于多子电子的浓度变化不大，$n \approx n_0$，E_{Fn} 相比 E_F 发生很小的位置改变($E_{Fn} - E_F$ 的值较小)；而注入后，少子空穴的浓度 $p \gg p_0$，浓度变化极大，E_{Fp} 偏离 E_F 的位置也就非常大($E_F - E_{Fp}$ 的值较大)。

同时，由式(2.71)、式(2.72)可以得到电子浓度和空穴浓度的乘积是

$$np = n_0 p_0 \exp\left(\frac{E_{Fn} - E_{Fp}}{kT}\right) = n_i^2 \exp\left(\frac{E_{Fn} - E_{Fp}}{kT}\right) \tag{2.73}$$

显然，E_{Fn} 和 E_{Fp} 的相对于平衡时 E_F 的位置偏离也反映出 np 相较其平衡值 n_i^2 变化的情况，即反映了半导体偏离热平衡态的程度。它们偏离越大，说明不平衡情况越显著；两者靠得越近，则说明越接近平衡态；两者重合时，形成统一的费米能级，半导体处于平衡态。这样就可以更加清晰地理解到，准费米能级的意义就在于它能够更形象地描述半导体非平衡态的情况。

2.6.4　复合机制

半导体中非平衡载流子的复合过程，就其微观机制可分为两种。

(1) 直接复合：电子由导带直接跃迁到价带的空状态，使电子和空穴成对消失。直接复合也称为带间复合。如果直接复合过程中同时发射光子，则称为直接辐射复合或带间辐射复合。

(2) 间接复合：电子和空穴通过禁带中的能级(复合中心)进行复合。电子跃迁到复合中心能级，然后再跃迁到价带的空状态，使电子和空穴成对地消失。电子-空穴对的产生过程也是通过复合中心分两步完成的。在多数情况下，间接复合不能产生光子，因此也称为非辐射复合。

载流子复合时，需要释放能量，通常释放能量的三种途径如下：

(1) 发射光子：称为发光复合或辐射复合；

(2) 发射声子：载流子将多余的能量传递给晶格；

(3) 俄歇复合：经过带间复合后，电子损失的能量被另一个粒子(电子、空穴)所吸收，并导致该粒子的跃迁，这种方式对于窄禁带半导体起着重要的作用。

下面就两种基本复合机制作简要的分析。

1. 直接复合

半导体直接复合的过程如图 2.21 所示，其中 a 为导带电子回到价带的复合过程(电子-空

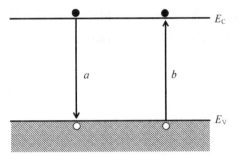

图 2.21 半导体直接复合示意图

穴对复合),b 为价带电子的跃迁过程(电子-空穴对产生)。在直接复合过程中,单位时间、单位体积半导体中复合掉的电子-空穴对数称为复合率 R。复合率与电子浓度 n 和空穴浓度 p 成正比,即 $R=rnp$,其中比例系数 r 称为复合概率或复合系数。在一定温度下,r 有确定的值,与电子和空穴的浓度无关。上述过程的逆过程就是电子-空穴对的产生过程。

单位时间、单位体积半导体中产生的电子-空穴对数称为产生率,用 G 表示。产生率 G 与载流子浓度 n 和 p 无关。在非简并和无外界影响的情况下,产生率基本是相同的,等于热平衡的产生率 G_0。于是

$$G=G_0=R_0=rn_0p_0=rn_i^2 \tag{2.74}$$

在非平衡情况下,电子-空穴对的净复合率 U 为

$$U=R-G=r(np-n_0p_0) \tag{2.75}$$

将 $n=n_0+\Delta n$、$p=p_0+\Delta p$ 和 $\Delta n=\Delta p$ 代入式(2.75),有

$$U=r(n_0+p_0+\Delta p)\Delta p \tag{2.76}$$

根据非平衡载流子寿命的物理意义,净复合率与载流子寿命的关系为

$$U=\frac{\Delta p}{\tau} \tag{2.77}$$

将式(2.76)代入式(2.77)相比较,便得到载流子的寿命为

$$\tau=\frac{1}{r(n_0+p_0+\Delta p)} \tag{2.78}$$

在小注入条件下,$\Delta p \ll n_0+p_0$,式(2.78)近似为

$$\tau \approx \frac{1}{r(n_0+p_0)} \tag{2.79}$$

对 N 型和 P 型半导体,分别为

$$\tau_p \approx \frac{1}{rn_0}=\frac{1}{rN_D} \tag{2.80}$$

$$\tau_n \approx \frac{1}{rp_0}=\frac{1}{rN_A} \tag{2.81}$$

式(2.80)和式(2.81)说明,与本征半导体相比,杂质半导体的非平衡少子的寿命更短。载流子寿命 τ 的值与多子浓度成反比,即与掺杂的杂质浓度成反比。也可以说,样品的电导率越高,非平衡少子的寿命越短。

2. 通过复合中心的复合

通过复合中心的复合和产生有 4 种过程,如图 2.22 所示。图中过程 a 表示的是电子被复

合中心俘获的过程,过程 b 是过程 a 的逆过程,是电子产生的过程,它表示复合中心上的电子激发到导带的空状态。过程 c 是空穴被复合中心俘获的过程,过程 d 是过程 c 的逆过程,即空穴的产生过程,它表示复合中心上的空穴跃迁到价带或者说价带电子跃迁到复合中心的空状态。

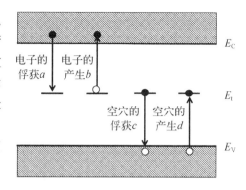

图 2.22　半导体通过复合中心的间接复合示意图

可以证明,在稳态情况下,通过复合中心电子-空穴对的净复合率为

$$U = \frac{C_p C_n N_t (np - n_i^2)}{C_n(n + n_1) + C_p(p + p_1)} \tag{2.82}$$

其中, C_n 、 C_p 分别为复合中心对电子、空穴的俘获系数, N_t 和 n_t 分别表示复合中心浓度和复合中心上的电子浓度。用 E_t 表示复合中心能级,有

$$p_1 = N_V \exp\left(-\frac{E_t - E_V}{kT}\right) = n_i \exp\left(\frac{E_i - E_t}{kT}\right) \tag{2.83}$$

$$n_1 = N_C \exp\left(-\frac{E_C - E_t}{kT}\right) = n_i \exp\left(\frac{E_t - E_i}{kT}\right) \tag{2.84}$$

引入

$$\frac{1}{\tau_n} = C_n N_t, \qquad \frac{1}{\tau_p} = C_p N_t \tag{2.85}$$

显然、 $1/\tau_p$ 表示复合中心充满电子时对每个空穴的俘获概率, $1/\tau_n$ 表示复合中心充满空穴时对每个电子的俘获概率。

利用式(2.83)、式(2.84),式(2.82)可表示为

$$U = \frac{np - n_i^2}{\tau_p(n + n_1) + \tau_n(p + p_1)} \tag{2.86}$$

考虑到

$$n = n_0 + \Delta n, p = p_0 + \Delta p, \Delta n = \Delta p$$

小注入时 $\Delta p \ll n_0 + p_0$,式(2.86)写为

$$U = \frac{(n_0 + p_0)\Delta p}{\tau_p(n_0 + n_1) + \tau_n(p_0 + p_1)} \tag{2.87}$$

根据载流子寿命的物理意义,式(2.87)中的净复合率 $U = \Delta p/\tau$,则可以得到

$$\tau = \tau_p \frac{n_0 + n_1}{n_0 + p_0} + \tau_n \frac{p_0 + p_1}{n_0 + p_0} \tag{2.88}$$

式(2.88)就是通过复合中心复合的载流子注入寿命公式,也称为肖克利-里德公式,其主要适用于低复合中心浓度的情况。复合中心能级 E_t 在禁带中的不同位置对非平衡载流子复合的影响较大。一般来说,只有杂质的能级 E_t 属于远离导带底或价带顶的深能级杂质,才能

成为有效的复合中心。

为简单计算,假设复合中心对电子和空穴的俘获系数相等(对一般复合中心均成立),令 $\tau_n = \tau_p = \tau_0$,净复合率公式(2.87)可改写成

$$U = \frac{1}{\tau_0} \frac{np - n_i^2}{(n + p) + (n_1 + p_1)} \tag{2.89}$$

将 n_1、p_1 代入,有

$$U = \frac{1}{\tau_0} \frac{np - n_i^2}{(n + p) + 2n_i \cosh\left(\dfrac{E_t - E_i}{KT}\right)} \tag{2.90}$$

从式(2.90)可见,当 $E_t \approx E_i$ 时,净复合率 U 趋向极大。因此,位于禁带中央附近的深能级是最有效的复合中心。例如,Cu、Fe、Au 等杂质在 Si 中形成深能级,它们是有效的复合中心。浅能级,即远离禁带中央的能级,无法起有效的复合中心的作用。

这里以金为例讨论间接复合的作用。金是硅中的深能级杂质,在硅中形成双重能级。硅中的金原子可以接受一个电子,形成负电中心 Au^-,相应的形成位于导带底下方 $0.54\ eV$ 的受主能级 E_{tA};金原子也可以释放一个电子,成为正电中心 Au^+,形成了一个位于价带顶上方 $0.35\ eV$ 的施主能级 E_{tD}。但是,金在硅中的两个能级并不能同时起作用。如图 2.23 所示,在 N 型硅中,只要浅施主杂质不是太少,费米能级总是比较接近导带的,电子基本上填满了金的能级,即金接受电子成为 Au^-,只有受主能级 E_{tA} 起作用。而在 P 型硅中,金能级基本上是空的,金释放电子成为 Au^+,只存在施主能级 E_{tD}。

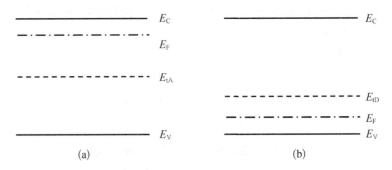

图 2.23 金在硅中的两种能级

(a) N 型硅:受主能级 E_{tA};(b) P 型硅:施主能级 E_{tD}

无论在 N 型硅或 P 型硅中,金杂质都是有效的复合中心,会对少数载流子寿命产生极大的影响。实验上测得,金在室温下的俘获系数分别为 $C_n = 1.15 \times 10^{-7}\ cm^3/s$,$C_n = 6.3 \times 10^{-8}\ cm^3/s$。对于典型的金掺杂浓度 $5 \times 10^{-15}\ cm^3$,则 N 型、P 型硅的少子寿命分别为

$$\tau_p = \frac{1}{N_t C_p} \approx 1.7 \times 10^{-9}\ s$$

$$\tau_n = \frac{1}{N_t C_n} \approx 3.2 \times 10^{-9}\ s$$

在掺金的硅中,少数载流子寿命还与金的掺杂浓度 N_t 成反比。因此,通过控制金浓度,可以在宽广的范围内改变少数载流子的寿命。对于金来说,少量的掺杂就能够形成有效的复合中心,从而大大缩短少数载流子寿命,而不会严重地影响如电阻率等其他性能。在半导体开关器件、高速器件中,掺金已作为缩短少数载流子寿命的有效手段而被广泛应用。

3. 表面复合

表面复合是指在半导体表面发生的复合过程。一方面晶格在表面的不连续性,在禁带中引入了大量的表面态;另一方面紧贴表面的吸附离子、分子或机械损伤等所造成的其他缺陷也形成了禁带中的复合中心。它们大大增加了表面区域的载流子复合率。就复合机制讲,表面复合仍然是间接复合。所以,间接复合理论完全可以用来处理表面复合问题。表面复合率与表面处的非平衡载流子浓度成正比,对 N 型半导体,表面复合率可以表示为

$$U_S = S\Delta p \tag{2.91}$$

比例系数 S 具有速度的量纲,称为表面复合速度,可以用来描述表面复合的快慢。表面复合速度的大小在很大程度上受到晶体表面物理性质和外界气氛的影响。较高的表面复合速度会使更多注入的载流子在表面复合消失,以致严重地影响器件的性能。因而,在大多数器件的制造中,一方面,总是希望获得良好而稳定的表面,以尽量降低表面复合速度,提高器件性能;另一方面,在某些物理测量中,为了消除金属探针注入效应的影响,却要设法增大表面复合,以获得较为准确的测量结果。另外,晶体中的位错等缺陷也能形成复合中心能级,从而严重地影响少数载流子的寿命。

2.7　载流子的漂移

2.7.1　载流子的热运动与漂移

在半导体中,载流子的净流动过程称为输运。由于载流子带电荷,载流子的输运意味着产生电流。漂移和扩散是两种基本的输运机制。在有外电场存在时,载流子将做定向漂移运动。当载流子在空间中分布不均匀(即存在浓度梯度)时,载流子将由高浓度区域自发地向低浓度区域扩散。本节讨论半导体中漂移的基本规律,2.8 节讨论载流子的扩散规律。

在不存在外电场作用的情况下,半导体晶体中的格点原子和替位式的杂质离子均以平衡位置为中心振动,载流子可以在整个晶体中做随机热运动。载流子在不断振动着的格点粒子之间穿行,有可能与格点发生相互碰撞,载流子与载流子之间也会相互碰撞,常常把这种载流子的碰撞称为散射。散射的作用使得载流子的能量、运动速度和方向都发生随机改变。显然,在足够长的时间内,载流子的无规则热运动将导致其净位移为零,不会形成定向移动和电流。

在有外电场存在时,载流子除了做无规则的热运动以外,还受到电场力的作用,并会沿一定方向发生定向运动,这种运动称为载流子的漂移运动,相应的速度称为漂移速度。漂移运动是规则的,它是引起电荷流动的原因。两次碰撞之间,载流子在电场力的作用下做加速运动,电子和空穴的加速度分别为

$$a_n = \frac{F}{m_n} = \frac{-qE}{m_n} \tag{2.92}$$

$$a_p = \frac{F}{m_p} = \frac{qE}{m_p} \tag{2.93}$$

其中，m_n、m_p 分别为电子和空穴的有效质量，E 为外加电场强度。

由于碰撞的随机性，载流子发生碰撞之后，其加速度不能积累，定向漂移运动的初始速度下降为零。也就是说，载流子在电场作用下的加速运动只有在两次散射之间存在。因此，载流子在原来无规则运动的基础上，又叠加了由外电场导致的定向漂移运动，从而使载流子产生净位移。经过平均自由时间 τ（又称为弛豫时间）之后，载流子平均漂移速度为

$$v_n = -\frac{q\tau E}{m_n} \tag{2.94}$$

$$v_p = \frac{q\tau E}{m_p} \tag{2.95}$$

式(2.94)与式(2.95)说明载流子漂移速度与外加电场强度 E 成正比。

2.7.2 迁移率

迁移率是描述载流子在电场中做漂移运动的难易程度的物理量，定义为在单位电场作用下的载流子的漂移速度。电子的迁移率定义为

$$\mu_n = \frac{q\tau}{m_n} \tag{2.96}$$

根据式(2.94)，则有

$$v_n = -\mu_n E \tag{2.97}$$

显然，迁移率的物理意义是，单位电场强度作用下载流子所获得漂移速度的绝对值，其单位为 $cm^2/(V \cdot s)$。式(2.96)和式(2.97)中的弛豫时间 τ 反映了各种散射机制对载流子漂移的影响。显然，由于电子和空穴的运动状态不同，它们的有效质量和平均碰撞时间都是不同的，因此半导体中的电子和空穴都有不同的迁移率。表 2.5 给出了常用半导体材料电子和空穴的迁移率。

表 2.5 常用半导体材料电子和空穴的迁移率

半 导 体 材 料	锗	硅	砷化镓
电子迁移率 μ_n/($cm^2 \cdot V^{-1} \cdot s^{-1}$)	3 900	1 450	9 000
空穴迁移率 μ_p/($cm^2 \cdot V^{-1} \cdot s^{-1}$)	1 900	500	400

影响载流子迁移率的主要是半导体中的散射。导致散射的机制很多，对常用的轻、中等掺杂半导体材料，晶格散射和电离杂质散射是主要的。当带电载流子经过一个电离杂质附近时，会引起杂质散射。因此，随着杂质浓度的增加，杂质的散射作用增强，电子和空穴的迁移率都

随杂质浓度的增加而减小,如图 2.24 所示。值得注意的是,对于同一种载流子,当它们作为多数载流子或少数载流子时所受到的散射并不完全相同。

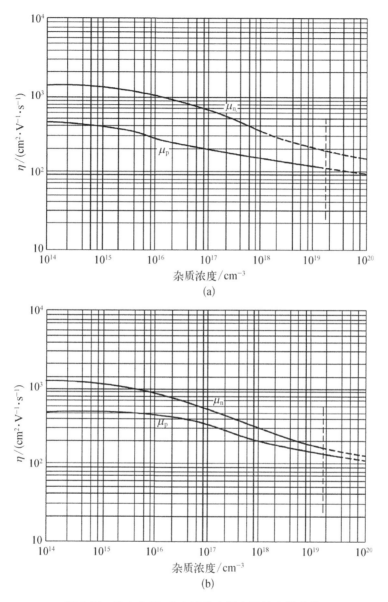

图 2.24 硅中电子、空穴迁移率随杂质浓度的变化

(a) N 型硅中电子和空穴的迁移率;(b) P 型硅中电子和空穴的迁移率

载流子的迁移率还随温度明显变化。温度越高,晶格散射的作用越强;而对杂质散射来说,温度越高,载流子的热运动速度越快,杂质离子静电力作用于载流子的时间缩短,杂质散射作用将会减弱。用 μ_L 表示晶格散射所决定的迁移率,其随温度升高而减小;用 μ_1 表示杂质散射所决定的迁移率,其随温度的升高而增大。综合考虑两种因素,可将载流子的迁移率写为

$$\frac{1}{\mu} = \frac{1}{\mu_L} + \frac{1}{\mu_1}$$

(2.98)

图 2.25 给出了硅中载流子迁移率随温度变化的曲线。曲线表明,对于杂质浓度比较低的样品(如 10^{13} cm^{-3}),由于晶格散射起主要作用,迁移率明显地随温度升高而下降。当杂质浓度增加时,不但有晶格散射,同时杂质散射的影响也逐渐增强,迁移率下降的趋势就不那么明显了。而当杂质浓度很高时(如 10^{19} cm^{-3}),在低温区 $\mu_{\mathrm{I}} < \mu_{\mathrm{L}}$,迁移率上升,杂质散射起主要作用,而高温区 $\mu_{\mathrm{L}} < \mu_{\mathrm{I}}$,又以晶格散射为主,迁移率则下降。

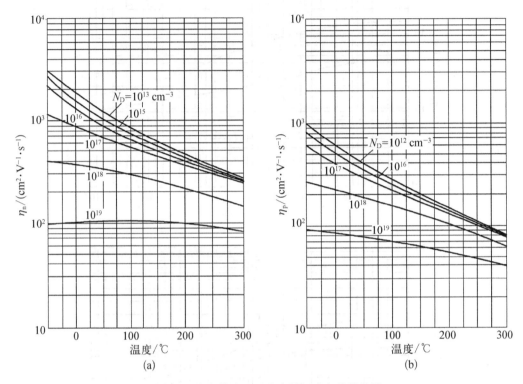

图 2.25 硅中载流子迁移率随温度变化的曲线
(a) 电子迁移率;(b) 空穴迁移率

2.7.3 漂移电流与电导率

设半导体中电子浓度为 n,在电场作用下以漂移速度 v_{n} 沿着与外加电场方向相反的方向运动,则电子的漂移电流密度为

$$J_{\mathrm{n}} = -nqv_{\mathrm{n}} \tag{2.99}$$

负号表示电子输运产生的电流方向与其运动方向相反。

将迁移率定义式(2.96)代入,有

$$J_{\mathrm{n}} = nq\mu_{\mathrm{n}}E \tag{2.100}$$

同理,可得到空穴的漂移电流密度

$$J_{\mathrm{p}} = pq\mu_{\mathrm{p}}E \tag{2.101}$$

半导体中总的漂移电流为电子电流与空穴电流之和,因此有总的漂移电流密度

$$J = J_{\mathrm{n}} + J_{\mathrm{p}} \tag{2.102}$$

在电场不太强的情况下,半导体中漂移电流满足欧姆定律。考虑到微分形式的欧姆定律

$$J = \sigma E \tag{2.103}$$

可见半导体的电导率为

$$\sigma = nq\mu_n + pq\mu_p \tag{2.104}$$

式(2.104)将宏观的可测量的电导率与微观的电子空穴输运机制联系起来,具有重要的物理意义。对于 N 型半导体,由于 $n \gg p$,在杂质电离范围内,起导电作用的主要是导带电子。此时电导率为

$$\sigma = nq\mu_n \tag{2.105}$$

对于 P 型半导体,由于 $p \gg n$,起导电作用的主要是价带空穴,电导率为

$$\sigma = pq\mu_p \tag{2.106}$$

对于本征半导体,$n = p = n_i$,电导率为

$$\sigma = n_i(\mu_n + \mu_p) \tag{2.107}$$

电阻率为电导率的倒数,由式(2.104),有

$$\rho = \frac{1}{nq\mu_n + pq\mu_p} \tag{2.108}$$

对于 N 型半导体

$$\rho = \frac{1}{nq\mu_n} \tag{2.109}$$

对于 P 型半导体

$$\rho = \frac{1}{pq\mu_p} \tag{2.110}$$

对于本征半导体

$$\rho = \frac{1}{n_i(\mu_n + \mu_p)} \tag{2.111}$$

在室温 300 K 时,本征硅的电阻率约为 2.3×10^5 Ω·cm,本征锗的电阻率约为 47 Ω·cm。对同一种半导体,电阻率决定于载流子浓度和迁移率,两者均与杂质浓度和温度有关,所以,半导体电阻率也随杂质浓度和温度而变化。

图 2.26 为硅和砷化镓 300 K 时电阻率随杂质浓度变化的曲线。在低于 10^{18} cm^{-3} 的掺杂浓度下,如果杂质全部电离,$n = N_D$,$p = N_A$,而迁移率随杂质的变化不大,可以认为是常数。因而电阻率与杂质浓度成简单反比关系,杂质浓度越高,电阻率越小,在对数坐标的图中近似为直线。当杂质浓度增高时,曲线严重偏离直线,主要原因如下:

(1) 高浓度杂质在室温下不能全部电离,特别是重掺杂的简并半导体中情况更加严重;

(2) 迁移率随杂质浓度升高而降低,其原因在于散射机制随杂质的显著增强。

实际应用时,经常通过检测电阻率来计算半导体的纯度或掺杂浓度。一般来说,半导体纯度越高,掺杂越少,其电阻率也就越高。但是对高度补偿的材料,虽然载流子浓度很小,由于依

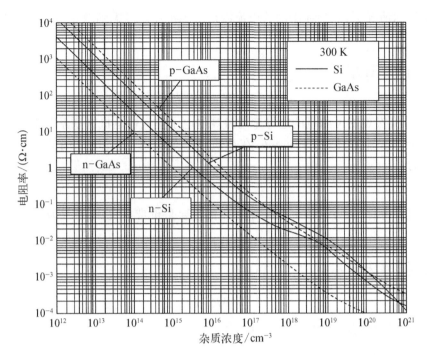

图 2.26 温度在 300 K 时 Si 和 GaAs 电阻率与杂质浓度的关系曲线

然存在大量杂质导致迁移率很小,材料的电阻率也较高,仅仅通过电阻率反映不出其杂质含量,这种情况难以用于制造器件。

2.7.4 电阻率随温度的变化

在纯半导体材料中,电阻率主要由本征载流子浓度 n_i 决定。n_i 会随温度上升而呈现出急剧上升的态势。在室温附近,温度每升高 8 ℃,硅的 n_i 就增加 1 倍,同时由于在室温附近迁移率随温度的变化并不明显,所以电阻率将相应地降低约 1/2;而对于锗来说,当温度每上升 12 ℃时,n_i 会增加 1 倍,电阻率也会降低 1/2。本征半导体电阻率随温度增加而单调地下降,这是半导体区别于金属的一个重要特征。

对于杂质半导体而言,由于同时存在杂质电离和本征激发过程,并且电离杂质散射和晶格散射这两种散射机制也同时发挥作用,因而电阻率随温度的变化关系要复杂些。图 2.27 定性表示了具有一定掺杂浓度的硅样品的电阻率和温度的关系示意图。曲线各阶段分析如下。

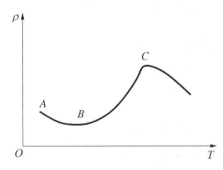

图 2.27 硅材料的电阻率与温度关系示意图

AB 段:温度很低,本征激发可忽略,载流子主要由杂质电离提供,随温度升高载流子数量增加;散射主要由电离杂质决定,迁移率也随温度升高而增大,所以,电阻率随温度升高而下降。

BC 段:温度继续升高(包括室温),杂质已全部电离,但本征激发还不十分显著,载流子的浓度基本上不随温度变化,晶格振动散射上升为主要因素,迁移率随温度升高而降低,所以电阻率随温度升高而增大。

C 段：温度继续升高，本征激发迅速增加，大量载流子的产生远远超过迁移率减小对电阻率的影响。这时，本征激发成为矛盾的主要方面，杂质半导体的电阻率将随温度的升高而急剧下降，表现出同本征半导体相似的特征。很明显，杂质浓度越高，进入本征导电占优势的温度也越高；材料的禁带宽度越大，同一温度下的本征载流子浓度就越低，进入本征导电的温度也越高。温度高到本征导电起主要作用时，一般器件就不能正常工作，它就是器件的最高工作温度。一般来说，锗器件最高工作温度为 $100℃$，硅为 $250℃$，而砷化镓可达 $450℃$。

2.8　载流子的扩散

2.8.1　扩散方程的建立

扩散是微观粒子的一种基本特性。只要空间中微观粒子的浓度不均匀，由于无规则热运动，粒子就会由浓度高的区域向浓度低的区域扩散。扩散运动完全由粒子浓度不均匀所引起，它可被视为粒子整体上的有规则的运动，但又与粒子的无规则运动密切相关。半导体中的载流子在浓度分布不均匀的情况下，即存在浓度梯度时，也会存在从高浓度向低浓度区域的无规则热运动，称为载流子的扩散运动。

对于杂质分布均匀的半导体，其载流子浓度分布是均匀的，不会有平衡载流子的扩散。所以在杂质分布均匀的半导体样品的一个表面上注入非平衡载流子时，可以只考虑非平衡载流子的扩散。在小注入情况下，只考虑非平衡少数载流子的扩散运动。

以如图 2.28 所示的均匀掺杂的 N 型半导体为例。在热平衡状态下，电离施主带正电，电子带负电，由于电中性的要求，各处电荷密度均为零，所以载流子分布也是均匀的，即没有浓度的区域差异，不会发生载流子的扩散运动。如果用适当波长的光均匀照射该样品的一侧表面，假设在表面薄层内入射光全部被吸收，在表面附近将产生大量非平衡载流子，该处载流子的浓度比半导体内部高，必然会引起非平衡载流子由表面向其内部的扩散。

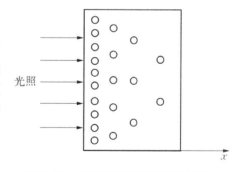

图 2.28　半导体样品表面光照引起的非平衡载流子的扩散

考虑简单的一维情况，假定非平衡载流子浓度 $\Delta p(x)$ 只随位置 x 变化，扩散运动是由浓度梯度引起的，载流子的浓度梯度为

$$\mathrm{grad}\Delta p(x) = \frac{\mathrm{d}\Delta p(x)}{\mathrm{d}x} \tag{2.112}$$

定义空穴的扩散流密度 S_p 为单位时间垂直通过单位面积（垂直于 x 轴）的空穴数，则扩散流密度应与浓度梯度成正比，有

$$S_p = -D_p \frac{\mathrm{d}\Delta p(x)}{\mathrm{d}x} \tag{2.113}$$

式（2.113）称为扩散定律，描述了非平衡少数载流子空穴的扩散规律。其中，比例系数 D_p

称为空穴扩散系数,单位为 cm^2/s,它反映了非平衡少数载流子扩散本领的大小。浓度梯度的正方向为沿浓度增加的方向,因此式中的负号表示载流子的扩散方向为自浓度高的区域向浓度低的区域,即扩散流的方向与浓度梯度方向相反。

由表面注入的空穴不断向半导体内部扩散,在此过程中不断复合而消失。若光照恒定,则在表面 $x=0$ 处(扩散起始位置),非平衡载流子浓度也保持为恒定值(Δp_0)。由于表面的稳定注入,半导体内部各点的非平衡空穴浓度也不随时间改变,形成稳定的载流子分布。这种情况称为稳态扩散。

下面具体分析在一维稳态扩散情况下,非平衡少数载流子空穴的变化规律。在稳定分布之后,扩散流密度 S_p 随位置 x 变化。单位时间单位体积内由于扩散积累的空穴数(即 S_p 随位置的变化率)应等于由于复合而消失的空穴数

$$-\frac{dS_p(x)}{dx} = \frac{\Delta p(x)}{\tau_p} \tag{2.114}$$

式中,τ_p 为非平衡载流子空穴的寿命;$1/\tau_p$ 为其复合概率。

将式(2.113)代入式(2.114),有

$$D_p \frac{d^2 \Delta p(x)}{dx^2} = \frac{\Delta p(x)}{\tau_p} \tag{2.115}$$

式(2.115)即为一维稳态扩散情况下非平衡少数载流子所遵守的扩散方程,称为稳态扩散方程。它的通解为

$$\Delta p(x) = Ae^{-\frac{x}{L_p}} + Be^{\frac{x}{L_p}} \tag{2.116}$$

式中,系数 A、B 要根据边界条件来确定。空穴的扩散长度为

$$L_p = \sqrt{D_p \tau_p} \tag{2.117}$$

2.8.2 不同边界条件下的扩散方程的解

下面讨论几种不同情况下非平衡载流子的分布情况。

1. 足够厚的样品

非平衡载流子尚未到达样品的另一端就基本都已复合。即有边界条件

$$x \to \infty, \Delta p \to 0 \tag{2.118}$$

设在扩散起始位置 $x=0$ 处,$\Delta p(x) = (\Delta p)_0$(见图 2.29);将两个边界条件代入扩散方程的通解式(2.116),可以得到待定系数

$$\begin{cases} A = (\Delta p)_0 \\ B = 0 \end{cases} \tag{2.119}$$

因此,扩散方程的特解为

$$\Delta p(x) = (\Delta p)_0 e^{-\frac{x}{L_p}} \tag{2.120}$$

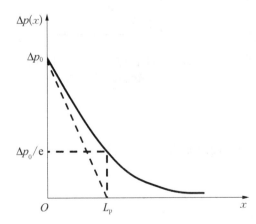

图 2.29 样品在足够厚的情况下,光表面注入载流子在半导体内部的分布示意图

　　这表明非平衡少数载流子空穴从扩散起始的 $x=0$ 位置(光照表面)开始,浓度由初始值 $(\Delta p)_0$ 向内部按指数规律衰减。显然 L_p 表示空穴在边扩散边复合的过程中,其浓度减少至初始值的 $1/e$ 时所扩散的距离。另外,非平衡载流子平均扩散的距离是

$$\bar{x}=\frac{\displaystyle\int_0^\infty x\Delta p(x)\mathrm{d}x}{\displaystyle\int_0^\infty \Delta p(x)\mathrm{d}x}=\frac{\displaystyle\int_0^\infty x\exp\left(-\frac{x}{L_p}\right)\mathrm{d}x}{\displaystyle\int_0^\infty \exp\left(-\frac{x}{L_p}\right)\mathrm{d}x}=L_p \tag{2.121}$$

　　因此,L_p 标志着非平衡载流子深入样品的平均距离,称为扩散长度。由式(2.117)看到,扩散长度由扩散系数和载流子寿命所决定。

2. 有限厚度样品

设半导体样品厚度为 W,并且在样品另一端将非平衡少数载流子全部引出。此有边界条件

$$\begin{cases} x=0, & \Delta p=(\Delta p)_0 \\ x=W, & \Delta p=0 \end{cases} \tag{2.122}$$

将这两个条件代入式(2.116)就得到

$$\begin{cases} A+B=(\Delta p)_0 \\ A\exp\left(-\dfrac{W}{L_p}\right)+B\exp\left(\dfrac{W}{L_p}\right)=0 \end{cases} \tag{2.123}$$

解此方程有

$$\begin{cases} A=(\Delta p)_0\,\dfrac{\exp\left(\dfrac{W}{L_p}\right)}{\exp\left(\dfrac{W}{L_p}\right)-\exp\left(-\dfrac{W}{L_p}\right)} \\[4mm] B=-(\Delta p)_0\,\dfrac{\exp\left(-\dfrac{W}{L_p}\right)}{\exp\left(\dfrac{W}{L_p}\right)-\exp\left(-\dfrac{W}{L_p}\right)} \end{cases} \tag{2.124}$$

因此

$$\Delta p(x)=(\Delta p)_0\,\frac{\mathrm{sh}\left(\dfrac{W-x}{L_p}\right)}{\mathrm{sh}(W/L_p)} \tag{2.125}$$

式(2.125)中的函数 $\mathrm{sh}(x)$ 为双曲正弦函数 $\sinh(x)$ 的简写,其定义为

$$\sinh(x)=\frac{\mathrm{e}^x-\mathrm{e}^{-x}}{2} \tag{2.126}$$

当 $W\ll L_p$ 时,式(2.125)可简化为

$$\Delta p(x)\approx(\Delta p)_0\,\frac{\dfrac{W-x}{L_p}}{W/L_p}=(\Delta p)_0\left(1-\frac{x}{W}\right) \tag{2.127}$$

式(2.127)表明,有限宽度内非平衡载流子的浓度近似呈线性分布,其浓度梯度

$$\frac{\mathrm{d}\Delta p(x)}{\mathrm{d}x} = -\frac{(\Delta p)_0}{W} \tag{2.128}$$

扩散流密度为

$$S_{\mathrm{p}} = (\Delta p)_0 \frac{D_{\mathrm{p}}}{W} \tag{2.129}$$

显然,有限宽度内载流子的浓度梯度、扩散流密度均为常数。例如,在双极结型晶体管中,基区的宽度一般比载流子的扩散长度小得多,从发射区注入基区的非平衡载流子在基区内的分布近似符合上述情况。

如果注入的非平衡少数载流子为电子,同理可得到电子的扩散定律表达式为

$$S_{\mathrm{n}} = -D_{\mathrm{n}} \frac{\mathrm{d}\Delta n(x)}{\mathrm{d}x} \tag{2.130}$$

其中,S_{n} 为电子的扩散流密度,D_{n} 为电子的扩散系数。相应的稳态扩散方程为

$$D_{\mathrm{n}} \frac{\mathrm{d}^2 \Delta n(x)}{\mathrm{d}x^2} = \frac{\Delta n(x)}{\tau} \tag{2.131}$$

对不同的边界条件,可作如空穴为非平衡载流子的分析,其中电子的扩散长度可写为

$$L_{\mathrm{n}} = \sqrt{D_{\mathrm{n}}\tau_{\mathrm{n}}} \tag{2.132}$$

需要说明的是,载流子的扩散长度是一个非常重要的物理量。典型的本征硅室温下的 $D_{\mathrm{p}} = 13\ \mathrm{cm}^2/\mathrm{s}$,$D_{\mathrm{n}} = 36\ \mathrm{cm}^2/\mathrm{s}$。非平衡载流子的寿命与掺杂浓度密切相关,在重掺杂时 $(10^{19} \sim 10^{20}\ \mathrm{cm}^{-3})$,少数载流子扩散长度约为 $1\ \mu\mathrm{m}$,而在中低掺杂浓度时,少数载流子扩散长度达到 $1\ \mathrm{mm}$ 左右。

2.8.3 扩散电流

由于电子和空穴都带有电荷,它们的扩散运动也必然形成电流,这种电流被称为扩散电流。电子和空穴的扩散电流分别为

$$J_{\mathrm{n扩}} = qD_{\mathrm{n}} \frac{\mathrm{d}\Delta n(x)}{\mathrm{d}x} \tag{2.133}$$

$$J_{\mathrm{p扩}} = -qD_{\mathrm{p}} \frac{\mathrm{d}\Delta p(x)}{\mathrm{d}x} \tag{2.134}$$

这里需要注意,电流的方向定义为正电荷运动的方向。对于空穴来说,其运动的方向沿浓度梯度的负方向,因此式(2.134)中有负号;而对于电子来说,电流方向应与所带负电荷运动方向相反(即正的浓度梯度方向),因此电子电流表达式(2.133)中无负号。

在载流子的漂移和扩散同时存在的情况下,扩散电流和漂移电流叠加在一起构成半导体的总电流。考虑漂移电流表达式(2.99)和式(2.101),总电流为

$$J_{\mathrm{n}} = J_{\mathrm{n漂}} + J_{\mathrm{n扩}} = qn\mu_{\mathrm{n}}E + qD_{\mathrm{n}} \frac{\mathrm{d}\Delta n}{\mathrm{d}x} \tag{2.135}$$

$$J_{p}=J_{p漂}+J_{p扩}=qp\mu_{p}E-qD_{p}\frac{\mathrm{d}\Delta p}{\mathrm{d}x} \tag{2.136}$$

2.8.4　爱因斯坦关系式

通过对非平衡载流子的漂移运动和扩散运动的讨论可以看到,迁移率是反映载流子在电场作用下运动难易程度的物理量,而扩散系数是反映存在浓度梯度时载流子运动难易程度的物理量。虽然两者用于描述不同原因导致的载流子定向运动,但爱因斯坦从理论上找到了扩散系数和迁移率之间的定量关系。原来的理论推导只限于平衡的非简并半导体,现就一维情况做简单介绍。

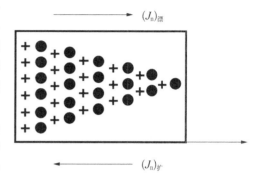

图 2.30　N 型非均匀半导体中电子的扩散和漂移示意图。

"+"为电离施主,"•"为电子

如图 2.30 所示,考虑处于热平衡状态的非均匀掺杂的 N 型半导体,其中施主杂质浓度随 x 增加而下降,相应的平衡状态电子浓度 $n_{0}(x)$ 和空穴浓度 $p_{0}(x)$ 都是位置 x 的函数。由于存在浓度梯度,必然引起载流子沿 x 方向的扩散,产生扩散电流。电子和空穴的扩散电流分别为

$$J_{n扩}=qD_{n}\frac{\mathrm{d}n_{0}(x)}{\mathrm{d}x} \tag{2.137}$$

$$J_{p扩}=-qD_{p}\frac{\mathrm{d}p_{0}(x)}{\mathrm{d}x} \tag{2.138}$$

因为电离杂质不可移动,载流子的扩散运动破坏了半导体内部的电中性,从而形成了内部的静电场 E。该电场又引起了载流子的漂移电流:

$$J_{n漂}=n_{0}(x)q\mu_{n}E \tag{2.139}$$

$$J_{p漂}=p_{0}(x)q\mu_{p}E \tag{2.140}$$

在平衡条件下半导体内部不存在宏观电流,因此电场的方向必然与扩散电流方向相反,平衡时电子的总电流和空穴的总电流分别等于零,即

$$J_{n}=J_{n漂}+J_{n扩}=0 \tag{2.141}$$

$$J_{p}=J_{p漂}+J_{p扩}=0 \tag{2.142}$$

将漂移电流、扩散电流的表达式(2.139)、式(2.140)以及式(2.137)、式(2.138)代入式(2.141)～式(2.142),有

$$n_{0}(x)\mu_{n}E=-D_{n}\frac{\mathrm{d}n_{0}(x)}{\mathrm{d}x}, \quad p_{0}(x)\mu_{p}E=D_{p}\frac{\mathrm{d}p_{0}(x)}{\mathrm{d}x} \tag{2.143}$$

当半导体内部出现电场时,各处电势不相等,电势也是位置 x 的函数。电势分布函数 $V(x)$ 为电场强度 E 的负梯度,即

$$E=-\frac{\mathrm{d}V(x)}{\mathrm{d}x} \tag{2.144}$$

在考虑电子的能量时,必须计入由电场作用附加的静电势能$[-qV(x)]$,因而导带底的能量应为$[E_C-qV(x)]$,其值相应地也随x变化。在非简并情况下,电子的浓度应为

$$n_0(x)=N_C\exp\left[\frac{E_F+qV(x)-E_C}{kT}\right] \tag{2.145}$$

等式两侧求导,得

$$\frac{dn_0(x)}{dx}=n_0(x)\frac{q}{kT}\frac{dV(x)}{dx} \tag{2.146}$$

将式(2.144)和式(2.146)代入式(2.143),得到

$$\frac{D_n}{\mu_n}=\frac{kT}{q} \tag{2.147}$$

同理,对于空穴可得

$$\frac{D_p}{\mu_p}=\frac{kT}{q} \tag{2.148}$$

式(2.147)和式(2.148)称为爱因斯坦关系。它表明了非简并情况下半导体中载流子迁移率和扩散系数之间的关系。虽然爱因斯坦关系式是针对平衡载流子推导出来的,但实验证明,这个关系可直接用于非平衡载流子。这说明刚激发的载流子虽然具有与平衡载流子不同的速度和能量,但由于晶格的作用,在比寿命短得多的时间内就取得了与该温度相适应的速度分布,因此在复合前绝大部分时间中已与平衡载流子没有什么区别。利用爱因斯坦关系式,由已知的迁移率数据,可以得到扩散系数。

根据爱因斯坦关系式,半导体中同时存在扩散运动和漂移运动时,总电流密度可以进一步写为

$$J=J_n+J_p=q\mu_n\left(nE+\frac{kT}{q}\frac{d\Delta n}{dx}\right)+q\mu_p\left(pE-\frac{kT}{q}\frac{d\Delta p}{dx}\right) \tag{2.149}$$

对非均匀半导体,平衡载流子浓度也随x而变化,扩散电流应由载流子的总浓度梯度所决定。式(2.149)又可写为

$$J=q\mu_n\left(nE+\frac{kT}{q}\frac{dn}{dx}\right)+q\mu_p\left(pE-\frac{kT}{q}\frac{dp}{dx}\right) \tag{2.150}$$

2.9 连续性方程

2.9.1 连续性方程的建立

本节进一步讨论当半导体中扩散运动和漂移运动同时存在的情况下,描述少数载流子的一般性运动规律。以N型半导体的一维情况为例,少数载流子空穴同时做沿x方向的扩散运动和漂移运动。通常,空穴的浓度不仅是位置x的函数,还会随时间t变化。如前所述,半导体中的扩散电流为

$$J_{p扩} = -qD_p \frac{\mathrm{d}p(x)}{\mathrm{d}x} \tag{2.151}$$

由于扩散，单位时间、单位体积中积累的空穴数是

$$-\frac{1}{q} \frac{\partial J_{p扩}}{\partial x} = D_p \frac{\partial^2 \Delta p}{\partial x^2} \tag{2.152}$$

另一方面，漂移电流为

$$J_{p漂} = p(x)q\mu_p E \tag{2.153}$$

因此由于漂移运动，单位时间、单位体积中积累的空穴数为

$$-\frac{1}{q} \frac{\partial J_{p漂}}{\partial x} = -\mu_p \left(E \frac{\partial p}{\partial x} + p \frac{\partial E}{\partial x} \right) \tag{2.154}$$

在小注入条件下，单位时间、单位体积中因复合消失的空穴数（即复合的数量）为 $\Delta p/\tau$，由于外界因素引起的非平衡空穴的产生数（即产生率）用 G_p 表示，则单位体积内空穴随时间的变化率应当为

$$\frac{\partial p(x,t)}{\partial t} = D_p \frac{\partial^2 p(x,t)}{\partial x^2} - \mu_p \left[E \frac{\partial p(x,t)}{\partial x} + \frac{\partial E}{\partial x} p(x,t) \right] + G_p - \frac{\Delta p(x,t)}{\tau_p}$$
$$\tag{2.155}$$

这就是在漂移运动和扩散运动同时存在时少数载流子所遵守的运动方程，称为连续性方程。

同理，可以得到电子的连续性方程为

$$\frac{\partial n(x,t)}{\partial t} = D_n \frac{\partial^2 n(x,t)}{\partial x^2} + \mu_n \left[E \frac{\partial n(x,t)}{\partial x} + \frac{\partial E}{\partial x} n(x,t) \right] + G_n - \frac{\Delta n(x,t)}{\tau_n}$$
$$\tag{2.156}$$

连续性方程反映了半导体中少数载流子运动的普遍规律，是研究半导体器件原理的基本方程式之一。本质上该方程可看作为粒子数守恒的数学描述，对任何半导体的各种情况都成立。在式(2.155)与式(2.156)中，方程等式左边为单位时间单位体积内的粒子数积累（单位体积内载流子的时间变化率），等式右边第一项是由于扩散流密度不均匀引起的载流子积累；中括号内第一项是漂移过程中由于载流子浓度不均匀引起的载流子积累，第二项是在不均匀的电场中因漂移速度随位置的变化而引起的载流子积累；G_p 与 G_n 表示了外部条件产生载流子的作用；最后一项表示载流子复合导致数量下降的作用。也就是说，连续性方程的左侧为载流子浓度随时间、空间变化的结果，而连续性方程右侧为产生这种结果的原因。

在连续性方程式(2.155)与式(2.156)中，电场是外加电场与载流子扩散产生的自建电场之和，它与非平衡载流子浓度之间满足泊松方程，即

$$\frac{\partial E}{\partial x} = \frac{q(\Delta p - \Delta n)}{\varepsilon_r \varepsilon_0} \tag{2.157}$$

在严格满足电中性条件,即 $\Delta p = \Delta n$ 的情况下,式(2.157)中左侧 $\partial E/\partial x = 0$,则连续性方程变为

$$\frac{\partial p}{\partial t} = D_p \frac{\partial^2 p}{\partial x^2} - \mu_p E \frac{\partial p}{\partial x} + G_p - \frac{\Delta p}{\tau_p} \tag{2.158}$$

$$\frac{\partial n}{\partial t} = D_n \frac{\partial^2 n}{\partial x^2} + \mu_n E \frac{\partial n}{\partial x} + G_n - \frac{\Delta n}{\tau_n} \tag{2.159}$$

在载流子三维分布的情况下,电流所引起的载流子在单位体积中的积累率,由电流密度的散度决定。对于空穴就是

$$div J_p = -\frac{1}{q} \nabla \cdot J_p \tag{2.160}$$

因此,空穴的连续性方程是

$$\frac{\partial p}{\partial t} = -\frac{1}{q} \nabla \cdot J_p - \frac{\Delta p}{\tau_p} + G_p \tag{2.161}$$

而电子的连续性方程是

$$\frac{\partial n}{\partial t} = \frac{1}{q} \nabla \cdot J_n - \frac{\Delta n}{\tau_n} + G_n \tag{2.162}$$

2.9.2 连续性方程的简单应用

1. 光激发载流子的衰减

假设有适当波长的光照射在 N 型半导体上,使其内部均匀地产生非平衡空穴,即非平衡少子不随空间变化,有 $\partial p/\partial x = 0$。同时假定无外加电场,$E = 0$,在 $t = 0$ 时刻,光照停止,产生率 $G_p = 0$,非平衡载流子将不断复合消失。这时,连续性方程式(2.158)简化为

$$\frac{d\Delta p(t)}{dt} = -\frac{\Delta p(t)}{\tau} \tag{2.163}$$

式(2.163)即非平衡载流子衰减时遵守的微分方程,其解为

$$\Delta p = \Delta p_0 e^{-t/\tau} \tag{2.164}$$

其中,Δp_0 为 $t = 0$ 时的非平衡载流子浓度,也是方程(2.163)的初始条件。

2. 少数载流子脉冲在电场中的漂移

在均匀 N 型半导体中,用局部光脉冲照射产生非平衡载流子。首先假定无外加电场情况,当脉冲停止后,非平衡空穴的一维连续性方程是

$$\frac{\partial \Delta p}{\partial t} = D_p \frac{\partial^2 \Delta p}{\partial x^2} - \frac{\Delta p}{\tau_p} \tag{2.165}$$

假设该方程的解具有如下形式:

$$\Delta p = f(x,t) e^{-\frac{t}{\tau_p}} \tag{2.166}$$

将其代入式(2.165),有

$$\frac{\partial f(x,t)}{\partial t} = D_{\mathrm{p}} \frac{\partial^2 f(x,t)}{\partial x^2} \tag{2.167}$$

这是一维热传导方程的标准形式。若 $t=0$ 时,过剩空穴只局限于 $x=0$ 附近很窄的区域内,则式(2.167)的解为

$$f(x,t) = \frac{B}{\sqrt{t}} \exp\left(-\frac{x^2}{4D_{\mathrm{p}}t}\right) \tag{2.168}$$

B 为待定系数。将式(2.168)代入式(2.166),得到

$$\Delta p = \frac{B}{\sqrt{t}} \exp\left[-\left(\frac{x^2}{4D_{\mathrm{p}}t} + \frac{t}{\tau_{\mathrm{p}}}\right)\right] \tag{2.169}$$

式(2.169)对 x 从 $-\infty$ 至 ∞ 进行积分,再令 $t=0$,就可以得到单位面积上产生的空穴数 N_{p},即

$$B\sqrt{4\pi D_{\mathrm{p}}} = N_{\mathrm{p}} \tag{2.170}$$

可得

$$B = \frac{N_{\mathrm{p}}}{\sqrt{4\pi D_{\mathrm{p}}}} \tag{2.171}$$

将其代入式(2.169),得到

$$\Delta p = \frac{N_{\mathrm{p}}}{\sqrt{4\pi D_{\mathrm{p}}t}} \exp\left[-\left(\frac{x^2}{4D_{\mathrm{p}}t} + \frac{t}{\tau_{\mathrm{p}}}\right)\right] \tag{2.172}$$

式(2.172)表明,没有外加电场情况下,光脉冲停止以后,注入的空穴由注入点向两侧扩散,同时不断发生复合,其峰值随时间下降。如图 2.31(b)所示。

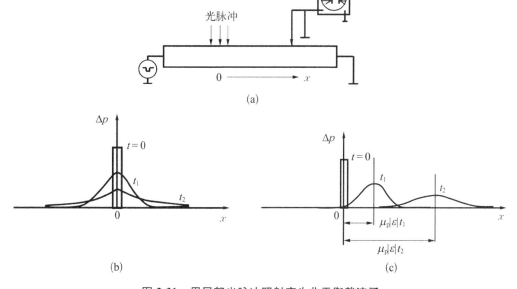

图 2.31　用局部光脉冲照射产生非平衡载流子

(a) 测量漂移迁移率的实验;(b) 无外加电场;(c) 有外加电场

如果沿 x 方向施加均匀电场,则连续性方程可写为

$$\frac{\partial \Delta p}{\partial t} = D_{\text{p}} \frac{\partial^2 \Delta p}{\partial x^2} - \mu_{\text{p}} \varepsilon \frac{\partial \Delta p}{\partial t} - \frac{\Delta p}{\tau_{\text{p}}} \tag{2.173}$$

做变量代换,令

$$x' = x - \mu_{\text{p}} E t \tag{2.174}$$

并假设

$$\Delta p = f(x', t) \mathrm{e}^{-\frac{t}{\tau_{\text{p}}}} \tag{2.175}$$

将其代入式(2.173),等式左边等于

$$\left[\frac{\partial f(x', t)}{\partial t} - \mu_{\text{p}} E \frac{\partial f(x', t)}{\partial x'} \right] \exp\left(-\frac{t}{\tau_{\text{p}}}\right) - \frac{1}{\tau_{\text{p}}} f(x', t) \exp\left(-\frac{t}{\tau_{\text{p}}}\right) \tag{2.176}$$

于是得到

$$\frac{\partial f(x', t)}{\partial t} = D_{\text{p}} \frac{\partial^2 f(x', t)}{\partial x'^2} \tag{2.177}$$

式(2.177)表明 $f(x', t)$ 也服从同样的方程。因此其解与 $f(x, t)$ 形式上完全相同。最后得到

$$\Delta p = \frac{N_{\text{p}}}{\sqrt{4\pi D_{\text{p}} t}} \exp\left[-\frac{(x - \mu_{\text{p}} E t)^2}{4 D_{\text{p}} t} - \frac{t}{\tau_{\text{p}}} \right] \tag{2.178}$$

式(2.178)表示,加上外电场,光脉冲停止后,整个非平衡载流子的"包"以漂移速度 $\mu_{\text{p}} E$ 向样品的负端运动。同时,类似于无电场情况,非平衡载流子要向外扩散并进行复合。这种情形如图 2.32(c)所示。根据上面的原理可以测量半导体中载流子的迁移率。

3. 稳态下的表面复合

若稳定的光照射在均匀掺杂的 N 型半导体中,均匀产生非平衡载流子,产生率为 G_{p},达到稳态时,显然非平衡载流子 $\Delta p = p - p_0 = \tau_{\text{p}} G_{\text{p}}$。如果在样品的一端存在表面复合,则在这个面上非平衡空穴浓度将比体内的低,空穴就要流向这个表面,并继续产生表面复合。在小注入的情况下,忽略电场的影响,空穴所遵循的连续性方程为

$$D_{\text{p}} \frac{\partial^2 \Delta p(x)}{\partial x^2} - \frac{\Delta p}{\tau_{\text{p}}} + G_{\text{p}} = 0 \tag{2.179}$$

设载流子的表面复合发生于 $x = 0$ 处,则方程(2.179)应满足如下的边界条件:

$$\Delta p(\infty) = \tau_{\text{p}} G_{\text{p}} \tag{2.180}$$

$$D_{\text{p}} \frac{\partial \Delta p(x)}{\partial x} \Big|_{x=0} = s_{\text{p}} \Delta p(0) \tag{2.181}$$

式中,s_{p} 为表面的复合速度。根据式(2.180),连续性方程式(2.179)的解为

$$\Delta p(x) = C \exp\left(-\frac{x}{L_{\text{p}}}\right) + \tau_{\text{p}} G_{\text{p}} \tag{2.182}$$

其中 C 为待定系数,由边界条件式(2.180)和式(2.181)确定,可得

$$C = -\tau_p G_p \frac{s_p L_p}{D_p + s_p L_p} = -\tau_p G_p \frac{s_p \tau_p}{L_p + s_p \tau_p} \tag{2.183}$$

最终得到载流子的空间分布为

$$p(x) = p_0 + \tau_p G_p \left[1 - \frac{s_p \tau_p}{L_p + s_p \tau_p} \exp\left(-\frac{x}{L_p}\right) \right] \tag{2.184}$$

如图 2.32 所示,当表面复合速度 s_p 趋于零时,$p(x) = p_0 + \tau_p G_p$,非平衡空穴是均匀分布的。当 s_p 趋于无穷大时,则形成稳态分布

$$p(x) = p_0 + \tau_p G_p \left[1 - \exp\left(-\frac{x}{L_p}\right) \right] \tag{2.185}$$

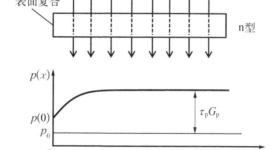

图 2.32 表面复合的非平衡载流子分布示意图

习 题

第 3 章

PN 结的机理与特性

前面两章讨论了半导体在热平衡和非平衡状态下载流子的基本物理概念和物理过程,认识了半导体中载流子浓度随时间和空间变化的基本规律。PN 结是最基本的半导体器件,由 P 型半导体和 N 型半导体以原子级接触(也称为冶金接触)所形成。除金属-半导体接触器件外,所有结型器件都由 PN 结构成。PN 结二极管本身具有单向导电性质,是广泛使用的整流器件。因此,分析 PN 结中载流子的分布和运动情况,理解其基本工作原理、物理过程以及器件所体现的宏观电学量与载流子的微观过程有直接的联系(如电流电压方程、电容特性等)是学习半导体器件的基础。

本章主要讨论 PN 结的热平衡状态性质、直流电流电压特性、电容效应、击穿特性等。

3.1 热平衡 PN 结

3.1.1 PN 结的形成

两种非绝缘体物质的原子级稳定接触都可以称为结。在半导体领域,结可以分为同型同质结、同型异质结、异型同质结和异型异质结等。同质结由同种半导体(如单一硅材料)构成,而异质结则由不同种类的半导体(如 Si‑GaAs)构成。由相同导电类型的半导体(如 P‑Si 和 P‑Si、P‑Si 和 P‑GaAs)构成的结称为同型结,由不同导电类型的半导体(如 N‑Si 与 P‑Si、P‑Si 和 N‑GaAs)构成的结称为异型结。本质上,金属-半导体接触结也是异质结的一种,通常称为 M‑S 结。

本章重点讨论由同种半导体构成的异型同质结,即在一块半导体单晶的某个区域中,用合金法、扩散法、外延法、离子注入法等工艺将不同类型的杂质进行掺杂,使 N 型和 P 型杂质分布于不同区域,并在两者的交界面处形成 PN 结。由于 P 区和 N 区为原子级接触(或称冶金接触),它的行为与两个独立的 P 型半导体和 N 型半导体串联完全不同。

图 3.1 所示为采用硅平面工艺制备的 PN 结,其中在半导体基体中掺杂异型杂质最常用的工艺是扩散和离子注入。在分析实际器件时,通常用突变结和缓变结两种模型近似描述载流子的分布情况。突变结的杂质分布如图 3.2(a)所示,P 型杂质和 N 型杂质在两区的界面上发生突变。以一维情况为例,如果以分界面为原点,杂质浓度随空间的分布可表示为

$$N(x) = \begin{cases} N_A, & x \leqslant 0 \\ N_D, & x \geqslant 0 \end{cases} \tag{3.1}$$

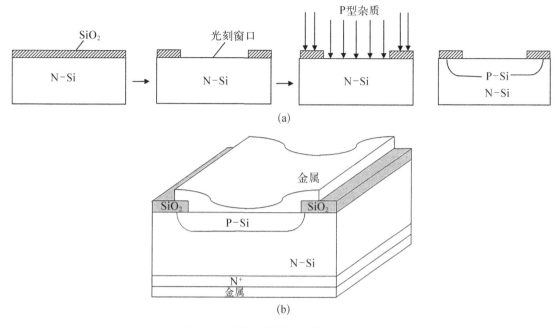

图 3.1　采用硅平面工艺制备的 PN 结

(a) 主要工艺过程；(b) 剖面结构

往往在实际的突变结中，P 区和 N 区的杂质浓度相差较大。例如对于典型的二极管整流器，N 区的施主浓度为 $10^{14} \sim 10^{15}$ cm^{-3}，而 P 区的受主重掺杂，浓度为 10^{18} cm^{-3} 左右，两者相差 3~4 个数量级，这种结通常称为单边突变结，用 P$^+$N 表示。

显然，在实际制造中几乎无法实现如式(3.1)所示的严格突变结，绝大多数都是缓变结，即杂质浓度分布随空间逐渐发生变化。根据杂质分布的情况，可以用线性、指数、高斯等数学规律近似描述。如图 3.2(b)所示，杂质分布在空间上呈现线性分布，此时称为线性缓变结，其中 $x = x_j$ 处为两区的分界点。此时的杂质分布可表示为

$$N(x) = -a(x - x_j) \tag{3.2}$$

式中，a 称为杂质浓度梯度，通常取决于掺杂的工艺，可以用实验方法进行测定。杂质浓度按照指数规律或高斯规律分布的情况如图 3.2(c)和(d)所示。

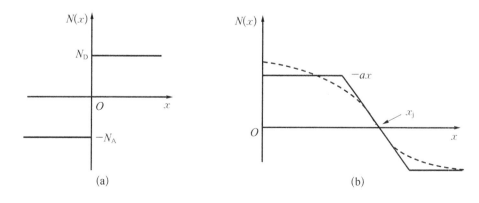

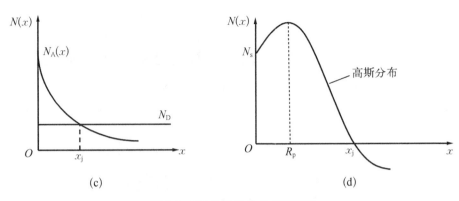

(c)　　　　　　　　　　　　　(d)

图 3.2　PN 结杂质的分布示意图

（a）突变结；（b）线性缓变结；（c）指数缓变结；（d）高斯缓变结

3.1.2　空间电荷区

N 型半导体中,多子电子浓度较大而少子空穴浓度低,P 型半导体中正好相反。但是,所有孤立的半导体系统会始终保持电中性。其原因在于,就总体来说,N 型半导体中电离施主与少量空穴的正电荷之和应该与多子电子的负电荷总量严格平衡;P 型半导体中电离受主与少量空穴的负电荷之和应与多子空穴的正电荷总量严格平衡。形成 PN 结后,由于 PN 结两侧存在着电子和空穴的浓度梯度,电子和空穴将分别向浓度低的对侧区域扩散,即空穴将从 P 区向 N 区、电子将从 N 区向 P 区进行扩散。对于 P 区,空穴离开后,留下不可移动的电离受主,从而在 P 区一侧出现了负电荷;同理,对于 N 区,电子离开后,留下不可移动的电离施主,在 N 区一侧出现了正电荷区,如图 3.3 所示。通常把在 PN 结两侧这些电离施主和电离受主所带的电荷称为空间电荷,其所存在的区域称为空间电荷区。需要强调的是,PN 结的空间电荷是不可移动的。

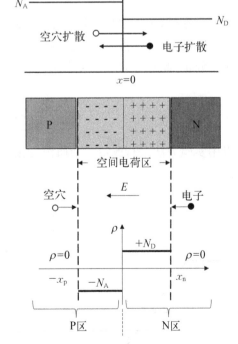

图 3.3　热平衡突变 PN 结中空间电荷区的形成及电荷分布

随着载流子的扩散,PN 结两侧的空间电荷区域产生了一个从 N 区指向 P 区的内建静电场,从而引起了载流子的漂移运动。显然,该内建电场阻碍了电子和空穴的继续扩散,其引起的漂移运动方向与电子和空穴各自的扩散方向相反。随着载流子的不断扩散,空间电荷区也随之扩展。同时,内建电场和对应的载流子的漂移运动也逐渐加强。在没有外加电场的情况下,载流子的扩散和漂移运动最终达到动态平衡,此时不再有载流子的净流动。

具体说,就是从 N 区向 P 区扩散的电子数量与在内建电场作用下漂移回到 N 区的电子总量相同;同理;从 P 区向 N 区扩散的空穴数量与在内建电场作用下漂移回到 P 区的空穴总量相同。这意味着,电子与空穴形成的扩散电流与漂移电流也大小相等、方向相反,可相互抵消。因此,在平衡状态下的 PN 结中,没有宏观电流通过 PN 结,或可看作净电流为零。此时空间电荷的总量和空间电荷区的宽度都不再变化,且其内部存在一定的内建电场。

在平衡状态下的 PN 结(简称平衡 PN 结)中,除了空间电荷区之外,两侧的 N 型区和 P 型区中,正负电荷数量依然相等,仍是电中性的,称为中性区。该区域与独立的掺杂半导体性质相同,因此 PN 结的物理特性主要是由空间电荷区决定的。

3.1.3　平衡 PN 结的能带

热平衡 PN 结中电子的能量状态,可以用能带图进行分析,下面以突变结为例进行讨论。图 3.4(a)表示独立的 N 型、P 型半导体能带图,图中 E_{FN} 和 E_{FP} 分别对应于 N 型和 P 型半导体的费米能级。当形成 PN 结后,按照费米能级的物理意义,电子将从费米能级高的 N 区流向费米能级低的 P 区,空穴则从 P 区流向 N 区(扩散作用)。随着高能量的电子由 N 区流向 P 区,N 侧 E_{FN} 不断下移,同时 P 侧 E_{FP} 不断上移,直至 $E_{FN} = E_{FP}$ 时达到平衡,即结两侧的 P 区和 N 区具有统一的费米能级 E_F,其能带如图 3.4(b)所示。

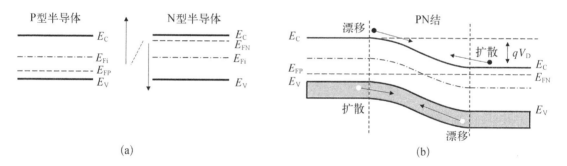

图 3.4　独立掺杂半导体与 PN 结的能带图

(a) P 型、N 型半导体能带图;(b) PN 结的能带图

事实上,P、N 两区费米能级的移动是随相应能带同时进行的,这可以用 PN 结空间电荷区中的内建电场进行解释。随着由 N 区指向 P 区的内建电场的不断增强,空间电荷区内的电势 $V(x)$ 也由 N 区不断向 P 区降低,对应的电子的电势能 $-qV(x)$ 则由 N 区向 P 区不断升高,因而 P 区的能带相对 N 区上移,而 N 区能带相对 P 区下移,直至两区费米能级处处相等,能带才停止相对移动,达到平衡状态。因此,平衡状态下费米能级处处相等这一事实,标志了每一种载流子平衡时的扩散和漂移作用互相抵消,没有净流动通过 PN 结。这一结论还可以从电流密度表达式导出。

根据第 2 章的相关论述,流过 PN 结的总电子电流应等于电子的漂移电流密度与扩散电流密度之和。平衡状态下,净电流为零,即

$$J_n = J_{n(漂)} + J_{n(扩)} = nq\mu_n E + qD_n \frac{dn}{dx} = 0 \tag{3.3}$$

式中,n 为电子浓度;q 为电子电荷量;μ_n、D_n 分别为电子的迁移率和扩散系数;E 为内建电场强度。

将爱因斯坦关系

$$D_{\mathrm{n}} = \mu_{\mathrm{n}} \frac{kT}{q} \tag{3.4}$$

代入式(3.3)，有

$$J_{\mathrm{n}} = nq\mu_{\mathrm{n}} \left[E + \frac{kT}{q} \frac{\mathrm{d}}{\mathrm{d}x} (\ln n) \right] \tag{3.5}$$

根据载流子浓度表达式

$$n = n_{\mathrm{i}} \exp \frac{E_{\mathrm{F}} - E_{\mathrm{i}}}{kT} \tag{3.6}$$

可得

$$\ln n = \ln n_{\mathrm{i}} + \frac{E_{\mathrm{F}} - E_{\mathrm{i}}}{kT} \tag{3.7}$$

对式(3.7)两边求 x 的导数，并考虑 n_{i} 与 x 无关，有

$$\frac{\mathrm{d}}{\mathrm{d}x} (\ln n) = \frac{1}{kT} \left(\frac{\mathrm{d}E_{\mathrm{F}}}{\mathrm{d}x} - \frac{\mathrm{d}E_{\mathrm{i}}}{\mathrm{d}x} \right) \tag{3.8}$$

将其代入式(3.5)，得

$$J_{\mathrm{n}} = nq\mu_{\mathrm{n}} \left[E + \frac{1}{q} \left(\frac{\mathrm{d}E_{\mathrm{F}}}{\mathrm{d}x} - \frac{\mathrm{d}E_{\mathrm{i}}}{\mathrm{d}x} \right) \right] \tag{3.9}$$

而考虑到本征费米能级 E_{i} 随位置的变化与电子电势能 $-qV(x)$ 的变化一致，所以

$$\frac{\mathrm{d}E_{\mathrm{i}}}{\mathrm{d}x} = -q \frac{\mathrm{d}V(x)}{\mathrm{d}x} = qE \tag{3.10}$$

将其代入式(3.9)得

$$J_{\mathrm{n}} = n\mu_{\mathrm{n}} \frac{\mathrm{d}E_{\mathrm{F}}}{\mathrm{d}x} \tag{3.11}$$

以及

$$\frac{\mathrm{d}E_{\mathrm{F}}}{\mathrm{d}x} = \frac{J_{\mathrm{n}}}{n\mu_{\mathrm{n}}} \tag{3.12}$$

同理，空穴电流密度为

$$J_{\mathrm{p}} = p\mu_{\mathrm{p}} \frac{\mathrm{d}E_{\mathrm{F}}}{\mathrm{d}x} \tag{3.13}$$

以及

$$\frac{\mathrm{d}E_{\mathrm{F}}}{\mathrm{d}x} = \frac{J_{\mathrm{p}}}{p\mu_{\mathrm{p}}} \tag{3.14}$$

式(3.12)和式(3.14)表示费米能级随位置的变化及其与电流密度的关系。对于平衡 PN 结，电子电流 J_{n} 和空穴电流 J_{p} 均为零。因此有

$$\frac{\mathrm{d}E_{\mathrm{F}}}{\mathrm{d}x}=0 \tag{3.15}$$

式(3.15)说明平衡状态下,PN 结中各掺杂区域的 E_{F} 不随空间位置变化,在 PN 结内处处相等。同时式(3.11)和式(3.12)还表示,对应确定的电流 J_{n}、J_{p} 来说(如正偏或反偏压情况下),载流子浓度大的地方,E_{F} 随位置变化小,而载流子浓度小的地方,E_{F} 随位置变化明显。

3.1.4　PN 结内建电势差

在 PN 结形成后,N 区的导带电子如果要移动到 P 区,必须克服由 N 区指向 P 区的内建电场。从能带图 3.4 可以看出,平衡 PN 结中电子和空穴的移动导致能带发生弯曲,这说明空间电荷区存在静电势能(势垒)qV_{D}。电子必须克服这一势垒,才能从势能低的 N 区向势能高的 P 区运动;同样,空穴也必须克服这一势垒才能从 P 区到达 N 区,因而空间电荷区也称为势垒区。相应的,两区电子电势能之差(能带的弯曲量 qV_{D})即为 PN 结内建势垒高度,V_{D} 称为接触电势差或内建电势差。

从费米能级角度分析,在形成 PN 结之前,独立的 N 区费米能级比 P 区费米能级高。形成 PN 结之后,在费米能级一致的要求下,N 区费米能级相对 P 区费米能级下降,则原两区域的费米能级差即为 PN 结中 N 型与 P 型之间的势垒高度。可通过这一结论得到 PN 结内建电势差,即

$$qV_{\mathrm{D}}=E_{\mathrm{FN}}-E_{\mathrm{FP}} \tag{3.16}$$

以非简并突变结为例,N 侧、P 侧平衡的电子浓度 n_{N0} 和空穴浓度 p_{P0} 分别为

$$n_{\mathrm{N0}}=N_{\mathrm{D}}=n_{\mathrm{N}}=n_{\mathrm{i}}\exp\left(\frac{E_{\mathrm{i}}-E_{\mathrm{FN}}}{kT}\right) \tag{3.17}$$

$$p_{\mathrm{P0}}=N_{\mathrm{A}}=n_{\mathrm{i}}\exp\left(\frac{E_{\mathrm{i}}-E_{\mathrm{FP}}}{kT}\right) \tag{3.18}$$

由此可以得到 N 侧、P 侧的费米能级分别为

$$E_{\mathrm{FN}}=E_{\mathrm{i}}+KT\ln\frac{N_{\mathrm{D}}}{n_{\mathrm{i}}} \tag{3.19}$$

$$E_{\mathrm{FP}}=E_{\mathrm{i}}-KT\ln\frac{N_{\mathrm{A}}}{n_{\mathrm{i}}} \tag{3.20}$$

将式(3.19)与式(3.20)代入式(3.16),PN 结内建电势差为

$$V_{\mathrm{D}}=\frac{kT}{q}\ln\frac{N_{\mathrm{D}}N_{\mathrm{A}}}{n_{\mathrm{i}}^{2}}=V_{\mathrm{T}}\ln\frac{N_{\mathrm{D}}N_{\mathrm{A}}}{n_{\mathrm{i}}^{2}} \tag{3.21}$$

式中,V_{T} 称为热电势

$$V_{\mathrm{T}}=\frac{kT}{q} \tag{3.22}$$

PN 结内建电势差 V_{D} 是 PN 结的一个重要参量。式(3.21)表明,V_{D} 与 PN 结两侧的掺杂浓度、温度、半导体的带隙有关。在一定的温度下,掺杂浓度越高,V_{D} 越大;半导体的带隙越大,n_{i} 越小,V_{D} 也越大,所以硅 PN 结(室温带隙约 1.12 eV)的 V_{D} 比锗 PN 结(室温带隙约 0.66 eV)

的大。若以典型 PN 结器件的掺杂浓度 $N_A = 10^{17}$ cm^{-3}，$N_D = 10^{15}$ cm^{-3}为例,在室温下可以算得硅的内建电势差 $V_D \approx 0.7$V,锗的 $V_D \approx 0.32$ V。

3.2　平衡 PN 结载流子、电场与电势分布

3.2.1　突变结的载流子分布

首先以突变结为例计算空间电荷区内载流子、电场与电势随空间的分布情况。突变结的载流子浓度分布示意图如图 3.5(a)所示。取突变结两种杂质的分界面为坐标原点,在空间电荷区靠 P 侧的边界$-x_P$处,多子空穴的浓度等于其平衡时的浓度 p_{P0},少子电子的浓度等于平衡浓度 n_{P0};在空间电荷区靠 N 侧边界 x_N处,多子电子的浓度等于平衡浓度 n_{N0},少子空穴的浓度等于平衡浓度 p_{N0}。在空间电荷区范围内($-x_P \sim x_N$),空穴浓度从$-x_P$处的多子浓度 p_{P0}逐渐减小到 x_N处的少子浓度 p_{N0},电子浓度从 x_N处的多子浓度 n_{N0}逐渐减小到$-x_P$处的少子浓度 n_{P0}。下面定量分析在空间电荷区内载流子随空间的分布情况。

由于 PN 结的能带发生弯曲,在导带和价带中线处的本征费米能级 E_i也随位置 x 变化,如图 3.5(b)所示。令 P 侧空间电荷区边界$-x_p$边界为电势零点,则空间电荷区内的各处电势 $V(x)$均为正值,则有

$$E_i(x) = (E_i)_P - qV(x) \tag{3.23}$$

其中,$(E_i)_P$为 P 区中性区的本征费米能级。

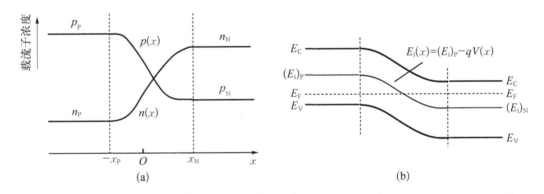

图 3.5　平衡 PN 结的载流子浓度分布与能带图

(a) 平衡 PN 结的载流子分布；(b) 平衡 PN 结的能带图

根据第 2 章所述,空间电荷区内 x 处的电子浓度和空穴浓度分别为

$$n(x) = n_i \exp\left[\frac{E_F - E_i(x)}{kT}\right] \tag{3.24}$$

$$p(x) = n_i \exp\left[\frac{E_i(x) - E_F}{kT}\right] \tag{3.25}$$

将式(3.23)代入,有

$$n(x) = n_i \exp\left[\frac{E_F - (E_i)_P + qV(x)}{kT}\right] = n_{P0} \exp\left[\frac{qV(x)}{kT}\right] \tag{3.26}$$

$$p(x) = n_i \exp\left[\frac{(E_i)_P - qV(x) - E_F}{kT}\right] = p_{P0} \exp\left[\frac{-qV(x)}{kT}\right] \tag{3.27}$$

式(3.26)和式(3.27)分别为平衡 PN 结空间电荷区内电子浓度和空穴浓度的表达式。从式中看到,空间电荷区内的载流子随空间的分布按指数规律变化,自空间电荷区边界向内开始迅速下降。例如,在空间电荷区内的势能 $qV(x)$ 比 N 区导带底高 0.1 eV 的位置上,价带空穴浓度仅为 P 区中性区空穴的 $1/10^{10}$,而该处的导带电子浓度为 N 区中性区电子的约 1/50。可见,虽然杂质都已全部电离,但在空间电荷区的绝大部分区域中,可自由移动的载流子浓度比 N 区和 P 区的多数载流子浓度还是小得多,因而可以认为在空间电荷区的载流子浓度可以忽略,称为耗尽近似。所以,空间电荷区(势垒区)也称为耗尽层,其电荷密度就近似等于电离杂质的浓度,是不可移动和不能参与导电的固定电荷。

3.2.2 突变结的电场强度和电势分布

本节讨论 PN 结中性区和空间电荷区内的电场强度 $E(x)$ 和电势分布 $V(x)$,主要依据为泊松方程,即电荷分布与电势之间的定量关系。在一维情况下泊松方程为

$$\frac{\mathrm{d}^2 V(x)}{\mathrm{d}x^2} = -\frac{\rho(x)}{\varepsilon} = -\frac{q}{\varepsilon}(p - n + N_D - N_A) \tag{3.28}$$

其中,ρ 为电荷密度;ε 为电容率;N_D、N_A 分别为空间电荷区内电离施主、受主的浓度(空间电荷浓度);n、p 分别为电子、空穴的浓度。

如图 3.6(a)所示,考虑空间电荷区内载流子的耗尽后,空间电荷区中的电荷均由电离杂质提供。即在饱和电离下,N 侧空间电荷区的电荷密度 $\rho(x) = qN_D$,P 侧空间电荷区电荷密度 $\rho(x) = -qN_A$。考虑到 PN 结在平衡状态的电中性要求,其两侧正负空间电荷的总量相等。对于截面均匀的 PN 结,有

$$N_A x_P = N_D x_N \tag{3.29}$$

其中,x_P 和 x_N 分别表示在 P 侧和 N 侧对应的空间电荷区宽度。式(3.29)说明,对 PN 结来说,较高浓度掺杂的一侧空间电荷区宽度较小。整个空间电荷层宽度表示为

$$W = x_P + x_N \tag{3.30}$$

对于 N 侧空间电荷区,泊松方程可写为

$$\frac{\mathrm{d}^2 V(x)}{\mathrm{d}x^2} = -\frac{qN_D}{\varepsilon} \quad (0 \leqslant x \leqslant x_N) \tag{3.31}$$

对式(3.31)积分,得

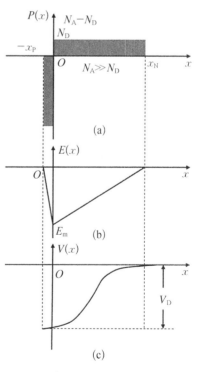

图 3.6 P^+N 单边突变结空间电荷区

(a) 电荷分布;(b) 电场强度分布;
(c) 电势分布

$$\frac{dV(x)}{dx} = -\frac{qN_D}{\varepsilon}(x - x_N) \tag{3.32}$$

其中,使用的边界条件为,在 $x = x_N$ 处,$\frac{dV(x)}{dx} = 0$。

由于电场强度为电势的负梯度,即 $E = -dV(x)/dx$,以上边界条件验证了,平衡状态下 PN 结两侧的中性区无电场存在,空间电荷区边界 $x = x_N$ 处电场强度 E 为零。同时,式(3.32)可以进一步写为

$$E = E_m\left(1 - \frac{x}{x_N}\right) \tag{3.33}$$

式中

$$E_m = -\frac{qN_D x_N}{\varepsilon} \tag{3.34}$$

式(3.34)表示 PN 结中电场强度达到的最大值,其位置位于 $x = 0$,即在 PN 结杂质分界处。图 3.6(b)为 PN 结空间电荷区电场的分布示意图。

对式(3.32)再次进行积分,选取 N 区空间电荷区的边界 $x = x_N$ 处为电势零点,即边界条件 $V(x_N) = 0$,可得 N 侧空间电荷区电势分布为

$$V(x) = -\frac{qN_D x_N^2}{2\varepsilon}\left(1 - \frac{x}{x_N}\right)^2 \tag{3.35}$$

与 N 侧对应的 P 侧,其泊松方程为

$$\frac{d^2V(x)}{dx^2} = \frac{qN_A}{\varepsilon} \quad (-x_P \leqslant x \leqslant 0) \tag{3.36}$$

利用与 N 侧同样的方法,可求出 P 侧空间电荷区内的电场强度和电势分布,有

$$E = -\frac{qN_A x_P}{\varepsilon}\left(1 + \frac{x}{x_P}\right) \tag{3.37}$$

$$V(x) = -\frac{qN_A x_P^2}{2\varepsilon}\left(1 + \frac{x}{x_P}\right)^2 \tag{3.38}$$

这里,PN 结的内建电势差则利用式(3.35)和式(3.36),通过 $V_D = V(x_N) - V(-x_P)$ 求出,结果与 3.1.4 节中相同。

若单边突变结的一侧杂质浓度远高于结的另一侧,根据电中性所要求的关系式(3.29),重掺杂一边的空间电荷层的宽度可以忽略。例如,对于 P 区重掺杂的单边突变结(P^+N 结),有 $N_A \gg N_D$,对应的空间电荷区宽度 $x_N \gg x_P$,P 区一侧空间电荷区的宽度 x_P 近似为 0。根据电势的连续性,有 $V(-x_P) \approx V(0)$,则空间电荷区两边的内建电势差 V_D 为

$$V_D = V(x_N) - V(x_P) \approx V(x_N) - V(0) = \frac{qN_D x_N^2}{2\varepsilon} \tag{3.39}$$

图 3.6(c)所示为 P^+N 结空间电荷区内的电势分布。由式(3.39)可以求出单边突变结的空间电荷区宽度为

$$W = x_N = \left(\frac{2\varepsilon V_D}{q N_D} \right)^{\frac{1}{2}} \tag{3.40}$$

式(3.39)和式(3.40)表明,单边突变结的接触电势差 V_D 随着低掺杂一边的杂质浓度的增加而升高,其空间电荷区宽度 W 随轻掺杂一边的杂质浓度增大而下降。由于空间电荷区几乎全部位于轻掺杂的一侧,因而能带弯曲和电势随位置的变化也主要发生于这一区域。将式(3.39)或式(3.40)与式(3.34)比较可得

$$V_D = -\frac{E_m W}{2} \tag{3.41}$$

结合图 3.6(b)可见,P^+N 结的内建电势差 V_D 相当于空间电荷区内电场分布 $E(x)$-x 图中的三角形面积。三角形底边长为空间电荷区宽度 W,高为最大电场强度 E_m。实际在集成电路器件设计中,可以将基本电量常数 q 以及硅的介电常数代入式(3.40),用下式估算单边突变结在平衡时的空间电荷区宽度为

$$W = \sqrt{\frac{1.3 \times 10^7 V_D}{N_D}} \tag{3.42}$$

例如,硅 PN 结的 V_D 值一般在 $0.6 \sim 0.9$ V,若取 $V_D = 0.75$ V,对于典型的掺杂浓度 N_D 为 $10^{14} \sim 10^{17}/cm^3$ 时,单边结空间电荷区的宽度范围为 $0.1 \sim 3 \ \mu m$。

3.2.3 线性缓变结的电场强度和电势分布

根据泊松方程,也可推导出线性缓变 PN 结的电场分布、电势分布、空间电荷区宽度及内建电势差。如图 3.6(a),取 PN 结杂质的分界面为坐标原点,设线性缓变结空间电荷区电荷分布为

$$\rho(x) = qax \quad -\frac{X_m}{2} \leqslant x \leqslant \frac{X_m}{2} \tag{3.43}$$

式中,X_m 为缓变结空间电荷区宽度。泊松方程可写为

$$\frac{d^2 V(x)}{dx^2} = -\frac{\rho(x)}{\varepsilon} = -\frac{qax}{\varepsilon} \tag{3.44}$$

考虑中性区的电场强度为零,有边界条件

$$\left. \frac{dV(x)}{dx} \right|_{x = X_m/2} = 0 \tag{3.45}$$

对式(3.44)积分可得

$$\frac{dV(x)}{dx} = -\frac{qax^2}{2\varepsilon} + \frac{qa}{2\varepsilon} \left(\frac{X_m}{2} \right)^2 \tag{3.46}$$

即电场强度为

$$E = \frac{qax^2}{2\varepsilon} - \frac{qa X_m^2}{8\varepsilon} \tag{3.47}$$

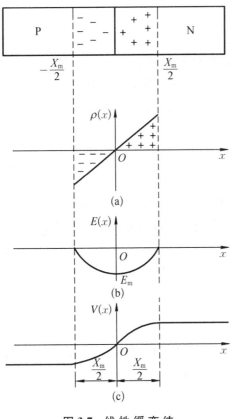

图 3.7 线性缓变结

(a) 电荷分布;(b) 电场强度分布;(c) 电势分布

可见线性缓变结中电场分布为抛物线函数形式,最大电场强度依然发生于两种杂质的分界面 $x=0$ 处,其值为

$$E_{\mathrm{m}} = -\frac{qaX_{\mathrm{m}}^2}{8\varepsilon} \qquad (3.48)$$

进一步将 $x=0$ 处取为电势能零点,以 $V(0)=0$ 作为边界条件,对式(3.46)进行积分,有

$$V(x) = -\frac{qax^3}{6\varepsilon} + \frac{qaxX_{\mathrm{m}}^2}{8\varepsilon} \qquad (3.49)$$

可得空间电荷区两侧内建电势差

$$V_{\mathrm{D}} = V\left(\frac{X_{\mathrm{m}}}{2}\right) - V\left(-\frac{X_{\mathrm{m}}}{2}\right) = \frac{qaX_{\mathrm{m}}^3}{12\varepsilon} \quad (3.50)$$

以及空间电荷区的宽度

$$X_{\mathrm{m}} = \left(\frac{12\varepsilon V_{\mathrm{D}}}{qa}\right)^{1/3} \qquad (3.51)$$

注意式(3.51)中,空间电荷区宽度与 V_{D} 的 1/3 次方成正比,与突变结情况的平方根依赖关系不同。图 3.7(b)和图 3.7(c)分别展示出了线性缓变结中电场强度和电势的分布。

3.3 正偏压下的 PN 结

3.3.1 正偏压下的少子注入

由上面的讨论可以了解到,平衡 PN 结中存在由 N 侧指向 P 侧的内建电场,以及一定宽度具有内建势垒的空间电荷区。空间电荷区内载流子的扩散和漂移相互平衡,没有载流子的净流动和净电流;PN 结能带图中费米能级处处相等,能带发生弯曲。由于 PN 结具有沿 P 区到 N 区方向的单向导电性,因此定义 P 区为正极,N 区为负极,施加正向偏压。本节分析在正向偏压下 PN 结中载流子的运动状态及能带的变化。

PN 结空间电荷区内的载流子近似为耗尽状态,其电阻远大于两侧的中性区,因而可以认为外加偏压基本上全部降落在空间电荷区。正向偏压 V(由 P 侧指向 N 侧)与在空间电荷区中的内建电场方向相反,导致空间电荷区内的电场强度减弱和势垒高度下降。如图 3.8(b)所示,正偏压下 P 区、N 区两侧的内建势垒高度由平衡时的 qV_{D} 下降 qV 变为 $q(V_{\mathrm{D}}-V)$,同时空间电荷的数量和空间电荷区 W 的宽度相应减小。根据平衡时空间电荷区宽度表达式(3.40),对 $\mathrm{P}^+\mathrm{N}$ 单边突变结来说,可以求出正向偏压下的空间电荷区宽度 W' 为

$$W' = \left[\frac{2\varepsilon(V_\mathrm{D} - V)}{qN_\mathrm{D}} \right]^{\frac{1}{2}} \tag{3.52}$$

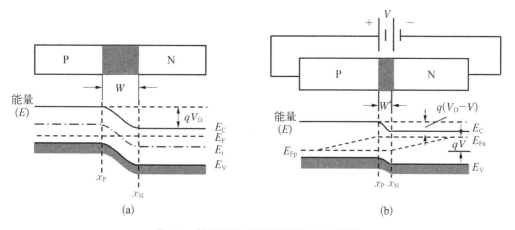

图 3.8　热平衡与正偏压下的 PN 结能带

（a）热平衡,耗尽层宽度为 W；（b）加正向偏压 V,耗尽层宽度 $W' < W$

正偏压减弱了 PN 结内建电场的作用,使载流子的漂移运动也弱于其扩散运动,原有的平衡被打破。因此在施加正向偏压时,PN 结中产生了电子从 N 区向 P 区的净扩散流以及空穴从 P 区向 N 区的净扩散流。电子通过空间电荷区扩散进入 P 区,在 P 侧空间电荷区边界 $(x = -x_\mathrm{P})$ 处积累,成为 P 区的非平衡少数载流子。由于空间电荷区边界处的电子浓度比中性区内部高,就产生了从边界向中性区内部的电子扩散流。经过比扩散长度大若干倍的距离后,少子电子逐渐与 P 区的多子空穴复合,其浓度又恢复到平衡值,这一区域称为少子的扩散区。在恒定的直流正向偏压下,单位时间内从 N 区运动到空间电荷区边界处的电子浓度也是一定的。因此,在空间电荷区 P 区边界上,始终存在稳定地向 P 区内部流动的电子扩散流,并在扩散区内形成了稳定的浓度分布。同理,在 N 区空间电荷区边界 $(x = x_\mathrm{N})$ 也有稳定地向 N 区中性区内部流动的空穴扩散流。

在这个过程中,原来在 N 区的电子和 P 区的空穴都是多子,但在正偏压作用下注入对侧后均变为非平衡少子,这一过程称为正偏压下非平衡少子的电注入(简称少子注入)。当增大正偏压时,将进一步减小空间电荷区两侧的内建势垒,从而会增大注入 P 区的电子流和流入 N 区的空穴流,正向电流升高。

3.3.2　正偏压下 PN 结的能带图

正向偏压下的 PN 结两侧存在非平衡少子的注入和扩散,因此结中各个位置处的费米能级不再统一。但是如第 2 章所述,对于非平衡少子可以用准费米能级(E_FN 和 E_FP)取代平衡时的统一费米能级 E_F 来描述载流子的能量水平。根据准费米能级的物理意义,不同位置处载流子的浓度变化越明显,准费米能级与原费米能级 E_F 的差距也越大。在 PN 结中,一般载流子的扩散区比空间电荷区宽得多,准费米能级的变化也主要发生在扩散区,而其在空间电荷区中的变化可以忽略不计。

具体说,在 N 侧注入空穴的扩散区内,多子电子的浓度高,故电子的准费米能级 E_FN 几乎不变;但注入大量少子空穴后其浓度变化大,故空穴的准费米能级 E_{FP} 与平衡时相比变化大。从位置分布看,注入的少子空穴在空间电荷区边界上积累,浓度远大于平衡时,因而此处 E_{FP} 远离平衡费米能级;随着空穴向中性区内部的扩散,因为与电子不断复合,空穴的浓度逐渐减小至平衡状态,E_{FP} 重新与平衡费米能级相等。所以如图 3.8(b)所示,从空间电荷区边界到扩散区结束,E_{FP} 为倾斜线,在 P 侧电子扩散区内的情况类似。另外,正向偏压下势垒降低为 $q(V_D - V)$,由图可见,从 N 区一直延伸到 P 区空间电荷区边界的电子准费米能级 E_{FN},与从 P 区一直延伸到 N 区空间电荷区边界的空穴准费米能级 E_{FP} 之差,正好等于 qV,即有 $E_{FN} - E_{FP} = qV$。

3.3.3 理想 PN 结模型及主要电流机制

为了分析方便和简化问题,考虑理想的均匀掺杂 PN 结模型,求解其直流电流电压方程。理想 PN 结的假设如下:① 小注入条件,即注入的少子浓度比平衡时多子浓度小得多;② 由于空间电荷区(耗尽层)载流子耗尽,为高阻区,因而忽略中性区的体电阻和接触电阻,即外加电压全部施加在空间电荷区上,其他半导体区域为电中性;③ 不考虑空间电荷区中载流子的产生及复合,即通过空间电荷区的电子电流和空穴电流为常量;④ 结中 P 区和 N 区的宽度远大于少子扩散长度,即长 PN 结假设;⑤ PN 结各处截面积相等,载流子只沿一维方向运动。

在正偏状态下 PN 结内存在不同机制的电流,如图 3.9 所示。电流具有连续性,不同机制的电流大小在各处是不同的,存在各种机制的电流相互转换。需要强调的是,这种电流机制的转换并非电流的中断,仅是电流的具体形式和载流子类型的改变,流过任意截面的总电流始终不变。因此,有必要讨论 PN 结内各处电流的产生机制。

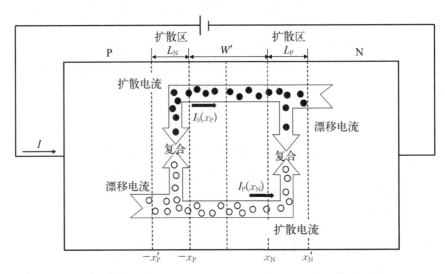

图 3.9　正偏状态下的 PN 结中的电流机制示意图

首先,在 PN 结两侧扩散区以外的区域,以外加电场引起的多子漂移电流为主。例如,图 3.8 中,N 型扩散区右侧,由于注入的非平衡少子空穴已经基本复合消失,少子的扩散电流为零,流过的电流主要是多子电子的漂移电流;少子空穴的浓度很低,其漂移电流可忽略不计。同理,在 P 型扩散区左侧,流过的电流以多子空穴的漂移电流为主,少子电子的漂移电流也可以忽略不计。

其次,在载流子运动的过程中,漂移电流和扩散电流相互转化。例如,N 区的电子在外加电压的作用下向空间电荷区边界 x_N 漂移,部分越过空间电荷区后,在另一侧的边界 $-x_P$ 积累并注入 P 区,然后进一步扩散形成电子扩散电流。在电子扩散的区域内,电子边扩散边复合,不断与从中性 P 区漂移过来的部分空穴复合而转化为空穴的漂移电流,直至扩散区边界($-x_P'$ 处),可认为注入的电子全部复合,电子扩散电流全部转变为空穴的漂移电流。同理,P 区的空穴在外加电压的作用下向边界 $-x_P$ 漂移,部分越过空间电荷区,经过边界 x_N 积累并注入 N 区,然后向中性区内部扩散形成空穴扩散电流,在空穴扩散区域内,空穴扩散电流逐渐通过复合而全部转化为电子的漂移电流。

考虑到电流的连续性,通过 PN 结任意截面的各种机制的电流密度总和 J 应处处相等,因此有

$$J = (x_N \text{处电子漂移电流}) + (x_N \text{处空穴扩散电流})$$
$$= (-x_P \text{处电子扩散电流}) + (x_N \text{处空穴扩散电流})$$
$$= J_n(-x_P) + J_p(x_N)$$

上式表明,通过 PN 的总电流可以通过计算 PN 结两侧空间电荷区边界(x_N、$-x_P$)处流过的少子扩散电流之和得到。

3.3.4　理想 PN 结的电流电压方程

根据上面的讨论,要计算通过 PN 结的电流密度,可以按如下步骤进行。

(1) 根据准费米能级计算 P 区、N 区两侧空间电荷区边界(x_N、$-x_P$ 处)注入的非平衡少子浓度。

(2) 以空间电荷区边界处的非平衡少子浓度作为边界条件,求解扩散区中载流子连续性方程,得到扩散区中非平衡少子的空间分布。

(3) 根据扩散电流表达式,计算 PN 结两侧少子的扩散电流密度 $J_n(-x_P)$ 和 $J_p(x_N)$。

(4) 将两种载流子的扩散电流密度相加,得到 PN 结电流电压方程。

1. 空间电荷区边界的少子浓度

空间电荷区边界少子的浓度是指,在空间电荷区 N 侧边界 x_N 处的空穴浓度 $p(x_N)$,以及在 P 侧边界 $-x_P$ 处的电子浓度 $n(-x_P)$。这是求解扩散方程所必需的边界条件,可借助非平衡少数载流子的准费米能级进行计算,如图 3.10 所示。

首先计算 P 区空间电荷区边界 $-x_P$ 处注入电子后的非平衡少子浓度。由第 3 章所述,P 区内电子和空穴浓度与对应准费米能级的关系为

$$n_P = n_i \exp\left(\frac{E_{Fn} - E_i}{kT}\right) \tag{3.53}$$

$$p_P = n_i \exp\left(\frac{E_i - E_{Fp}}{kT}\right) \tag{3.54}$$

其中,n_P、p_P 分别表示 P 区中的电子浓度和空穴浓度。两者的乘积为

$$n_P p_P = n_i^2 \exp\left(\frac{E_{Fn} - E_{Fp}}{kT}\right) \tag{3.55}$$

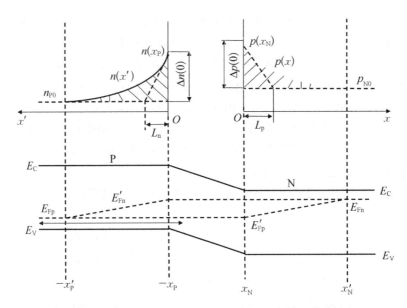

图 3.10 正向偏压下 PN 结注入少子的分布及其准费米能级

同时,根据图 3.10,在 P 区空间电荷区边界$-x_P$处,有 $E_{Fn}-E_{Fp}=qV$,所以式(3.55)可写为

$$n_P(-x_P)p_P(-x_P)=n_i^2\exp\left(\frac{qV}{kT}\right) \tag{3.56}$$

式中,$p_P(-x_P)$为 P 区多子空穴的浓度,与其平衡时基本相等,即 $p_P(-x_P)=p_{P0}$,且满足平衡条件 $n_{P0}p_{P0}=n_i^2$。

将正偏下电子和空穴浓度的乘积与其在平衡情况下的值进行对比,可以看到在外加偏压下,空间电荷区内边界处 $n_P(-x_P)p_P(-x_P)$ 的值为平衡时的值 $n_{P0}p_{P0}$ 乘以因子 $e^{qV/kT}$。这体现了偏压下 PN 结的非平衡状态,即两种载流子浓度的乘积受到外加电压的控制。另外,式(3.56)左侧是关于载流子浓度的微观量,右边是描述电压控制的宏观量,因此体现了宏观电压对微观载流子运动的控制作用,具有十分典型的科学意义。

将关系式 $p_P(-x_P)=p_{P0}$,$n_{P0}p_{P0}=n_i^2$ 代入式(3.56),并利用平衡时载流子浓度平衡关系 $n_{P0}p_{P0}=n_i^2$,得到 P 区空间电荷区边界$-x_P$处的少子电子浓度为

$$n_P(-x_P)=n_{P0}\exp\left(\frac{qV}{kT}\right) \tag{3.57}$$

则边界处注入的非平衡少子电子的浓度为

$$\Delta n_P(-x_P)=n_P(-x_P)-n_{P0}=n_{P0}\left[\exp\left(\frac{qV}{kT}\right)-1\right] \tag{3.58}$$

同理,可得 N 区空间电荷区边界 x_n 处少子空穴的浓度,即

$$p_N(x_N)=p_{N0}\exp\left(\frac{qV}{kT}\right) \tag{3.59}$$

对应的边界处注入的非平衡少子空穴的浓度为

$$\Delta p_{\mathrm{N}}(x_{\mathrm{N}}) = p_{\mathrm{N}}(x_{\mathrm{N}}) - p_{\mathrm{n0}} = p_{\mathrm{N0}}\left[\exp\left(\frac{qV}{kT}\right) - 1\right] \tag{3.60}$$

由式(3.58)和(3.60)可见,注入空间电荷区边界的非平衡少数载流子是外加偏压的函数。这两式可以作为求解 PN 结扩散区内连续性方程的边界条件。虽然以上的推导是在 PN 结正偏压下得到的,但对施加反偏压的情况下,只需将式(3.58)和式(3.60)中的偏压 V 替换为$-V$,两式依然成立。

2. 求解扩散区中载流子连续性方程

N 侧空穴扩散区中,注入少子空穴的稳态连续性方程为

$$D_{\mathrm{p}}\frac{\partial^2 \Delta p_{\mathrm{N}}}{\partial x^2} - \mu_{\mathrm{p}}E_x\frac{\partial \Delta p_{\mathrm{N}}}{\partial x} - \mu_{\mathrm{p}}p_{\mathrm{N}}\frac{\partial E_x}{\partial x} - \frac{\Delta p_{\mathrm{N}}}{\tau_{\mathrm{p}}} = \frac{\partial p_{\mathrm{N}}}{\partial t} \tag{3.61}$$

在直流偏压下,扩散区内载流子的分布稳定不随时间变化,因此$\partial p_{\mathrm{N}}/\partial t = 0$,

同时考虑杂质均匀和小注入条件,$\partial E_x/\partial x$ 项很小可以忽略,又根据理想 PN 结假设,扩散区内电场强度 $E_x = 0$,故连续性方程简化为

$$D_{\mathrm{p}}\frac{\partial^2 p_{\mathrm{N}}}{\partial x^2} - \frac{\Delta p_{\mathrm{N}}}{\tau_{\mathrm{p}}} = 0 \tag{3.62}$$

此式即 N 区注入少子空穴的稳态扩散方程。其通解为

$$\Delta p_{\mathrm{N}}(x) = A\exp\left(-\frac{x}{L_{\mathrm{p}}}\right) + B\exp\left(\frac{x}{L_{\mathrm{p}}}\right) \tag{3.63}$$

其中,$L_{\mathrm{p}} = \sqrt{D_{\mathrm{p}}\tau_{\mathrm{p}}}$ 为空穴的扩散长度。待定系数 A、B 需要由边界条件确定。对长 PN 结(N 区远大于扩散长度),有边界条件

$$\Delta p_{\mathrm{N}}(x) = \begin{cases} 0, & x \to \infty \\ p_{\mathrm{n0}}\exp\left(\dfrac{qV}{kT}\right), & x = x_{\mathrm{n}} \end{cases} \tag{3.64}$$

代入至稳态扩散方程通解表达式(3.63)中,得

$$\Delta p_{\mathrm{N}}(x) = p_{\mathrm{N0}}\left[\exp\left(\frac{qV}{kT}\right) - 1\right]\exp\left(\frac{x_{\mathrm{N}} - x}{L_{\mathrm{p}}}\right) \tag{3.65}$$

同理,可得注入 P 区的非平衡少子

$$\Delta n_{\mathrm{P}}(x) = n_{\mathrm{P0}}\left[\exp\left(\frac{qV}{kT}\right) - 1\right]\exp\left(\frac{x_{\mathrm{p}} + x}{L_{\mathrm{n}}}\right) \tag{3.66}$$

其中,$L_{\mathrm{n}} = \sqrt{D_{\mathrm{n}}\tau_{\mathrm{n}}}$ 为电子的扩散长度。

式(3.65)和式(3.66)说明,在注入的少子向扩散区内部的运动过程中,其浓度随 x 轴按 e 指数规律衰减,在扩散长度 L_{p} 或 L_{n}处,已经衰减至边界处的 $1/\mathrm{e}$,如图 3.11(a)所示。

根据扩散电流的定义,N 侧扩散区的空穴扩散电流密度为

$$J_{\mathrm{p}}(x) = -qD_{\mathrm{p}}\frac{\mathrm{d}p_{\mathrm{N}}(x)}{\mathrm{d}x} = \frac{qD_{\mathrm{p}}p_{\mathrm{N0}}}{L_{\mathrm{p}}}\left[\exp\left(\frac{qV}{kT}\right) - 1\right]\exp\left(\frac{x_{\mathrm{N}} - x}{L_{\mathrm{p}}}\right) (x \geqslant x_{\mathrm{N}}) \tag{3.67}$$

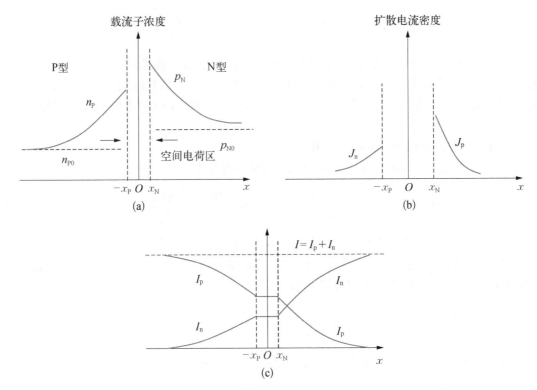

图 3.11 正偏压 PN 结扩散区内,非平衡载流子、少子扩散电流密度和总电流密度的稳态分布

P 侧扩散区的电子电流为

$$J_n(x) = qD_n \frac{dn_P(x)}{dx} = \frac{qD_n n_{P0}}{L_n}\left[\exp\left(\frac{qV}{kT}\right) - 1\right]\exp\left(\frac{x_P + x}{L_n}\right) \quad (x \leqslant -x_P) \quad (3.68)$$

式(3.67)和式(3.68)的关系可表示于图 3.11(b)。结内各处总电流连续不变,少子电流沿远离 PN 结的方向按照 e 指数规律减小,对应多子电流增加,以补偿少子电流的下降。也就是说,扩散区内少子电流通过与多子的复合不断地转换为多子电流。PN 结内电流机制的转化可以用图 3.11(c)表示,如 3.3.3 节分析,通过 PN 的总电流为 PN 结两侧空间电荷区边界(x_N、$-x_P$)处流过的少子扩散电流之和,由式(3.67)和式(3.68),可得在 N 侧空间电荷区边界 x_N 处,空穴扩散电流密度为

$$J_p(x_N) = -qD_p \frac{dp_N(x)}{dx}\Bigg|_{x=x_N} = \frac{qD_p p_{N0}}{L_p}\left[\exp\left(\frac{qV}{kT}\right) - 1\right] \quad (3.69)$$

在 P 侧空间电荷区边界$-x_P$处,空穴扩散电流密度为

$$J_n(-x_P) = qD_n \frac{dn_P(x)}{dx}\Bigg|_{x=-x_P} = \frac{qD_n n_{P0}}{L_n}\left[\exp\left(\frac{qV}{kT}\right) - 1\right] \quad (3.70)$$

所以通过 PN 的总电流为

$$J = J_p(x_N) + J_n(-x_P) = \left(\frac{qD_p p_{N0}}{L_p} + \frac{qD_n n_{P0}}{L_n}\right)\left[\exp\left(\frac{qV}{kT}\right) - 1\right] \quad (3.71)$$

这里令

$$J_0 = \left(\frac{qD_p p_{N0}}{L_p} + \frac{qD_n n_{P0}}{L_n} \right) \tag{3.72}$$

为求 PN 结的饱和电流密度,则理想 PN 结的电流电压方程可写为

$$J = J_0 \left[\exp\left(\frac{qV}{kT} \right) - 1 \right] \tag{3.73}$$

或

$$J = J_0 \left[\exp\left(\frac{V}{V_T} \right) - 1 \right] \tag{3.74}$$

其中,热电势 $V_T = kT/q$,室温下 $V_T \approx 26\,\mathrm{mV}$。式(3.74)又称为肖克莱方程,是半导体科学发展中的标志性成果之一。

对于 PN 结各处截面积均匀的理想情况,其电流电压方程可写为

$$I = JA = I_0 \left[\exp\left(\frac{V}{V_T} \right) - 1 \right] \tag{3.75}$$

其中,A 为器件的截面积,此处饱和电流

$$I_0 = A \left(\frac{qD_p p_{N0}}{L_p} + \frac{qD_n n_{P0}}{L_n} \right) \tag{3.76}$$

由于外加偏压一般远大于室温工作的热电势,故 $\exp\left(\dfrac{V}{V_T} \right) \gg 1$,式(3.75)可以表示为

$$I = I_0 \exp\left(\frac{V}{V_T} \right) \tag{3.77}$$

可见在正向偏压下,PN 结的电流随偏压呈指数关系迅速增大。在讨论 PN 结的各种特性时,为了方便可以把 I_0 写成下面几种形式:

根据 $n_0 p_0 = n_i^2$,平衡载流子浓度 $n_0 = N_D$,$p_0 = N_A$, 有

$$I_0 = qA \left(\frac{D_p}{L_p N_D} + \frac{D_n}{L_n N_A} \right) n_i^2 \tag{3.78}$$

根据 $L_n = \sqrt{D_n \tau_n}$,$L_p = \sqrt{D_p \tau_p}$, 有

$$I_0 = qA \left(\frac{p_{N0}}{\tau_p} L_p + \frac{n_{P0}}{\tau_n} L_n \right) \tag{3.79}$$

或

$$I_0 = qA n_i^2 \left(\frac{L_p}{N_D \tau_p} + \frac{L_n}{N_A \tau_n} \right) \tag{3.80}$$

从式(3.78)~式(3.80)可见,PN 结的正向饱和电流与半导体的本征载流子浓度有关,也是温度的强相关函数。

另外,根据关系式 $n_i^2 = N_c N_v e^{-E_g/(kT)}$,由式(3.78)可得

$$I_0 = qAN_cN_v\left(\frac{D_p}{L_pN_D} + \frac{D_n}{L_nN_A}\right)\exp\left(-\frac{E_g}{kT}\right) \tag{3.81}$$

将式(3.81)代入 PN 结电流电压方程(3.77),有

$$I = qAN_cN_v\left(\frac{D_p}{L_pN_D} + \frac{D_n}{L_nN_A}\right)\exp\left(\frac{qV - E_g}{kT}\right) \tag{3.82}$$

可以看到,PN 结的正向电流还与半导体的禁带宽度有关,禁带宽度越大,饱和电流越小。由于硅的禁带宽度(室温约 1.12 eV)比锗的禁带宽度(约 0.67 eV)大,在其他条件相同时,硅 PN 结的正向电流比锗 PN 结要小。式(3.82)还说明,PN 结的正向电流与非平衡载流子的扩散长度 L_p 和 L_n 成反比,扩散长度愈小,正向电流就愈大;反之亦然。其原因在于,扩散长度短意味着扩散区内非平衡载流子的浓度梯度更大,从而导致扩散流密度和扩散电流也越大。

需要指出的是,根据 PN 结电流电压式(3.77),当 PN 结电压 V 比 V_T 小很多时,产生的正向电流很小,只有当 V 接近或大于 V_T 时,才会有明显的正向电流,所对应的电压一般称为 PN 结的导通电压,可以计算室温下锗 PN 结的导通电压约为 0.25 V,硅 PN 结约为 0.5 V。当正向电压超过 PN 结的导通电压时,正向电流与正向电压之间的指数增长关系会更加明显。因此,正向电压的微小变化可能会引起正向电流的很大变化。反过来说,即使正向电流有很大的变化,正向电压也几乎不变,称此时的正向电压为 PN 结的正向压降。室温下,锗 PN 结的正向压降为 0.3~0.4 V,硅 PN 结的正向压降为 0.7~0.8 V。

3.4 反向偏置的 PN 结

3.4.1 少子的反向抽取作用

PN 结的反向偏置是指施加由 N 区到 P 区的偏置电压。如图 3.12(a)和图 3.12(b)所示,反向偏压 V_R 产生的电场方向与 PN 结内的自建场方向相同,空间电荷区内的电场强度得到加强,从而引起空间电荷的增多,空间电荷区宽度增大;相应地,空间电荷区两侧的势垒高度由平衡时的 qV_D 增高至 $q(V_D + V_R)$。

以 P^+N 单边突变结为例,反向偏置电压下的空间电荷区宽度 W_I 为

$$W_I = \left[\frac{2\varepsilon(V_D + V_R)}{qN_D}\right]^{\frac{1}{2}} \tag{3.83}$$

由于空间电荷区内电场的增强,载流子漂移与扩散的动态平衡被打破,空间电荷区中的载流子漂移运动大于扩散,因此空穴由 N 区向 P 区、电子由 P 区向 N 区进行净漂移,这使得 PN 结两侧空间电荷区边界附近的少子浓度低于对应中性区的平衡载流子浓度,如图 3.12(c)所示。例如,对于 N 区的空间电荷区边界 x_N 处,少子空穴的漂移使其浓度低于 N 区的平衡空穴浓度 n_{P0},从而在中性区内部到空间电荷区边界形成了浓度梯度,使 N 区的空穴向空间电荷区方向进行扩散,形成了反向扩散。这些空穴一旦进入空间电荷区,就会受到电场作用立即被扫入 P 区,使其在边界上的浓度维持在极低水平(多数情况下可认为近似为零)。同样,在 P 区空

间电荷区边界－x_P处,也会形成少子电子的浓度梯度,并引起 P 区电子向空间电荷区方向的扩散。这种少数载流子在反向偏压下漂移进入对侧空间电荷区的运动称为少子的抽取作用。

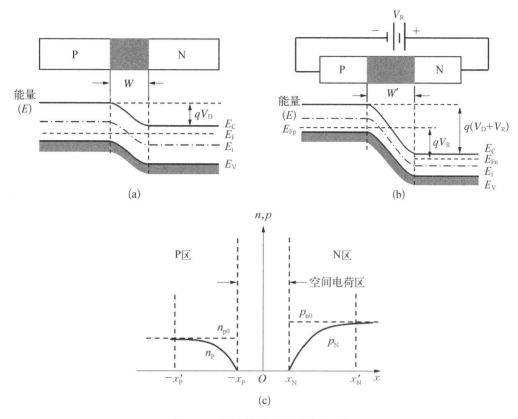

图 3.12　反向偏置电压下的 PN 结

(a) 平衡状态 PN 结;(b) 反偏 PN 结能带图;(c) 空间电荷区边界少子的抽取

3.4.2　反偏压 PN 结的电流机制

在反偏压状态下,PN 结依然存在漂移电流与扩散电流的相互转化。图 3.13 给出了反偏 PN 结内部的载流子运动及对应的电流转换情况。以 P 侧为例,由于反向抽取作用,中性区的少子电子向空间电荷区边界－x_P扩散,形成了由－x_P'到－x_P的少子反向扩散区域。在该区域内,由于电子浓度低于平衡状态,因而有电子空穴对的净产生。产生的电子以扩散电流形式通过该区域后,到达空间电荷区边界－x_P后,即被电场驱动通过空间电荷区进入 N 区,成为多子漂移电流,形成电场作用下 N 区漂移电流的一部分。另一方面,P 区反向扩散区内产生的空穴则在电场作用下以漂移形式流出。同理可分析 N 侧少子空穴扩散电流与漂移电流的转化情况。

PN 结的反向电子电流密度与空穴电流密度的大小在 PN 结各处不相等,但电流的连续性要保证各种电流机制的总和 J_I 始终相同。因此有

$$J_I=(x_N\text{处电子漂移电流})+(x_N\text{处空穴扩散电流})$$
$$=(-x_P\text{处电子扩散电流})+(x_N\text{处空穴扩散电流})$$
$$=J_n(-x_P)+J_p(x_N)$$

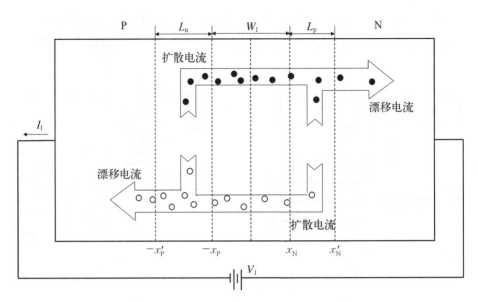

图 3.13 反偏压 PN 结内部不同电流机制的转换

所以，PN 结的反向电流依然可以通过计算两侧空间电荷区边界（x_N 与 $-x_P$ 处）流过的少子扩散电流之和获得。

3.4.3 反偏压 PN 结的电流电压方程

类似于正向 PN 结求解电流的方法，计算 PN 结的反向电流的思路如下：首先求解两侧空间电荷区边界（x_N、$-x_P$）处少子浓度作为边界条件；进而求解反向扩散区中的连续性方程，得到载流子空间分布；最后得到对应的扩散电流密度 $J_n(-x_P)$ 和 $J_p(x_N)$ 和总的反向电流 J_I。

求反向偏压下 PN 结边界少子浓度的思路和方法与正向 PN 结相同。图 3.14 为反向 PN 结的准费米能级示意图。在反向偏压状态，PN 结空间电荷区和反向扩散区中载流子准费米能级的变化规律与正向偏压时基本一致。电子的准费米能级从 N 区一直延伸到 P 侧空间电荷区边界 $-x_P$，但由于 P 区内少子电子的抽取作用，其在 P 侧反向扩散区 $x_P \sim x_P'$ 内变化显著（见图 3.14 中斜线部分）。同理，空穴的准费米能级从 P 区延伸到 N 侧空间电荷区边界 x_N，但在空穴反向扩散区 $x_N \sim x_N'$ 内变化显著。

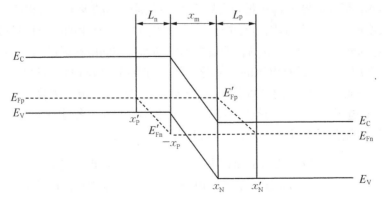

图 3.14 反向偏压下 PN 结的准费米能级示意图

实际上,在正向偏置下空间电荷区边界少子浓度的表达式(3.84)和式(3.85)中,将外加电压 V 设定为负值 V_R,即可得到反向偏压下 PN 结空间电荷区两个边界处的浓度为

$$n_P(-x_P) = n_{P0} \exp\left(\frac{qV_R}{kT}\right) = n_{P0} \exp\left(\frac{V_R}{V_T}\right) \tag{3.84}$$

$$p_N(x_N) = p_{N0} \exp\left(\frac{qV_R}{kT}\right) = p_{N0} \exp\left(\frac{V_R}{V_T}\right) \tag{3.85}$$

以及对应的非平衡载流子

$$\Delta n_P(-x_P) = n_{P0}\left[\exp\left(\frac{V_R}{V_T}\right) - 1\right] \tag{3.86}$$

$$\Delta p_N(x_N) = p_{N0}\left[\exp\left(\frac{V_R}{V_T}\right) - 1\right] \tag{3.87}$$

此处偏压 $V_R < 0$,因此 $n_P(-x_P) < n_{P0}$,$p_N(x_N) < p_{N0}$,说明空间电荷区边界处载流子浓度小于平衡时在 P 侧、N 侧中性区对应的少子浓度,这正好体现了反偏压下少子的抽取作用。当反偏压越大时,边界处少子的浓度越小。一般情况下,外加负偏压 V_R 的数值比热电压 V_T 大得多(室温约为 26 meV),因此边界少子浓度近似为零,即 $n_P(-x_P) \approx 0$,$p_N(x_N) \approx 0$。

与正向偏压状态类似,利用空间电荷区边界处的少子浓度作为边界条件,通过解连续性方程,可以推导出 PN 结反向偏压下,少子在反向扩散区域中的非平衡载流子浓度分布为

$$\Delta n_P(x) = n_{P0} \exp\left(\frac{x + x_P}{L_n}\right), \qquad -x'_P < x < -x_P \tag{3.88}$$

$$\Delta p_N(x) = n_{P0} \exp\left(-\frac{x - x_N}{L_n}\right), \quad x_N < x < x'_N \tag{3.89}$$

图 3.15 为反向 PN 结载流子浓度分布的示意图。根据扩散电流表达式,可以求得空间电荷区两侧边界(x_N、$-x_P$)处流过的少子扩散电流密度分别为

$$J_n(x) = qD_n \frac{dn_P(x)}{dx} = \frac{qD_n n_{P0}}{L_n}\left[\exp\left(\frac{V_R}{V_T}\right) - 1\right]\exp\left(\frac{x_P + x}{L_n}\right) \quad (x \leqslant -x_P) \tag{3.90}$$

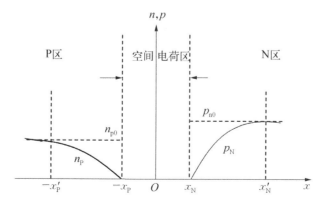

图 3.15　反向 PN 结的载流子浓度分布示意图

$$J_p(x) = -qD_p \frac{\mathrm{d}p_N(x)}{\mathrm{d}x} = \frac{qD_p p_{N0}}{L_p}\left[\exp\left(\frac{V_R}{V_T}\right) - 1\right]\exp\left(\frac{x_N - x}{L_p}\right) \quad (x \geqslant x_N)$$

$$(3.91)$$

两者之和即 PN 结的反向电流密度 J_I：

$$J_I = J_p(x_N) + J_n(-x_P) = \left(\frac{qD_p p_{N0}}{L_p} + \frac{qD_n n_{P0}}{L_n}\right)\left[\exp\left(\frac{V_R}{V_T}\right) - 1\right] \quad (3.92)$$

或写为

$$J_I = J_0\left[\exp\left(\frac{V_R}{V_T}\right) - 1\right] \tag{3.93}$$

其中

$$J_0 = \left(\frac{qD_p p_{N0}}{L_p} + \frac{qD_n n_{P0}}{L_n}\right) \tag{3.94}$$

对具有均匀截面积 A 的 PN 结，电流表达式为

$$I_I = J_R A = I_0\left[\exp\left(\frac{V_R}{V_T}\right) - 1\right] \tag{3.95}$$

其中

$$I_0 = A\left(\frac{qD_p p_{N0}}{L_p} + \frac{qD_n n_{P0}}{L_n}\right) \tag{3.96}$$

该结果在形式上与正向偏压 PN 结电流密度的形式（3.75）相同，不同的是反向偏压 V_I 为负值。一般外加负偏压 $V_R \gg V_T$，此时式（3.95）中 PN 结反向电流可写为

$$I_I = -I_0 \tag{3.97}$$

式中，负号表示反偏电流 I_I 的方向与正向时相反，而且 PN 结反向电流一般与外加电压无关，趋近于饱和值，故又称为反向饱和电流。典型的硅 PN 结在室温下的反向饱和电流密度约为 10^{12} A/cm^2。

下面再定性分析 PN 结反向电流的来源机制。由式（3.96）和式（3.97），并结合爱因斯坦关系，可得其反向电流为

$$I_I = -AqL_p \frac{p_{N0}}{\tau_p} - AqL_n \frac{n_{P0}}{\tau_n} \tag{3.98}$$

式中，p_{N0}/τ_p 和 n_{P0}/τ_n 分别代表了 P 区和 N 区反向扩散区内少子的产生率。因此，式（3.98）中的两项分别是 PN 结空穴反向扩散区和电子反向扩散区中所发生的空穴产生电流和电子产生电流。而如前所述，反偏 PN 结空间电荷区两侧边界上少子浓度近似为零，说明由于空间电荷区电场的加强，几乎所有扩散到空间电荷区边界的少子都立即被电场扫走。因此，反向电流是由在 PN 结反向扩散区内所产生的，且有机会扩散到空间电荷区边界的少子形成的。也就是说，PN 结施加的反向偏压具有少子抽取作用。在一般情况下，由于 P 区中的电子和 N 区中的空穴都是浓度很小的少子，因而 PN 结的反向电流通常很小且呈饱和性质。

将 PN 结在正向、反向电压下的电流电压方程综合,统一写为

$$I = I_0 \exp\left(\frac{V}{V_T}\right) \tag{3.99}$$

其中偏压 V 的取值正负均可。反向饱和电流

$$I_0 = Aq\left(\frac{D_p p_{N0}}{L_p} + \frac{D_n n_{P0}}{L_n}\right) \tag{3.100}$$

对于 P^+N 单边突变结,反向饱和电流可写为

$$I_0 = Aq\frac{D_p p_{N0}}{L_p} \tag{3.101}$$

利用式(3.99),可以做出理想 PN 结正向、反向的伏安特性曲线如图 3.16 所示。硅 PN 结反向饱和电流的典型数量级为 10^{-9} A/cm^2。明显的,当施加偏压时,PN 结伏安特性曲线是非线性和非对称的。PN 结的正向电流随外加电压呈 e 指数规律增加,反向电流则呈现数值很小的饱和特性,即 PN 结的单向导电性,或称为整流效应。

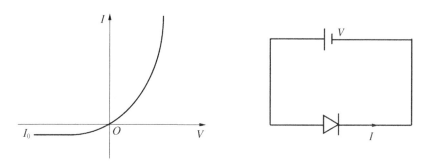

图 3.16 理想 PN 结伏安特性曲线

3.5 PN 结特性的温度影响及非理想因素

实验测量表明,理想的电流电压方程式与硅、砷化镓等实际 PN 结的实验结果往往存在一定的偏差,主要表现在正向电流小时,理论计算值比实验值小;正向电流较大时,实验值偏离理想电流电压方程的一次指数曲线;实际反向电流明显大于理论值且不饱和等。引起这些偏差的主要原因称为非理想因素,主要有温度影响、表面效应、空间电荷区载流子的产生及复合、大注入、串联(接触)电阻等。

3.5.1 温度对 PN 结电流的影响

根据 PN 结电流电压方程式(3.99),温度对反向饱和电流密度 J_0 和 e 指数项中的 V_T 均有明显影响($V_T = qV/kT$)。首先考虑反向饱和电流密度 J_0,因 D_n、L_n、n_{P0} 都与温度有关,可以设 D_n/τ_n 与温度 T 成正比,有

$$J_0 \approx \frac{qD_n n_{P0}}{L_n} = q\left(\frac{D_n}{\tau_n}\right)^{1/2} \frac{n_i^2}{N_A} \propto T^{\frac{\gamma}{2}}\left[T^3 \exp\left(-\frac{E_g}{k_0 T}\right)\right] = T^{3+\frac{\gamma}{2}} \exp\left(-\frac{E_g}{kT}\right)$$

$$(3.102)$$

式中，$T^{(3+\gamma/2)}$ 随温度的变化较缓慢，因此式(3.102)的值随温度变化主要由 $\exp^{[-E_g/(kT)]}$ 项决定。因此，反向饱和电流 J_0 随着温度升高而迅速增大，并且带隙 E_g 越宽的半导体材料，J_0 的变化越快。根据式(3.102)进行估算，对硅 PN 结，在室温 300 K(K=−272.15℃)附近，温度每增加 6 K，反向饱和电流约增加 1 倍。将式(3.102)代入 PN 结电流电压方程，可得

$$J \propto T^{3+\frac{\gamma}{2}} \exp\left(-\frac{E_g - qV}{kT}\right)$$

$$(3.103)$$

一般情况下，qV 的值总是小于带隙宽度 E_g，因此式(3.103)中的指数项为负值。当温度 T 升高时，e 指数值迅速增大，因此 PN 结的正向电流也就随温度升高而迅速增加。

在正向偏置情况下，PN 结的电流

$$J = J_0 \exp\left(\frac{V}{V_T}\right)$$

$$(3.104)$$

因此，当 PN 结以恒定电流工作时，有

$$\left.\frac{dV}{dT}\right|_{J=常数} = \frac{V}{T} - V_T\left(\frac{1}{J_0}\frac{dJ_0}{dT}\right)$$

$$(3.105)$$

当 PN 结以恒定电压工作时，有

$$\left.\frac{dJ}{dT}\right|_{V=常数} = J\left(\frac{1}{J_0}\frac{dJ_0}{dT} - \frac{V}{TV_T}\right)$$

$$(3.106)$$

将式(3.102)代入，可以得到 PN 结偏压、电流随温度的变化关系为

$$\frac{dV}{dT} = \frac{V - E_g/q}{T}$$

$$(3.107)$$

$$\frac{1}{J}\frac{dJ}{dT} = \frac{E_g - qV}{kT^2}$$

$$(3.108)$$

典型的硅二极管在正向、反向偏压下的温度依赖关系如图 3.17 所示。对于硅二极管，在室温($T=300$ K)附近，禁带宽度 $E_g = 1.12$ eV，典型的工作电压为 0.6~0.7 V，可以通过式(3.108)进行估算，温度每上升 10 K，正向电流约增加 1 倍。此外，PN 结电压对温度的变化也十分灵敏，其值随温度线性地减小，温度系数约为 −2 mV/℃，因而可以用来制造成温敏传感器进行精确测温。

3.5.2　正向 PN 结的空间电荷区复合电流

实际测量发现，硅 PN 结在正向低电压范围内的电流比式(3.99)给出的大。这是因为 PN 结处于正向偏置时，空间电荷区内有大量非平衡载流子注入，载流子浓度高于平衡值 $np > n_i^2$，因此，电子与空穴在空间电荷区内产生了净复合。载流子的复合引起复合电流，从而使总

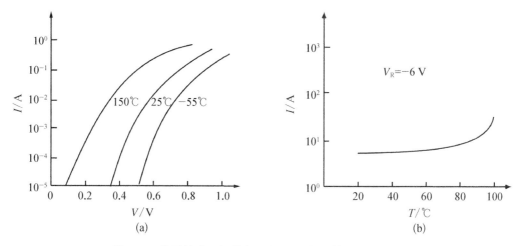

图 3.17　典型的硅二极管在正向、反向偏下的温度依赖关系

(a) 典型硅二极管在不同温度下的电流电压关系；(b) PN 结电流的温度依赖关系示意图

的正向小电流变大。如图 3.18 所示的典型的实际硅 PN 结中，在小于 0.3 V 的区域，PN 结电流明显高于仅考虑扩散电流的理想状态。

在空间电荷区中发生的非平衡载流子复合主要是通过复合中心的复合。PN 结的正偏复合电流定义为

$$I_R = qA \int_0^W U \mathrm{d}x \tag{3.109}$$

式中，W 为空间电荷区宽度，U 为载流子通过复合中心的复合率。

值得注意的是，与分布于 PN 结两侧扩散区的复合中心相比，空间电荷区中的复合中心发挥了更大的复合作用，其原因在于扩散区中的多子与少子浓度悬殊，多子容易进入复合中心但缺少足够的少子与其进行复合。但是，在正偏状态下，空间电荷区内电子浓度和空穴浓度都非常高，因而有足够的电子和空穴进入复合中心并进行复合。此时根据载流子的复合理论，有净复合率

$$U = \frac{np - n_i^2}{\tau_0(n + p + 2n_i)} \tag{3.110}$$

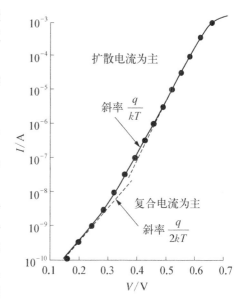

图 3.18　典型的实际硅 $\mathrm{P^+N}$ 结电流电压特性，掺杂浓度为 $10^{16}\ \mathrm{cm^{-3}}$

式中为简化计算，设电子与空穴的平均寿命相等 $\tau_n = \tau_p = \tau_0$。可以看到：

当 $V = 0$ 时，$np = n_i^2$，$U = 0$，说明平衡状态不发生净复合；

当 $V > 0$ 时，$np > n_i^2$，$U > 0$，产生净复合；

当 $V < 0$ 时，$np < n_i^2$，$U < 0$，意味着载流子的净产生。

在空间电荷区，电子和空穴浓度的乘积满足下式：

$$np = n_i^2 \exp\left(\frac{qV}{kT}\right) \tag{3.111}$$

当电子和空穴浓度近似相等（$n = p$）时，两者通过复合中心进行复合的概率最大。则有

$$n = p = n_i \exp\left(\frac{qV}{2kT}\right) \tag{3.112}$$

将其代入净复合率表达式(3.110)，得最大的复合率为

$$U_{max} = \frac{1}{\tau_0} \frac{n_i\left[\exp\left(\frac{qV}{k_0 T}\right) - 1\right]}{2\left[\exp\left(\frac{qV}{2k_0 T}\right) + 1\right]} \tag{3.113}$$

当 $qV \gg kT$ 时，有

$$U_{max} = \frac{1}{2} \frac{n_i}{\tau_0} \exp\left(\frac{qV}{2kT}\right) \tag{3.114}$$

由复合产生的电流为

$$I_R = qA \int_0^W U_{max} \, dx = \frac{qAn_iW}{2\tau_0} \exp\left(\frac{qV}{2kT}\right) \tag{3.115}$$

正向偏压下，PN 结总的正向电流应为扩散电流（用 I_D 表示）及复合电流 I_R 之和。式(3.115)中的 I_R 是在空间电荷区载流子复合率最大的情况下推导出来的。以 P^+N 单边结为例，此时 $p_{N0} \gg n_{P0}$，考虑 $qV \gg kT$，则总电流为

$$I = I_D + I_R = qA\left[L_p \frac{n_i^2}{\tau_0 N_D} \exp\left(\frac{qV}{kT}\right) + \frac{n_i W}{2\tau_0} \exp\left(\frac{qV}{2kT}\right)\right] \tag{3.116}$$

可以看到，扩散电流 I_D 的特点是与 $\exp\left(\frac{qV}{kT}\right)$ 成正比，而复合电流则与 $\exp\left(\frac{qV}{2kT}\right)$ 成正比。图 3.18 中电流为对数坐标，随着电压增加，电流电压关系的 e 次幂从接近式中 $qV/2kT$ 逐渐改变至近理想状态下 qV/kT。也就是说，在低电压时，复合电流成分占优势。

为了定量比较扩散电流 I_D 与复合电流 I_R 对总正向电流的贡献，两种之比可写为

$$\frac{I_D}{I_R} = 2 \frac{n_i}{N_D} \frac{L_p}{W} \exp\left(\frac{qV}{2kT}\right) \tag{3.117}$$

式(3.117)说明 I_D、I_R 两种电流的比值与外加偏压 V 有关。如对硅 PN 结，当外加偏压 V 增加 0.1 V 时，扩散电流 I_D 增长约 50 倍，而复合电流 I_R 增长仅约 7 倍。当 V 较小时，$\exp\left(\frac{qV}{2kT}\right)$ 较小，对硅而言，室温下掺杂浓度 N_D 远大于本征载流子浓度 n_i，因而在工作电流较小或在较低正偏压下，复合电流成分占优势。但在较高偏压下，两者比值随 V 按照指数规律迅速增大，使 $I_D \gg I_R$。通常在偏压 V 大于 0.5 V 或电流密度 $J > 10^{-5}$ A/cm^2 时，硅 PN 结的复合电流影响就可以忽略不计。

3.5.3 反向 PN 结的空间电荷区产生电流

如上所述，PN 结两端施加反向偏压时，空间电荷区内的载流子浓度低于热平衡状态，

$np<n_i^2$,就会有载流子的净产生。这一载流子的产生过程也是主要通过复合中心进行,通过热激发的作用,电子从价带激发到复合中心,再从复合中心激发到导带,产成电子-空穴对。由于反向偏压下空间电荷区内的电场增强,通过复合中心产生的电子-空穴对来不及复合就会受到强电场的作用力,被驱向 N 区和 P 区运动,形成了少子的抽取作用。空间电荷区内载流子的产生率大于复合率,从而提供了另一部分附加的反向电流,称为反偏产生电流。

反偏产生电流的分析过程与正向 PN 结空间电荷区内的复合电流类似,只不过载流子通过复合中心产生的过程与其复合过程是相反的。载流子的净产生率定义为单位时间、单位体积内所产生的载流子数量,因此负的净复合率就是产生率。反偏状态在 PN 结空间电荷区内 $n\ll n_i$,$p\ll n_i$,净产生率为

$$G = -\frac{1}{2}\frac{n_i}{\tau_0}\exp\left(\frac{qV}{2kT}\right) \tag{3.118}$$

考虑反向偏置下 $V<0$ 且 $|qV|\gg kT$,有

$$G = -\frac{1}{2}\frac{n_i}{\tau_0} \tag{3.119}$$

则产生电流 I_G 为

$$I_G = qA\int_0^W G\mathrm{d}x = qA\frac{n_iW}{2\tau_0} \tag{3.120}$$

可以将式(3.120)与理想 P^+N 结的反偏扩散电流表达式(3.101)进行对比,考虑 $n_0p_0=n_i^2$ 和 $n_0=N_D$,有反偏时的扩散电流为

$$I_{ID} = qA\frac{D_p n_i^2}{L_p N_D} \tag{3.121}$$

室温下,由于硅的本征载流子浓度 n_i 较低,产生电流的贡献往往比反向扩散电流还大(即反向饱和电流),因此硅 PN 结的反向电流实际上主要由产生电流决定。此外,由于空间电荷层的宽度随着反向偏压的增加而加宽,所以反偏产生电流 I_G 也将随着反向偏压的增加而增加,因而实际 PN 结的反向电流也与理想情况不同,无法达到真正完全饱和。

3.5.4　PN 结的大注入效应

前面理想 PN 结正向电流电压方程式是在小注入假设的条件下推导出来的。与之相反的大注入情况,是指当正向偏压较大时,注入的非平衡少子浓度接近或超过该区多子浓度的情况。此时的电流电压特性与理想情况相比会出现较大的偏差,下面以图 3.19 所示的 P^+N 结为例,讨论大注入时与小注入情况下电流特性的不同,主要表现在扩散区多子积累和漂移电场两个方面。

1. 扩散区的多子积累

P^+N 结的正向电流主要是从 P 区注入 N 区的空穴电流,由 N 区注入 P 区的电子电流可忽略,所以只讨论 N 侧空穴扩散区内的情况。由于电中性的要求,当有正向注入使 N 区有少子空穴的积累,浓度增加 Δp 时,该区域多子电子的浓度也要同时增加 Δn,且 $\Delta n=\Delta p$。在小注入时,增加的多子电子 $\Delta n=\Delta p\ll n_{N0}$,可以认为多子电子浓度 $n_{N0}+\Delta n$ 基本上与平衡值相比不变化,因而只考虑空穴的扩散即可。

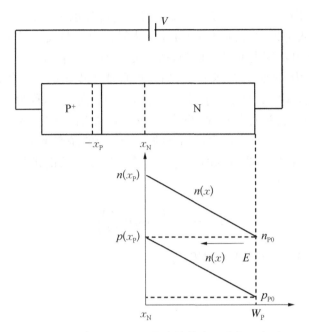

图 3.19 P⁺N 结大注入状态的载流子分布示意图

大注入时,空穴注入后空间电荷区边界积累的空穴浓度 $\Delta p(x_N)$ 很大,N 区空间电荷区边界的电子相应地增加同等数量,由于增加的多子浓度 $\Delta n(x_N) \gg n_{N0}$,其作用就不可忽视了。此时边界上电子浓度为

$$n(x_N) = n_{N0} + \Delta n(x_N) \tag{3.122}$$

由于注入的少子空穴浓度远大于平衡状态,$\Delta p(x_N) \gg p_{N0}$,因此边界上少子浓度主要由注入的空穴决定,即

$$p(x_N) = p_{N0} + \Delta p(x_N) \approx \Delta p(x_N) \tag{3.123}$$

又 $\Delta p(x_N) = \Delta n(x_N)$, 得

$$n(x_N) = n_{N0} + p(x_N) \tag{3.124}$$

将非平衡条件下

$$n(x_N)p(x_N) = n_i^2 \exp\left(\frac{qV}{kT}\right) \tag{3.125}$$

代入式(3.125),有

$$[n_{N0} + p(x_N)]p(x_N) = n_i^2 \exp\left(\frac{qV}{kT}\right) \tag{3.126}$$

如果注入的空穴数量非常大,$\Delta p(x_N) \gg n_{N0}$,从式(3.126)可得

$$\Delta p(x_N) = p(x_N) = n_i \exp\left(\frac{qV}{2kT}\right) \tag{3.127}$$

可以与小注入情况进行对比,小注入下边界少子浓度表达式为

$$p(x_N) = p_{N0} \exp\left(\frac{qV}{kT}\right) \tag{3.128}$$

可见,在大注入条件下,注入到 P 区边界的电子浓度随外加偏压变化的 e 指数因子项由原来的 qV/kT 变成了 $V/2kT$,电流随偏压增长的变化率减缓;同时空间电荷区边界的少子浓度不再与平衡时少子浓度有关,而只与本征载流子浓度 n_i 有关。

2. 扩散区的漂移电场与压降

注入的空穴向 N 区内部扩散时,在空穴的扩散区内会形成一定的浓度分布 $\Delta p_N(x)$。为了保持 N 区的电中性,也在扩散区形成了与所注入空穴相同的电子浓度分布 $\Delta n_N(x)$,且 $\Delta n_N(x) = \Delta p_N(x)$。此时电子也形成的浓度梯度为

$$\frac{d\Delta n_N(x)}{dx} = \frac{d\Delta p_N(x)}{dx} \tag{3.129}$$

图 3.18 定性表示了大注入时 N 区扩散区内电子和空穴的分布,其中空穴扩散区内空穴和电子的分布近似为线性。由于电子浓度梯度的存在,使电子也具有扩散趋势,然而一旦电子因扩散离开原来位置,电中性条件就要受到破坏,于是由于电子空穴间的静电引力,势必在扩散区内部产生电场来阻止电子的扩散以维持电中性,称该电场为大注入时的漂移电场。这种情况与非均匀掺杂半导体非常类似。漂移电场对电子的漂移作用正好抵消了电子的扩散作用,导致电子电流密度 $J_n = 0$;另外该电场的作用相反地又加速了空穴的扩散。由于有内建电场的存在,正向偏压 V 在空穴扩散区降落了一部分,又使实际施加在空间电荷区两侧的电压减小。

可以证明,在该漂移电场作用下空穴的扩散系数 D_p 变为原来的两倍,即 $2D_p$。正向电流中空穴的扩散电流与漂移电流成分各占一半。考虑到扩散区压降及扩散系数变化后,可以得到 P^+N 结大注入正向电流为

$$I_F = qA\frac{2D_p n_i}{L_p}\exp\left(\frac{qV}{2kT}\right) \tag{3.130}$$

根据前面的讨论,小注入条件下 P^+N 结正向电流为

$$I = qA\frac{D_p p_{N0}}{L_p}\exp\left(\frac{V}{V_T}\right) \tag{3.131}$$

对比式(3.130)和式(3.131)可得,大注入下产生的正向电流与杂质浓度无关,而与本征载流子浓度 n_i 成正比,同时大注入时少子扩散系数增大一倍,电流随电压变化的 e 指数因子也减小一半,也就是说正向电流随外加正向电压的增加率相比小注入情况减缓。其原因可以简单总结为:多子的积累效应使得空间电荷区边界上注入少子浓度随外加电压的增加而增长减缓,同时由于漂移电场的作用导致了扩散区的电压降。

实际工程应用中,综合考虑复合电流和大注入情况,当 PN 结加正向偏压时,正向电流可用经验公式表示为

$$I \propto A\exp\left(\frac{qV}{mkT}\right) \quad \text{或} \quad I \propto A\exp\left(\frac{V}{mV_T}\right) \tag{3.132}$$

式中,m 的值一般为 $1\sim2$,随外加正向偏压而确定。在很低的正向偏压下,m 接近 2,空间电荷区复合电流在 PN 结正向电流中起主要作用,正向偏压增大时,m 逐渐接近 1,过渡到扩散电流为

主要成分；当大电流工作时，m 又重新接近 2，其原因一方面由于大注入效应愈加明显，同时 PN 结的体电阻和接触电阻也会产生较明显的电压降，从而使正向电流随电压的增长更加缓慢。

3.6 PN 结的电容与瞬变特性

PN 结在交流电路中工作时，施加在器件上的电压或通过器件的电流会随时间周期性变化，这种交流信号所表现出来的性能称为频率特性。例如低频电压下工作的 PN 结具有良好的整流作用，但是当电压频率升高到一定程度时，其整流作用明显下降甚至消失。半导体结型器件频率特性的物理基础就是 PN 结的电容特性，主要来源于结的势垒电容和载流子的扩散电容两种物理机制。

根据电路中交流信号的振幅，可分为小信号与大信号两类。如多数模拟集成电路中的 PN 结，经常工作于小信号状态。而射频前端或功率电路中的各类放大器、电力整流器中的晶体管等主要工作于大信号状态。另外，数字电路中的器件进行开关瞬变时，电流和电压的变化幅度都很大，因而属于大信号工作状态。PN 结大信号工作的特点是其电流-电压特性、$C-V$（电容-电压）特性都是非线性的，而在小信号工作时，电流与电压之间基本满足线性关系。从物理上说，这反映了器件内部的载流子分布随时间的变化能够跟得上低频信号的变化。这里只讨论 PN 结小信号工作的情况。

3.6.1 PN 结的势垒电容

根据前面的分析，无论正向还是反向偏置，PN 结空间电荷区的宽度和空间电荷量都受到外界偏压的控制。当施加正向偏压时，减弱了 PN 结空间电荷区内的电场和势垒，空间电荷区宽度变小，空间电荷的总量减少。由于空间电荷区内自由载流子基本耗尽，不可移动的电离施主（N区）和电离受主（P 区）是空间电荷的主要来源。本质上说，空间电荷的减少是由于 N 区的电子和 P 区的空穴在电流的作用下进入空间电荷区，中和了其中部分电离杂质，如图 3.20（a）中的箭头即表示了载流子的运动以及这种中和作用。这一过程也可以理解为，当外加正偏压增加时，必然有部分电荷（电子和空穴）进入空间电荷区，起到了类似电容器"充电存储"的效果。

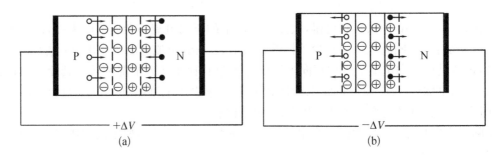

图 3.20　PN 结势垒电容的形成过程示意图

(a) 空间电荷区宽度变小，载流子充电效应；(b) 空间电荷区宽度变大，载流子放电效应

反之，当 PN 结的正向偏压减小时，空间电荷区内电场和势垒增强，空间电荷区展宽，空间电荷总量增多，部分电子和空穴就需要离开空间电荷区，起到了电容器存储电荷"放电流失"的

效果。对于加反偏压的情况,也存在类似的过程。归纳起来,可以认为 PN 结上外加偏压的变化,能够引起载流子在空间电荷区内的"充放电"过程,使得空间电荷区储存的电荷随外加电压而变化,相当于电容器的作用。由于这一充放电过程发生在空间电荷区,因此称 PN 结具有势垒电容或耗尽层电容。

PN 结的势垒电容与偏压信号的频率有关,小信号时势垒电容 C_T 定义为微分电容,即

$$C_T = \frac{\mathrm{d}Q}{\mathrm{d}V} \tag{3.133}$$

式(3.133)表明,势垒电容 C_T 为空间电荷区内电荷的数量 Q 随外加偏压的变化率。

对于 $\mathrm{P^+N}$ 结单边突变结,当施加反偏压 V_R 时,空间电荷区的宽度为

$$W = x_N = \left[\frac{2\varepsilon(V_D + V_R)}{qN_D} \right]^{\frac{1}{2}} \tag{3.134}$$

因此,空间电荷区的电荷量可写为

$$Q = qAN_DW = qA \left[\frac{2\varepsilon(V_D + V_R)}{qN_D} \right]^{\frac{1}{2}} \tag{3.135}$$

将式(3.135)代入势垒电容定义式(3.133),反偏压下 $\mathrm{P^+N}$ 结的势垒电容可写为

$$C_T = A \left[\frac{q\varepsilon N_D}{2(V_D + V_R)} \right]^{\frac{1}{2}} = \frac{A\varepsilon}{W} \tag{3.136}$$

可以看到,式(3.136)与面积为 A 的平行板电容器的电容值在形式上相同。因此,可以将 PN 结的势垒电容等效为平行板电容器,其中空间电荷区宽度 W 对应于两极板之间的距离。由式(3.136)可见,势垒电容的大小与半导体材料、掺杂水平及偏置电压等因素有关,减小结面积以及降低掺杂质浓度是减小结电容的有效途径。另外,式(3.134)中 PN 结空间电荷区的宽度 W 与其外加电压有关,因此其势垒电容也是随外加电压而变化的非线性电容,这与平行板电容器件的恒定电容所不同。

需要说明的是,导出势垒电容表达式(3.136)的过程利用了空间电荷区的载流子耗尽近似,这对于加反向偏压时是较为准确的,反偏势垒电容的理论计算值与实验结果也基本一致。甚至可以证明,不论杂质如何分布,在耗尽层近似下,PN 结在一定反向电压下的微分电容,都可以等效为一个平行板电容器的电容。然而,当 PN 结加正向偏压时,一方面存在如式(3.136)所描述的因空间电荷数量变化引起的电荷充放电;另一方面,由于大量载流子扩散通过空间电荷区,它们对势垒电容也存在明显的贡献。上述势垒电容表达式并未考虑这一因素。因而在 PN 结正偏时,利用式(3.136)得到的电容值与实验值存在较大的误差,应该进行修正。

一般工程应用中,可以用下式近似计算正向偏压时的势垒电容:

$$C_T = (2.5 \sim 4)C_T(0) \tag{3.137}$$

即正偏压下的 PN 结势垒电容为零偏置电容 $C_T(0)$ 的 2.5～4 倍,式中

$$C_T(0) = A \left[\frac{q\varepsilon N_D}{2V_D} \right]^{\frac{1}{2}} \tag{3.138}$$

电容-电压曲线(C-V曲线)是半导体器件重要的基本物理特性之一。将式(3.138)等号两边的平方取倒数,有

$$\frac{1}{C_{\mathrm{T}}^2} = \frac{2}{q\varepsilon N_{\mathrm{D}}A^2}(V_{\mathrm{D}} + V_{\mathrm{R}}) \tag{3.139}$$

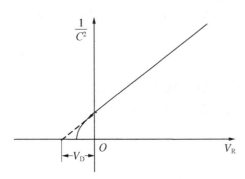

图 3.21 典型 PN 结 $1/C_{\mathrm{T}}^2$ 与反向偏压值 V 的关系曲线

如图 3.21 做出 $1/C_{\mathrm{T}}^2$ 与反向偏压值 V_{R} 的关系曲线。从该直线的斜率 $2/q\varepsilon N_{\mathrm{D}}A^2$ 中可以求得杂质浓度 N_{D},从直线的截距即可求得 PN 结的接触电势差 V_{D}。实际应用中,在杂质分布未知的扩散或离子注入 PN 结中,可以利用 C-V 曲线作为工具描绘出杂质的分布情况。此外,利用 PN 结反向偏置下势垒电容受到电压控制这一特点,还可以制造变容二极管。例如,经常将变容二极管电容用于 LC 电路中,以实现电路的谐振频率由外部电压调谐的有用功能。

3.6.2　PN 结的扩散电容

正偏状态的 PN 产生少子的正向注入,即电子由 N 区注入 P 区,而空穴由 P 区注入到 N 区。因此,在空间电荷区以外的少子扩散区,都有一定数量的少子和等量的多子的积累,而且其浓度及浓度梯度都随正向偏压的改变而变化。当 PN 结在交流小信号工作时,施加在 PN 结上的电压、流过的电流以及非平衡载流子的瞬态值可以表示为直流成分与小幅度交流成分的叠加,即

$$v = V + v_a \mathrm{e}^{j\omega t} \tag{3.140}$$

$$i = I + i_a \mathrm{e}^{j\omega t} \tag{3.141}$$

式中 $v_a \ll V_{\mathrm{T}}$ 则满足小信号条件。PN 结的偏置电压 v 随时间而变化,因此注入的少子浓度也将随着时间而不断地发生变化。如图 3.22(b)所示,以空穴注入 N 区为例,在 t_0、t_1、t_2 三个时刻,N 区一侧空间电荷区边界 $x = x_{\mathrm{N}}$ 处少子空穴的浓度为

$$p_{\mathrm{N}}(0) = p_{\mathrm{N0}} \mathrm{e}^{(V + v_a \mathrm{e}^{j\omega t})/V_{\mathrm{T}}} \tag{3.142}$$

可见空间电荷区边界处,注入少子空穴的浓度也在直流稳态的基础上叠加了一个随时间变化的小幅交流分量。注入的空穴从空间电荷区边界不断地向 N 侧中性区扩散,并不断与多子电子复合。

一般小信号交流电压信号的周期远大于非平衡载流子的扩散时间,从物理上说,就是 PN 结内部的载流子分布的随时间的变化跟得上信号的变化。因此,扩散区内空穴浓度随空间位置的分布可以近似为稳态分布,如图 3.22(c)中所示的对应于 t_0、t_1、t_2 三个时刻少子扩散区域载流子的分布情况。图中的阴影面积即为由于电压值周期性变化而引入的扩散区载流子电荷量起伏,即产生了扩散区内的充放电效应。对于由 N 区注入的电子在 P 侧扩散区中的分布也表现出类似的情形。这种在正向交流偏压下,由少子的扩散引发电荷量起伏而体现出的电容特性称扩散电容,它反映了积累在扩散区中的非平衡载流子随交流电压的变化规律。

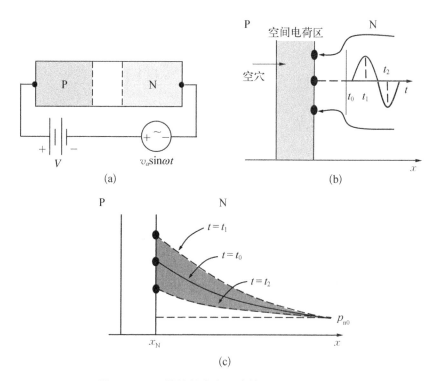

图 3.22　PN 结扩散电容形成的物理原理示意图

(a) 施加交流小信号的 PN 结；(b) 空间电荷区边界少子的浓度变化；(c) 扩散区的电荷积累效应

从上面的分析可见，PN 结的扩散电容与势垒电容形成的物理机理完全不同。正向偏压时 PN 结的扩散电容通常要比势垒电容大 3～4 个数量级。下面从电荷积累的角度出发，就 PN 结扩散电容做简要定量讨论。

采用长 PN 结假设，在扩散区中积累的少子是按 e 指数形式分布的。以注入到 N 区的空穴为例，其一维分布为

$$\Delta p = p_{\mathrm{N}}(x) - p_{\mathrm{N}0} = p_{\mathrm{N}0}\left[\exp\left(\frac{V}{V_{\mathrm{T}}}\right) - 1\right]\exp\left(\frac{x_{\mathrm{n}} - x}{L_{\mathrm{p}}}\right) \tag{3.143}$$

将式(3.143)在扩散区内积分，就得到扩散区内所积累的空穴总电荷量为

$$Q_{\mathrm{p}} = A\int_{x_{\mathrm{n}}}^{\infty} q\Delta p(x)\mathrm{d}x = AqL_{\mathrm{p}}p_{\mathrm{N}0}\left[\exp\left(\frac{V}{V_{\mathrm{T}}}\right) - 1\right] \tag{3.144}$$

这里考虑到长 PN 结中，位于扩散区边界以及 N 区无穷大处的非平衡少子浓度都已经近似衰减为零，为了数学处理方便，将式(3.144)中的积分上限取为无穷大。由此，可以计算得 N 侧扩散区的电容为

$$C_{\mathrm{Dp}} = A\frac{\mathrm{d}Q_{\mathrm{p}}}{\mathrm{d}V} = A\left(\frac{qp_{\mathrm{N}0}L_{\mathrm{p}}}{V_{\mathrm{T}}}\right)\exp\left(\frac{V}{V_{\mathrm{T}}}\right) \tag{3.145}$$

同理可推导得到 P 侧扩散区的电容为

$$C_{\mathrm{Dn}} = A\frac{\mathrm{d}Q_{\mathrm{n}}}{\mathrm{d}V} = A\left(\frac{qn_{\mathrm{P}0}L_{\mathrm{n}}}{V_{\mathrm{T}}}\right)\exp\left(\frac{V}{V_{\mathrm{T}}}\right) \tag{3.146}$$

PN 结两侧的电子、空穴分别存储在 P 侧和 N 侧的两个扩散电容中,因此总扩散电容相当于两个电容的并联,即

$$C_D = C_{Dn} + C_{Dp} = \left[Aq \frac{(n_{p0}L_n + p_{N0}L_p)}{V_T} \right] \exp\left(\frac{V}{V_T} \right)$$

对于 P$^+$N 结,仅考虑 N 侧,有

$$C_D \approx C_{Dp} = \left(\frac{Aqp_{N0}L_p}{V_T} \right) \exp\left(\frac{V}{V_T} \right) \tag{3.147}$$

注意,上述推导过程中,式(3.147)是描述少子浓度稳态分布情况的,因此得到的扩散电容式(3.146)和式(3.147)只能近似应用于低频情况,也就是施加的交流电压信号周期需要远大于非平衡少子的扩散时间。一般来说,扩散电容随频率的增加而减小。另外,由式(3.146)可以看到,PN 结的扩散电容随正向偏压 V 按照 e 指数规律迅速增加,所以在较大的正向偏压时,扩散电容数值很大;而在反向偏压时,少子的抽取作用使得载流子电荷量随电压的变化很小,因此反偏状态的扩散电容数值极小,一般可以忽略,只考虑正向偏压下的扩散电容即可。同时由式(3.146)还可以看到,通过减少少子寿命(如在硅材料中掺金)来减小载流子的扩散长度 L_p 和 L_n,可以有效地减小扩散电容。

3.6.3 PN 结的瞬变特性

PN 结二极管在开关电路中广泛应用于处理数字信号或脉冲信号,它们在两个稳定状态之间进行快速跃变,在跃变过程中表现出来的特性称为开关或瞬变特性。当 PN 结处于正向偏置时,它允许通过较大的电流,而处于反向偏置时通过二极管的电流很小,因此正向偏置二极管的工作状态称为开态,反向偏置的工作状态称为关态。开关 PN 二极管要不断地在开和关两种状态下交替工作。

考虑图 3.23(a)中的 PN 结,外加图 3.23(b)所示的阶跃驱动电压。在处于正向偏压 V 时,流过 PN 结的电流为正向电流 I_f,处于开态导通状态。当外加的正向偏压瞬时变为反向偏压 $-V_R$ 时,PN 结电流不会马上变为截止的关态,其电流和两端的结电压需要一定时间的延迟才能变为反向饱和电流 $-I_0$ 和 $-V_R$,呈现出如图 3.23(c)和图 3.23(d)的延迟波形。PN 结从反向截止到正向导通需要的时间称为正向恢复时间;从导通转为截止所需的时间称为反向恢复时间。PN 结电流和两端电压落后于驱动电压的现象称为 PN 结的反向瞬变,其物理根源为PN 结的电荷存储效应。下面以 PN 结 N 侧空间电荷区为例进行简要分析。

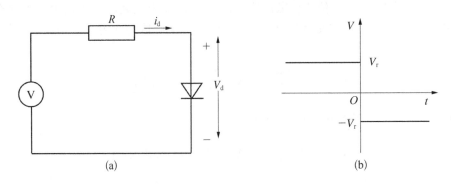

(a)   (b)

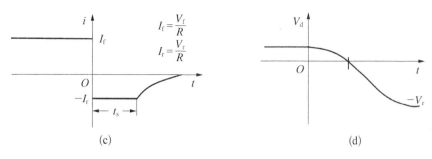

图 3.23　PN 结的反向瞬变特性

(a) 偏置电路；(b) 驱动电压波形；(c) 二极管上的电流波形；(d) 二极管上的电压波形

当在 PN 结两端施加恒定的正向驱动偏压时，电子被注入并保持在 N 侧的扩散区中。可以认为，PN 结的扩散电容产生了电荷存储效应。但当正向驱动偏压瞬间转换至反偏压时，在稳态条件下所存储的载流子并不能立刻通过复合消除，需要一定的时间逐渐减少。图 3.24 为 PN 结反向瞬变过程中扩散区内的载流子分布示意图。

PN 结 N 侧总的存储电荷（即注入的空穴）为

$$Q_{\mathrm{s}} = qA \int_{x_{\mathrm{N}}}^{W_{\mathrm{N}}} \Delta p_{\mathrm{N}}(x) \mathrm{d}x \quad (3.148)$$

式中，W_{N} 为 N 侧扩散区的长度。

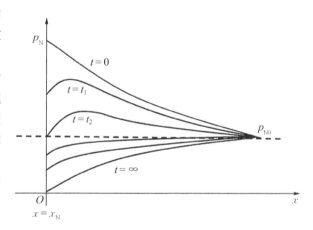

图 3.24　$\mathrm{P^+N}$ 结在反向瞬变过程中少数载流子分布的变化示意图

从图 3.24 可见，当外加偏压从 $t=0$ 时刻突然变为负偏压时，正向时积累在 N 区空间电荷区边界的大量空穴立刻被反向电场拉回 P 区，同时由于失去了正向偏压的支持，又无法继续注入新的空穴。因此，边界上少子空穴的浓度低于扩散区内部，导致其浓度梯度由原来的沿 x 轴正方向变为沿 x 轴负方向。因此在驱动电压转换的瞬间形成了较大的反向扩散电流 $-I_{\mathrm{r}}$，并持续一段时间 t_{s}。另一方面，如 3.3.4 节所述，空间电荷区边界 $x=x_{\mathrm{N}}$ 处的少子浓度可写为

$$p_{\mathrm{N}}(x_{\mathrm{N}}) = p_{\mathrm{N0}} \exp\left(\frac{V}{V_{\mathrm{T}}}\right) \tag{3.149}$$

由于 $t=0$ 时刻至 $t=t_{\mathrm{s}}$ 时刻间在空间电荷区边界上的少子空穴浓度 $p_{\mathrm{N}}(x_{\mathrm{N}})$ 依然大于 p_{N0}，根据式(3.149)，PN 结两端的结电压 $V>0$，形成了结电压滞后于驱动电压变化的情况。但在这段时间内，边界少子不断减少，结电压相应降低，当 $t=t_{\mathrm{s}}$ 时，全部积累的过剩少子被复合，$p_{\mathrm{N}}(x_{\mathrm{N}})=p_{\mathrm{N0}}$，因此结电压 $V=0$。在此之后，$p_{\mathrm{N}}(x_{\mathrm{N}})<p_{\mathrm{N0}}$，其浓度梯度也越来越小，反向扩散电流和结电压都形成了图 3.22(c)和(d)所示的拖尾状波形。进一步反向偏压下的少子抽取作用也逐渐体现出来，直至空间电荷区边界上 $p_{\mathrm{N}}(x_{\mathrm{N}})$ 减少到近似为零，少子空穴的分布也达到如前所述的反偏 PN 结耗尽状态，此时结电压与驱动电压 $-V_{\mathrm{R}}$ 相等，结电流为反向饱和电流 $-I_0$。

可以通过求解载流子连续性方程得到的不同时刻的注入少数载流子分布,从而求解出电荷的随时间的变化规律。可以证明,在图 3.23 中去除全部存储于扩散区电荷,使 $Q_s=0$ 所需的时间(又称为存储时间)为

$$t_s = \tau_p \ln\left(1 + \frac{I_f}{I_r}\right) \tag{3.150}$$

从式(3.150)可见,要制造开关速度高、延迟短的 PN 结二极管,少数载流子寿命 τ_p(或 τ_n)应当很短。掺金是一种缩短少子寿命的有效方法。此外,在电路设计时需要让 PN 结工作于较大的反偏电流 I_r 和较小的正偏电流 I_f 状态。在载流子寿命很短且正偏电流很小的情况下,一般由关态转变为开态的瞬态时间非常短。实际应用中,对用于计算芯片的二极管,存储时间一般为 0.5~10 ns,功率整流二极管的存储时间为 1~10 ms。

对于快脉冲和高频谐波等应用场景,PN 结反向瞬变的延迟和拖尾波形可以通过在结内进行非均匀掺杂,并引入内建电场进行修正。当二极管由正向偏置转换到反向偏置之后,注入少子空穴开始反向流向空间电荷区,而此时内建电场可以加速这种流动从而使 t_s 缩短。同时由于内建电场的漂移作用,在全部存储电荷被去除之前,空间电荷区边界的注入少子浓度降低不到零,PN 结可以迅速转换为关态。具有这种特性的二极管称为阶跃恢复二极管。

3.7 PN 结击穿

PN 结的击穿是各类结型半导体器件中需要考虑的最重要问题之一。当 PN 结的反偏电压增加到一定程度时,其反向电流会突然增加,这种现象称为 PN 结击穿,发生击穿时的反向偏压称为 PN 结的击穿电压。PN 结的击穿过程并非都具有破坏性,只要最大电流受到限制,它可以长期重复。击穿现象中,电流增大的根本原因不是由于迁移率的增大,而是由于载流子数目的增加。到目前为止,PN 结可解释的击穿机理共有三种:雪崩击穿、隧道击穿和热电击穿。

3.7.1 隧道击穿

隧道击穿是 PN 结在强电场作用下,大量电子基于隧道效应从价带穿过禁带进入到导带所引起的击穿现象。最初是由美国物理学家齐纳提出来解释电介质击穿现象的,故也称为齐纳击穿。

隧道效应是由微观粒子波动性所产生的典型量子效应之一,又称势垒贯穿或量子隧穿,是理解许多自然现象的基础。考虑粒子的运动受到一个高于粒子能量的势垒阻碍,按照经典力学,若粒子的能量低于势垒,它是不可能越过势垒的;但是根据量子力学理论,可以通过计算得到,在势垒的另一侧,能量低于势垒的粒子也具有一定的出现概率,好像粒子通过某种隧道贯穿了势垒。

基于前面的分析,PN 结的反向偏压越大,空间电荷区势垒越高,内建电场越强,能带也就更加倾斜,甚至可以使 N 区的导带底比 P 区的价带顶还低,如图 3.25 所示。与此同时,导带和价带的水平距离 d 也随着反向偏压的增加而变窄。此时,P 区价带电子的能量有可能等于甚

至高于 N 区导带电子的能量。根据量子隧道效应的原理,P 区价带的电子有一定的概率穿越空间电荷区的禁带区域,从而进入 N 区导带成为自由电子。一般情况下电子的隧穿概率极小,但是根据量子力学理论,粒子的隧穿概率随着禁带水平距离 d 的减小按照 e 指数规律增加。因此,若反偏压增加到一定程度,使得禁带水平距离 d(隧道长度)足够窄,就有大量电子基于隧道效应从价带进入导带,从而使反向电流迅速增加,引起 PN 结的击穿。一般发生隧道击穿所需的电场强度约为 10^6 V/cm。

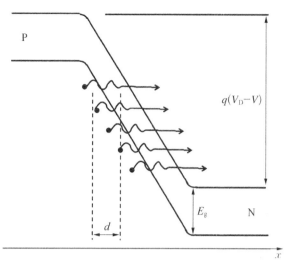

图 3.25 PN 结的隧道击穿示意图

3.7.2 雪崩击穿

隧道击穿用于描述具有低击穿电压的 PN 结较为准确。但对于在高电压下击穿的结(如硅 PN 结的击穿电压一般大于 6 V),雪崩机制是产生击穿的主要原因。这也是大多数情况下,集成电路中 PN 结击穿的主要机制,其机理可描述如下。

在反向偏压下,流过 PN 结的反向电流主要是基于少子的抽取作用形成,包括由 P 区扩散到空间电荷区中的电子流和由 N 区扩散到空间电荷区中的空穴流。当反向偏压很大时,空间电荷区内的电子和空穴在强电场作用下,可以获得很大的动能。这些高能量载流子与晶格原子发生碰撞时,能使部分处于原子外层的价电子脱离原子核的束缚,成为导电电子,同时,产生一个空穴(电子-空穴对)。这对电子和空穴在强电场作用下,向相反的方向运动,继续通过碰撞晶格产生第二代、第三代载流子,从而使载流子的数量不断倍增。这一过程称为雪崩倍增效应,其效果就是引发 PN 结的反向电流急剧增大进而击穿(见图 3.26)。

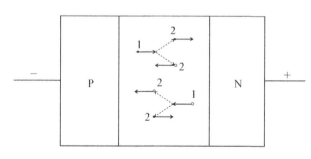

图 3.26 PN 结中载流子的雪崩倍增示意图

雪崩击穿和隧道击穿都与反偏压所产生的电场强度密切相关,但这两种击穿的机理却是完全不同的。主要区别是,隧道击穿取决于隧穿概率,而隧穿概率又强烈地依赖于禁带水平距离 d。因此,隧道击穿常发生在两侧重掺杂的 PN 结中,因为重掺杂 PN 结空间电荷区宽度较窄,且反偏时变化不大,但禁带水平距离 d 的数值随反向偏压升高而显著减小;与此相反,对于杂质浓度较低的 PN 结,在反偏时虽然空间电荷区势垒升高,但其宽度也变宽,隧道长度随反向偏压升高而减小的程度并不明显,不利于隧道击穿。雪崩击穿是碰撞电离的结果,载流子能量的增加需要足够大的空间电荷区提供加速距离,因而载流子的雪崩倍增变为主要的击穿机制。实验表明,对于重掺杂的锗、硅的 PN 结,当击穿电压 $V_{BR} < 4E_g/q$ 时,一般为隧道击穿;当 $V_{BR} > 6E_g/q$ 时,一般为雪崩击穿;当 $4E_g/q < V_{BR} < 6E_g/q$ 时,两种击穿机制都存在。

在器件设计工作中,对于硅、锗、砷化镓和磷化镓这 4 种材料,有以下经验公式可估算 PN

结的雪崩击穿电压 V_{BR}：

对单边突变结

$$V_{BR} = 60\left(\frac{E_g}{1.1}\right)^{3/2}\left(\frac{N_0}{10^{16}}\right)^{-3/4} \tag{3.151}$$

对线性缓变结

$$V_{BR} = 60\left(\frac{E_g}{1.1}\right)^{6/5}\left(\frac{a}{3\times10^{20}}\right)^{-2/5} \tag{3.152}$$

式(3.151)、式(3.152)中，N_0 为单边突变结轻掺杂一侧的掺杂浓度；a 为线性缓变结杂质的浓度梯度。典型突变结室温下雪崩击穿电压与 N_0 的关系曲线如图 3.27 所示。对于不同材料，禁带 E_g 越窄则雪崩击穿电压越低，这是因为碰撞电离是电子从价带激发到导带的过程，半导体禁带越窄电离越容易发生，倍增效应越明显，因而击穿电压也就越低。同时，杂质浓度 N_0 越低或杂质浓度梯度 a 越小，PN 结的雪崩击穿电压越高。

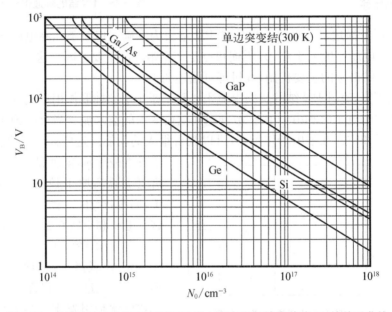

图 3.27 典型突变 PN 结在室温下雪崩击穿电压与掺杂浓度 N_0 的关系曲线

按照雪崩击穿的机理，价电子的电离率强烈地依赖于空间电荷区的电场强度。发生雪崩击穿时空间电荷区的最高电场强度称为雪崩击穿临界电场强度，也与杂质浓度（突变结）或杂质浓度梯度（线性缓变结）成正比。低杂质情况下空间电荷区的宽度较宽，最大电场强度较低，因而达到临界电场所需的电压就高。实际集成电路的平面器件中，冶金结附近通常是雪崩倍增最为显著的区域，外延层厚度、PN 结形状、结深等因素都会影响雪崩击穿临界电场强度。

3.7.3 热电击穿

PN 结的反向电流会引起热损耗，反向电压逐渐增大时，反向电流所损耗的功率也增大，会产生大量热能。如果没有良好的散热条件使这些热能及时传递出去，将会引起结温上升。

根据 3.5.1 节对 PN 结反向饱和电流的分析,反向电流可表示为

$$J_1 \propto T^{3+\frac{\gamma}{2}} \exp\left(-\frac{E_G - qV}{kT}\right) \tag{3.153}$$

反向电流 J_1 随温度升高按 e 指数规律上升,同时产生的热能也随之迅速增大,进而又导致 PN 结温度上升,反向电流又进一步增大。如此交替循环相互促进,最终使反向电流增大至 PN 结击穿。这种由于热不稳定性引起的 PN 结击穿,称为热电击穿。对于禁带宽度比较小的半导体,如锗的 PN 结,由于反向饱和电流密度较大,比较容易发生这种击穿而使器件烧毁。但对于散热较好的硅的 PN 结,这种击穿并不十分重要。

3.8　隧道二极管

3.8.1　隧道二极管的负阻特性

隧道二极管是一种以隧道效应电流为主要电流分量的晶体二极管,PN 结的隧道效应是日本科学家江崎玲于奈在研究重掺杂锗 PN 结时发现的,故隧道二极管又称为江崎二极管。这一发现揭示了固体中电子隧道效应的物理原理,江崎玲于奈为此而获得 1973 年诺贝尔奖物理学奖。隧道二极管具有开关特性好、速度快、工作频率高、噪声低等优点,广泛应用于数字开关电路或高频振荡电路中。

隧道二极管通常是由两侧重掺杂半导体制造的,其电路电压特性如图 3.28 所示。首先,隧道结的正向电流随正向电压的增加而迅速上升,达到极大值 I_p,称为峰值电流,对应的正向电压 V_p 称为峰值电压。随后随着电压的增加,电流反而逐渐减小,达到一个极小值,称为谷值电流 I_V,对应的电压称为谷值电压 V_V。当电压大于谷值电压 V_V 后,电流又随电压而上升,与以正向扩散电流为主的普通 PN 结类似。在峰-谷电压($V_p \sim V_V$)之间的范围,随着电压的增大电流减小,即电流-电压特性曲线的斜率为负值,因此称为负阻特性。

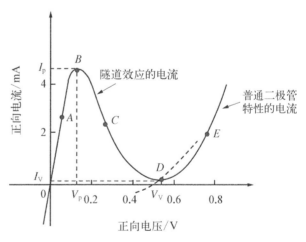

图 3.28　隧道二极管电流电压特性示意图

3.8.2　隧道二极管基本原理

在隧道结中,正向电流主要由两部分组成:一部分是少子的扩散电流,随正向电压的增加而指数增加,但是在较低的正向电压范围内,扩散电流相对较小;另一部分是隧道电流,在较低的正向电压下,隧道电流的贡献是主要的。载流子穿越势垒而产生隧道电流的条件如下:

(1)半导体的费米能级位于导带或价带的内部,从而在 N 型一侧的导电底附近存在大量电子,P 侧价带顶附近存在大量的空穴;

（2）PN 结空间电荷区所形成的势垒宽度很窄，从而有高的隧穿概率；

（3）N 区的导带底部与 P 区的价带顶部在能量上有交叠，即在相同的能量水平上，在一侧的能带中有电子，而在另一侧的能带中有空的状态（空穴）。

当 PN 结两侧都为简并化的重掺杂半导体，条件（1）、（2）即可满足，在隧道结两端施加适当的偏压，可使条件（3）满足。

下面结合不同偏压下隧道结的能带图 3.28，定性分析隧道电流随外加电压变化的规律，图中阴影部分表示了电子占据的能带部分。无偏压平衡状态下［见图 3.29(a)］，P 区和 N 区具有统一的费米能级，P 区价带和 N 区导带虽然有相同能量的量子态，但是在结的两边，费米能级以下均没有空量子态，费米能级以上的量子态没有电子占据，隧道电流为零，对应于特性曲线图 3.29(a) 中的点 O。

在隧道结施加很小的正向偏压 V［见图 3.29(b)］，由于空间电荷区的势垒降低，N 区能带相对于 P 区升高了 qV，这时结两边能量对等的量子态中，P 区价带费米能级以上有空量子态（空穴），N 区导带费米能级以下有大量电子，因此而产生隧道电流的条件（3）得到满足，N 区导带中的电子可能通过隧道效应穿越至 P 区价带中，从而产生由 P 区向 N 区的正向隧道电流，对应于特性曲线点 A。

继续增大正向电压，空间电荷区两侧势垒高度不断下降，两侧费米能级间距扩大，对等的量子态增多［见图 3.29(c)］，更多的电子发生隧穿，因而隧道电流不断增大。正向电压增至峰值电压 V_p 时，P 区费米能级与 N 区导带底的高度相同，N 区的导带和 P 区的价带中对等量子态数目最多，大量 N 区的导带电子可能穿越势垒到 P 区价带中的空量子态去，正向电流增至峰值电流 I_p（特性曲线的点 B）。

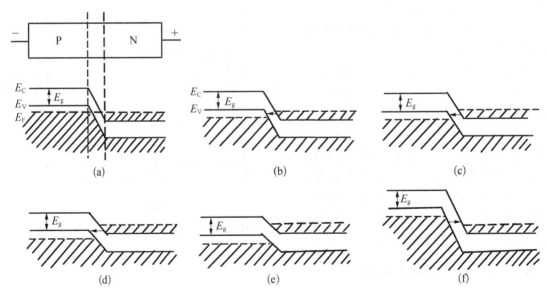

图 3.29　隧道结能带图随外加偏压的变化

(a) 对应点 O；(b) 对应点 A；(c) 对应点 B；(d) 对应点 C；(e) 对应点 D；(f) 对应点 E

若进一步增大正向电压，结两侧对等能量的量子态减少，使 N 区导带中可能隧穿的电子数以及 P 区价带中可能接受电子的空量子态（空穴）均减少［见图 3.29(d)］，隧道电流减小，出

现如特性曲线点 C 的负阻特性。

正向偏压增大到 V_V 时,N 区导带底已经上升至与 P 区价带顶相同水平[见图 3.29(e)],P 区价带和 N 区导带中已不再存在能量相同的量子态,无法继续发生载流子的隧穿(特性曲线点 D)。但实际上此时正向电流并不完全为零,依然存在很小的谷值电流 I_V。该谷值电流的主要来源于重掺杂下的禁带变窄效应或深能级产生的隧道电流。

正向偏压大于 V_V 时,PN 结由于少子注入形成的扩散电流就开始成为主要的电流成分,特性曲线中体现了与普通 PN 结基本相同的正向电流电压特性。

隧道结两端施加反向偏压时,P 区能带相对 N 区能带升高,两侧费米能级间距变大[见图 3.28(f)]。大量 P 区价带中的电子可以隧穿至存在大量空状态的 N 区导带中,产生反向隧道电流(特性曲线上的点 E)。显然,隧穿电子的数量随着反向偏压的增加和对等能量状态的增多而迅速增加,出现了与一般 PN 所不同的反向特性。

从以上分析可以了解,隧道结是基于多子的量子隧穿原理工作的。由于半导体中多子浓度随时间的起伏相对较小,所以隧道二极管的噪声较低。另外,由于隧道结使用重掺杂的简并半导体制成,温度对多子浓度影响比少子要小得多,因而隧道二极管的工作温度范围一般较宽。量子隧穿本质上不受电子渡越时间限制,这使得隧道二极管可以在极高频率下工作。一般隧道二极管的开关速度达皮秒量级(10^{-12} s),工作频率高达 100 GHz。基于这些优点,隧道二极管被大量用于微波混频、检波、低噪声放大、振荡器、超高速开关逻辑电路、触发器和存储电路等。

习　题

第 4 章

双极结型晶体管

晶体管的发明开创了微电子学时代,也可以说是 20 世纪最伟大的发明之一。世界上第一只晶体管——点接触晶体管,是 1947 年由美国贝尔实验室的威廉·肖克利、约翰·巴丁和沃尔特·布莱顿三位科学家共同发明的,并在 1956 年获得诺贝尔物理学奖。1950 年,肖克利又发明了第一个双极结型晶体管(bipolar junction transistor, BJT)。双极结型晶体管,也称作双极性晶体管或三极管,是一种具有三个主要电极的半导体器件。这种晶体管由三部分不同掺杂水平的半导体材料构成,晶体管中的电荷流动同时涉及电子和空穴两种载流子在 PN 结处的扩散作用和漂移运动,因此称它为双极性晶体管。这种工作方式与 20 世纪 60 年代以后兴起的场效应管不同,后者只有一种导电类型的载流子对电流传输起主要作用,因而属于单极晶体管。双极性晶体管能够放大信号,能提供较高的跨导和输出电阻,并且具有较好的功率控制、高速工作以及耐久能力。即使在以集成电路为核心的现代电子系统中,双极性晶体管依旧是组成模拟电路和功率电路,尤其是放大器、电源、射频前端、驱动控制、电力电子等应用中的不可替代的重要器件。

4.1 双极结型晶体管的结构与工作原理

4.1.1 双极结型晶体管的结构

双极结型晶体管(简称双极晶体管)是由两个十分接近的 PN 结构成的半导体器件。从基本结构来看,是 P 型半导体薄层夹在重掺杂的 N^+ 层与 N 型半导体之间(NPN 晶体管),或者杂质类型相反,由 N 型半导体薄层夹在 P^+ 与 P 型半导体中间(PNP 型晶体管)。双极晶体管结构和电路符号如图 4.1 所示。图中 NPN 晶体管中,左端重掺杂的 N^+ 区称为发射区,所对应的电极为发射极(E)。右端的 N 区称为集电区,对应电极为集电极(C)。发射区与集电区中间的 P 区为基区,对应基极(B)。晶体管中有发射结(发射区-基区)和集电结(基区-集电区)两个 PN 结。在图 4.1(b)和(c)中,发射极的箭头指示发射结正偏时发射极电流的方向。工作时施加在基极与发射极间的电压为发射结偏压(定义为 $V_E = V_{BE} = V_B - V_E$),施加在基极与集电极之间的电压为集电结偏压(定义为 $V_C = V_{BC} = V_B - V_C$),两者共同决定了晶体管各极的电流。

在晶体管内部,载流子在基区中的传输过程是决定晶体管特性的关键,这一过程与基区的杂质分布有密切的关系。按照晶体管基区杂质分布的形式,双极晶体管可划分为均匀基区和缓变基区两类。

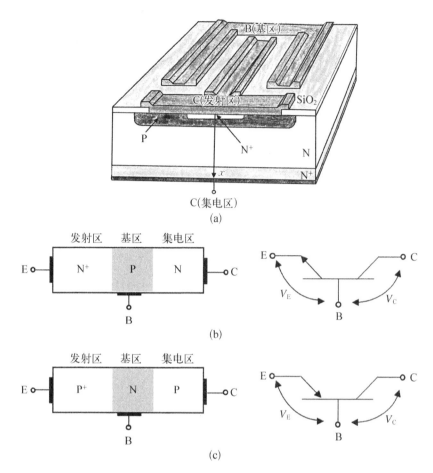

图 4.1　双极结型晶体管示意图

(a) NPN 型硅双极结型晶体管结构(平面工艺)的剖面；(b) NPN 双极结型晶体管示意图及对应电路符号；
(c) PNP 双极结型晶体管示意图及对应电路符号

（1）均匀基区晶体管。基区内掺杂杂质的浓度等于常数，不随位置变化。此时在低注入下，基区少子的输运主要是扩散机理，又称为扩散晶体管。发射结和集电结均为冶金结的情况，是均匀基区晶体管的典型代表，三个区域的杂质都是均匀分布，发射结和集电结均为突变结，如图 4.2 所示。为方便说明结型晶体管的工作原理，本章主要以冶金结型晶体管为例进行讨论。

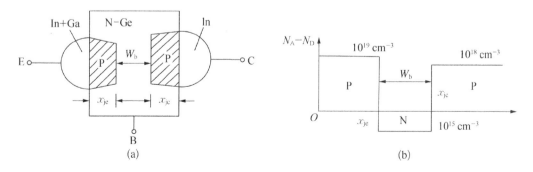

图 4.2　典型锗冶金结晶体管的结构与杂质分布

(a) 管芯结构；(b) 杂质分布

（2）缓变基区晶体管。基区内掺杂杂质的浓度分布是随位置缓变的，这导致基区内存在自建电场。载流子在基区内除了扩散运动外，还存在漂移运动，而且往往以漂移运动为主，所以又称为漂移型晶体管。缓变基区管的典型实例是硅平面晶体管和硅外延平面晶体管，其结构与杂质分布如图 4.3 所示。

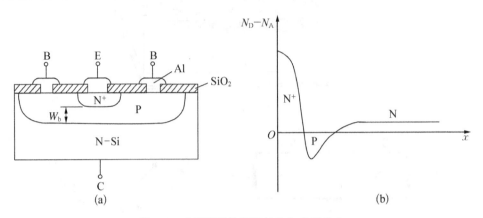

图 4.3　硅平面晶体管的结构与杂质分布

(a) 管芯结构；(b) 杂质分布

4.1.2　双极晶体管的工作模式与放大作用

双极晶体管在电路中根据发射结和集电结所处偏压情况，可分为四种工作模式，相应地称为四个工作区，如图 4.4 所示。四种工作模式及其工作条件分别为：正向有源模式（$V_E > 0$，$V_C < 0$）；反向有源模式（$V_E < 0$，$V_C > 0$）；饱和模式（$V_E > 0$，$V_C > 0$）和截止模式（$V_E < 0$，$V_C < 0$）。

双极型晶体管最重要的作用是具有放大电信号的能力。根据不同的应用，双极型晶体管在接入电路时，主要有共发射极接法和共基极接法两种形式。

以 NPN 晶体管为例，用于电流放大时，通常采用如图 4.5 所示的共发射极接法，发射极既处于输入电路中又处于输出电路中。晶体管工作于正向有源模式，由外接电源提供电压使发射结正偏、集电结反偏。若以发射结偏压 V_{BE} 和基极电流 I_B 为输入，集电极电流 I_C 以及集电

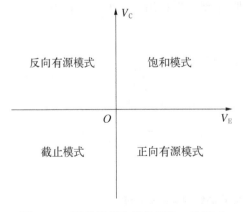

图 4.4　双极结型晶体管的四种工作模式

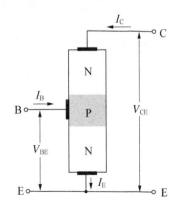

图 4.5　NPN 晶体管的共发射极接法

极与发射结间的电压 V_{CE} 为输出（$V_{CE} = V_{CB} + V_{BE}$），输入电流的变化 ΔI_B 将引起输出电流 ΔI_C 按比例增加的变化，即 $\Delta I_C \approx h_{FE} \Delta I_B$，从而实现了电流的放大功能，其中 h_{FE} 定义为晶体管的共发射极电流增益。

如图 4.6 所示的共基极接法是双极型晶体管另外一种常用的电路形式，此电路将发射极电流 I_E 作为输入而集电极电流 I_C 作为输出，输入输出共用基极。这种形式的电路不具备电流的放大能力（$I_C < I_E$），但如果在集电极输出回路中接入适当的负载，可以实现电压信号放大。由于在共基极接法电路中，能够更加独立清晰地描述发射结和集电结电流电压的情况，本章将首先基于这种接法讨论晶体管正向有源模式下的能带及载流子的输运过程。需要指出的是，载流子的输运过程、晶体管各极的电流及其相互关系，都是由施加在发射结、集电结上的偏压，也就是工作模式所决定的，晶体管内部的载流子的运动不会因外部电路的接法不同而不同，描述晶体管电学特性的参数也与晶体管的何种接法无关。

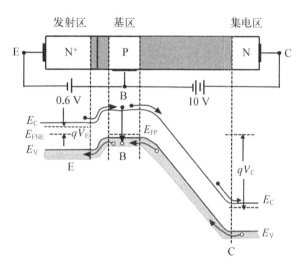

图 4.6　NPN 晶体管共基极放大电路及对应能带图

图 4.6 同时给出了 NPN 晶体管在正向有源模式下的能带图。由于发射结施加正向偏压，其势垒降低了 qV_E，电子将从发射区向基区注入，空穴从基区向发射区注入，基区和发射区形成过剩少子的扩散电流，其大小取决于发射结偏压的大小。当基区宽度较小（远小于注入电子扩散长度）时，从发射区注入到基区的电子仅有少量被基区中的空穴复合，其余大部分到达基区另外一侧的集电结空间电荷区边界。集电结处于反偏状态，集电结势垒高度增加 qV_C。到达空间电荷区边界的电子被空间电荷区内强电场扫入集电区，然后漂移通过集电区流出成为集电极电流。该电子电流远大于反偏集电结所提供的反向电流，构成集电极电流的主要部分。

根据节点电流定律，集电极电流 I_C 和基极电流 I_B 的代数和应等于发射极电流 I_E，即 $I_E = I_B + I_C$。集电极电流 I_C 的大小受到基极电流 I_B 和发射极电流 I_E 的控制。由此可见，晶体管放大功能主要是依靠其发射区的载流子在偏压下通过基区输运并到达集电极而实现的。为了保证从发射区进入基区的载流子绝大多数能到达集电结边界，就必须要求晶体管的基区宽度很窄。否则，如果基区较宽（大于电子扩散长度），注入基区的过剩载流子在到达集电结之前就会被复合殆尽，那么此时的晶体管相当于是两个独立的背靠背的 PN 结，无法实现放大作用。

4.1.3　各区电流分量

电子和空穴的定向运动形成电流。图 4.7 为处于正向有源模式下的 NPN 晶体管内各区域电流分量示意图。发射区、基区和集电区的电流分量及其机制如下所述。

（1）I_{NE}：发射结正偏下，从发射区注入到基区中的电子扩散流，它是发射极电流 I_E 的一部分。

（2）I_{NC}：电子流 I_{NE} 中到达集电结空间电荷区边界的部分，由于基区宽度远小于电子扩散长度，I_{NC} 占注入到基区的 I_{NE} 中的绝大部分，同时在反偏集电结电场的作用下，电子流穿越集电结，形成了集电极电流 I_C 的主要部分。

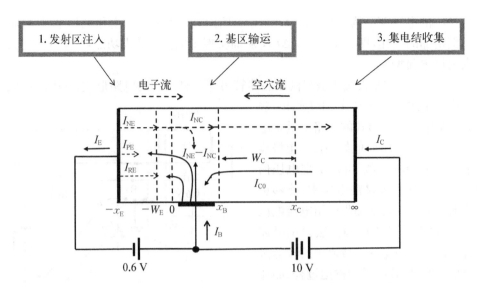

图 4.7 NPN 晶体管内发射区、基区和集电区的各电流分量示意图

(3) $I_{NE} - I_{NC}$：电子流 I_{NE} 为通过基区时被空穴复合的电子流，基极电流也需要提供相应的空穴，因此该电流为基极电流 I_B 的一部分。

(4) I_{PE}：发射结正偏下，从基区注入到发射区的空穴电流，注入的空穴在扩散过程中不断与发射区内的电子进行复合，进而转换为电子的漂移电流。因此该电流是发射极电流 I_E 和基极电流 I_B 的组成部分。

(5) I_{RE}：正偏下发射结空间电荷区内的复合电流。

(6) I_{C0}：集电结反偏所形成的反向电流（又称为漏电流），其值包括集电结反向饱和电流 I_{cN0} 和集电结空间电荷区产生的电流 I_{cP0}。

这里，电子电流的方向与图 4.7 中所示电子流的方向相反。由此可见晶体管各极的电流分别如下。

(1) 发射极电流 I_E 由三部分组成：① 注入基区的电子扩散电流 I_{NE}，该电流绝大部分能够通过基区到达集电极；② 注入发射区的空穴扩散电流 I_{PE}，该电流对集电极电流无贡献，但成为基极电流 I_B 的一部分；③ 正偏发射结的复合电流。因此有

$$I_E = I_{NE} + I_{PE} + I_{RE} \tag{4.1}$$

(2) 基极电流 I_B 由四部分组成：① 从基区注入到发射区的空穴电流 I_{PE}；② 基区内电子扩散过程中与空穴复合形成的电流 $I_{NE} - I_{NC}$；③ 正偏发射结的复合电流 I_{RE}；④ 集电结反向电流 I_{C0}。

$$I_B = I_{PE} + I_{RE} + (I_{NE} - I_{NC}) - I_{C0} \tag{4.2}$$

(3) 集电极电流 I_C 由两部分组成：① 占主要的是发射区电子流中到达集电结空间电荷区边界的部分 I_{NE}，② 较小的集电结反向电流 I_{C0}，有

$$I_C = I_{NC} + I_{C0} \tag{4.3}$$

晶体管三个电极电流之间满足关系

$$I_E = I_B + I_C \tag{4.4}$$

由于发射区的掺杂浓度很高,所以晶体管载流子的传输主要是以电子的传输为主,发射区发射的电子经历了 3 个主要传输过程:① 发射极发射电子,电子穿越发射结进入基区——发射区向基区注入电子的过程;② 电子穿越基区——基区传输电子的过程;③ 电子被集电极收集,漂移通过集电结——集电极收集电子的过程。可以认为,电子电流从发射区传输到集电区的过程中主要有两次损失:一是在发射区,与从基区注入过来的空穴进行复合损失一部分;另一部分则是在基区内输运时与空穴的复合损失。一般放大性能优异的晶体管 I_E 和 I_C 十分接近,而 I_B 很小,只有 I_E 的 1% 左右。

4.2　理想双极结型晶体管的直流电流方程

4.2.1　理想晶体管假设

首先,基于理想双极结型晶体管的假设,讨论其直流状态下的静态电流电压特性。后面再较详细地讨论其他因素的影响。理想双极结型晶体管的假设如下:

(1) 发射结和集电结均为理想突变结,且结面积处处相等(用 A 表示);

(2) 各区杂质均匀分布,晶体管横向尺寸远大于基区宽度,且不考虑边缘效应以及各界面、表面的影响,载流子仅作一维运动;

(3) 不考虑半导体中性区电阻及接触电阻,即外加偏压全部降落在 PN 结的空间电荷区,中性区不存在电场;

(4) 发射结和集电结空间电荷区的宽度远小于少子扩散长度,即不考虑空间电荷区内的载流子产生与复合,因而通过空间电荷区前后载流子的数量不变;

(5) 发射区和集电区的宽度远大于少子扩散长度,而基区宽度远小于少子扩散长度;

(6) 注入基区的少子浓度比基区多子浓度低得多,即只考虑小注入情况。

4.2.2　各区载流子浓度分布及电流

下面基于理想晶体管假设,根据各区电流的形成机制,推导其直流电流方程式。在第 3 章推导 PN 结直流电压电流方程的过程中,需要解决的核心问题是求从空间电荷区边界向中性区注入的少子扩散产生的电流。结型晶体管由发射结、集电结两个 PN 结组成,可以采用与分析 PN 结类似的思路,通过求解少子的连续性方程得到其浓度空间分布及扩散电流。

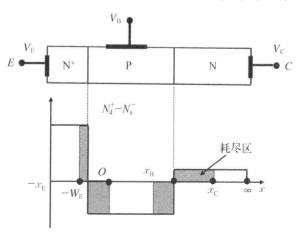

图 4.8 所示为理想双极结型晶体管的杂质分布以及在分析中所用的坐标系。图中阴影的区域表示空间电荷区内的电荷。在该模型中,各中性区的范围均排除了空间电荷区。假设发射结长度为 x_B,集电结

图 4.8　理想双极结型晶体管的杂质分布及坐标系

为长 PN 结,各区坐标范围分别为:基区 $0 \sim x_B$;发射区 $-x_E \sim -W_E$;集电区 $x_C \sim \infty$;发射结空间电荷区的范围 $W_E \sim 0$,集电结空间电荷区范围 $x_B \sim x_C$。

1. 中性基区

在中性基区 $(0 \leqslant x \leqslant x_B)$,从发射区注入的少子电子满足无电场的稳态连续性方程

$$D_n \frac{d^2 n_p}{dx^2} - \frac{n_p - n_{p0}}{\tau_n} = 0 \tag{4.5}$$

将基区两侧发射结和集电结空间电荷区边界处的载流子浓度作为边界条件。根据正向 PN 结特性,空间电荷区边界的少子浓度受到其偏压控制,发射结偏压为 V_E,因此在发射结侧边界处

$$n_p(0) = n_{p0} e^{\frac{V_E}{V_T}} \tag{4.6}$$

在集电结侧,集电结偏压为 V_C,有

$$n_p(x_B) = n_{p0} e^{\frac{V_C}{V_T}} \tag{4.7}$$

式中,n_{p0} 为基区平衡少子的浓度。根据上述边界条件解微分方程(4.5),得到中性基区少子电子分布为

$$n_p(x) = n_{p0} + n_{p0} (e^{\frac{V_E}{V_T}} - 1) \left[\frac{\sinh\left(\frac{x_B - x}{L_n}\right)}{\sinh\left(\frac{x_B}{L_n}\right)} \right] + n_{p0} (e^{\frac{V_C}{V_T}} - 1) \left[\frac{\sinh\left(\frac{x}{L_n}\right)}{\sinh\left(\frac{x_B}{L_n}\right)} \right] \tag{4.8}$$

因此,在发射结侧空间电荷区边界 $x=0$ 处的电子扩散电流为

$$I_{nE} = qAD_n \frac{dn_p(x)}{dx} \Big|_{x=0} \tag{4.9}$$

将式(4.8)中的 $n_p(x)$ 代入式(4.9),有

$$I_{nE} = -qA \frac{D_n n_i^2}{N_a L_n} \left[\coth\left(\frac{x_B}{L_n}\right) (e^{\frac{V_E}{V_T}} - 1) - \frac{1}{\sinh\left(\frac{x_B}{L_n}\right)} (e^{\frac{V_C}{V_T}} - 1) \right] \tag{4.10}$$

其中,负号表示电流 I_{nE} 的方向为 x 负方向。

同样,集电结侧的空间电荷区边界 $x=x_B$ 处的电子电流为

$$I_{nC} = qAD_n \frac{dn_p(x)}{dx} \Big|_{x=x_B} = qA \frac{D_n n_i^2}{N_a L_n} \left[\coth\left(\frac{x_B}{L_n}\right) (e^{\frac{V_C}{V_T}} - 1) - \frac{1}{\sinh\left(\frac{x_B}{L_n}\right)} (e^{\frac{V_E}{V_T}} - 1) \right] \tag{4.11}$$

2. 中性发射区

发射区 $(-x_E \sim -W_E)$ 注入了来自基区的空穴并形成空穴电流,采用与基区同样方法可以得到载流子分布和扩散电流。空穴的连续性方程为

$$D_{pE} \frac{\mathrm{d}^2 p_E}{\mathrm{d}x^2} - \frac{p_E - p_{E0}}{\tau_{pE}} = 0 \tag{4.12}$$

边界条件为

$$p_E(-W_E) = p_{E0} \mathrm{e}^{\frac{V_E}{V_T}}, \ p_E(-x_E) = p_{E0} \tag{4.13}$$

代入连续性方程,得到中性发射区的少子空穴分布,即

$$p_E(x) = p_{E0} + p_{E0}(\mathrm{e}^{\frac{V_E}{V_T}} - 1) \frac{\sinh\left(\frac{x_E + x}{L_{pE}}\right)}{\sinh\left(\frac{x_E - W_E}{L_{pE}}\right)} \tag{4.14}$$

通常发射结为短 PN 结,$x_E \ll L_{pE}$(发射区空穴扩散长度),式(4.14)可近似为

$$p_E(x) = p_{E0} + p_{E0}(\mathrm{e}^{\frac{V_E}{V_T}} - 1)\left(1 + \frac{x}{x_E}\right) \tag{4.15}$$

即发射区少子空穴 $p_E(x)$ 随 x 线性分布,空穴扩散电流为

$$I_{pE} = -qAD_{pE} \frac{n_i^2}{N_{DE} x_E}(\mathrm{e}^{\frac{V_E}{V_T}} - 1) \tag{4.16}$$

其中,N_{DE} 为发射区掺杂浓度。式(4.16)说明,短发射结时发射区的空穴电流与位置无关,因而任意位置处 $I_{pE}(x) = I_{pE}(-W_E)$。

3. 集电区

同理,集电区 $(x_C \sim \infty)$ 内载流子的连续性方程为

$$D_{pC} \frac{\mathrm{d}^2 p_C}{\mathrm{d}x^2} - \frac{p_C - p_{C0}}{\tau_{pC}} = 0 \tag{4.17}$$

根据反向 PN 结空间电荷区的少子浓度,可以确定边界条件为

$$p_C(x_C) = p_{C0} \mathrm{e}^{\frac{V_C}{V_T}} \tag{4.18}$$

$$p_C(\infty) = p_{C0} \tag{4.19}$$

进而得到集电区内少子空穴的分布为

$$p_C(x) = p_{C0} + p_{C0}(\mathrm{e}^{\frac{V_C}{V_T}} - 1) \mathrm{e}^{-\frac{(x - x_C)}{L_{pC}}} \tag{4.20}$$

空穴电流为

$$I_{pC}(x_C) = qAD_{pC} \frac{n_i^2}{N_{DC} L_{pC}}(\mathrm{e}^{\frac{V_C}{V_T}} - 1) \tag{4.21}$$

其中,N_{DC} 为集电区的掺杂浓度。

4.2.3　正向有源模式下少子分布与电流

当晶体管处于正向有源模式下,$V_E > 0$,$V_C < 0$,各区少子分布的表达式中,$\exp(V_C/V_T) \approx 0$,

因而对于基区少子表达式有

$$n_p(x) = n_{p0} + n_{p0}(e^{\frac{V_E}{V_T}} - 1)\left[\frac{\sinh\left(\frac{x_B - x}{L_n}\right)}{\sinh\left(\frac{x_B}{L_n}\right)}\right] + n_{p0}(e^{\frac{V_C}{V_T}} - 1)\left[\frac{\sinh\left(\frac{x}{L_n}\right)}{\sinh\left(\frac{x_B}{L_n}\right)}\right]$$

(4.22)

$$\approx n_{p0} + n_{p0}(e^{\frac{V_E}{V_T}} - 1)\frac{\sinh\frac{x_B - x}{L_n}}{\sinh\frac{x_B}{L_n}} - n_{p0}\frac{\sinh\frac{x}{L_n}}{\sinh\frac{x_B}{L_n}}$$

在基区远小于扩散长度 $(x_B \ll L_n)$ 的情况下,式(4.22)可以简化为

$$n_p(x) = n_{p0}e^{\frac{V_E}{V_T}}\left(1 - \frac{x}{x_B}\right)$$

(4.23)

对于不同的 x_B/L_n 值,基区内少子的分布情况如图 4.9 所示。当 x_B/L_n 较小时,基区少子 $n_p(x)$ 随 x 近似为线性分布,绝大多数双极结型晶体管工作时都满足这种条件。

同理,基于式(4.15)、式(4.20),可得正向有源模式下集电区少子空穴分布和发射区少子空穴分布分别为

$$p_C(x) = p_{C0} + p_{C0}(e^{\frac{V_C}{V_T}} - 1)e^{-\frac{(x - x_C)}{L_{pC}}}$$

(4.24)

$$p_E(x) = p_{E0} + p_{E0}(e^{\frac{V_E}{V_T}} - 1)\left(1 + \frac{x}{x_E}\right)$$

(4.25)

图 4.10 给出了在正向有源模式下,晶体管各区少数载流子分布示意图。

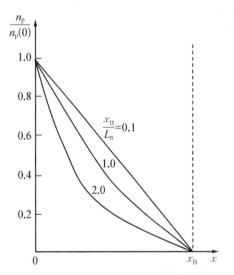

图 4.9 不同的基区宽度 x_B 的情况下,
基区内少子的相对分布示意图

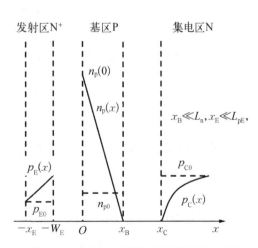

图 4.10 在正向有源模式下,晶体管各区
少数载流子分布示意图

正向有源模式下,将式 $\exp(V_C/V_T) \approx 0$ 代入电流表达式(4.10)、式(4.11),可得

$$I_{nE} = -qAD_n\frac{n_{p0}}{L_n}\coth\left(\frac{x_B}{L_n}\right)(e^{\frac{V_E}{V_T}} - 1)$$

(4.26)

$$I_{nC} = -qAD_n \frac{n_{p0}}{L_n} \operatorname{csch}\left(\frac{x_B}{L_n}\right)\left(\mathrm{e}^{\frac{V_E}{V_T}} - 1\right) \qquad (4.27)$$

在 $x_B \ll L_n$ 的情况下,式(4.26)中 $\coth(x_B/L_n) \approx \operatorname{csch}(x_B/L_n) \approx L_n/x_B$,因此有[①]

$$I_{nE} = -qAD_n \frac{n_{p0}}{x_B}\left(\mathrm{e}^{\frac{V_E}{V_T}} - 1\right) \qquad (4.28)$$

可见,发射结的电子电流随基区宽度 x_B 的减小而增加,且 $I_{nC} \approx I_{nE}$,这一结果也对应了:在基区宽度远小于载流子扩散长度的情况下,基区内因复合损失的载流子可以忽略。

在 $V_E > 0$,$V_C < 0$ 以及 $\exp(V_C/V_T) \approx 0$ 情况下,发射区空穴扩散电流依然为

$$I_{pE} = -qAD_{pE} \frac{n_i^2}{N_{DE}x_E}\left(\mathrm{e}^{\frac{V_E}{V_T}} - 1\right) \qquad (4.29)$$

但集电区空穴电流由式(4.21)变为

$$I_{pC} = -qAD_{pC} \frac{n_i^2}{N_{DC}L_{pC}} \qquad (4.30)$$

另外,3.5 节讨论了正偏压下 PN 结空间电荷区中的复合电流,因此在晶体管正向有源模式下,发射结空间电荷区复合电流为

$$I_{RE} = -\frac{qAn_iW_E}{2\tau_0}\mathrm{e}^{V_E/(2V_T)} \qquad (4.31)$$

其中,负号表示该复合电流沿 x 轴负方向。

为了更加清楚的描述电子电流从发射区传输到集电区的过程,引入以下两个参数。

1. 发射极发射效率 γ_0

发射极发射效率定义为

$$\gamma_0 = \frac{I_{nE}}{I_E} = \frac{I_{nE}}{I_{nE} + I_{pE} + I_{RE}} \qquad (4.32)$$

发射极发射效率 γ_0 表示发射极注入基区的电子电流在总发射极电流中的比例,对应于发射极电子流与基区注入空穴的复合损失。将电流表达式(4.26)、式(4.29)、式(4.31)代入式(4.32),有

$$\gamma_0 = \frac{1}{1 + \dfrac{D_p N_A x_B}{D_n N_{DE} L_p}} \qquad (4.33)$$

式(4.33)表明,要提高发射效率,就需要发射区的杂质浓度 N_{DE} 比基区杂质浓度 N_A 高得多,这样发射区注入到基区的电子电流就远远大于基区注入到发射区的空穴电流,发射效率会接近于 1。

---

① $x \to 0$:$\sinh x \approx x$,$\cosh x \approx 1$,$\operatorname{sech} x \approx 1 - \dfrac{1}{2}x^2$,$\operatorname{csch} x \approx 1/x$,$\tanh x \approx x$,$\coth x \approx 1/x$;$x \to \infty$:$\coth x \approx 1$,$\operatorname{csch} x \approx 0$

2. 基区输运因子 β_T

基区输运因子定义为

$$\beta_T = \frac{I_{nC}}{I_{nE}} \tag{4.34}$$

基区输运因子 β_T 用于描述发射极注入基区的电子电流能够到达集电极的比例,对应于在基区内输运时与空穴的复合损失。在 $x_B \ll L_n$ 的情况下,利用级数展开式(4.27)和式(4.28),可得

$$\beta_T = \mathrm{sech}\,\frac{x_B}{L_n} \approx 1 - \frac{1}{2}\,\frac{x_B^2}{L_n^2} \tag{4.35}$$

显然,当 x_B/L_n 很小时,基区输运因子 β_T 接近于 1,意味着在电子在越过基区的输运过程中,从发射极注入到基区的电子基本上都能够到达集电极,电子在基区内的复合可以忽略。因此,基区宽度很窄是双极结型晶体管具有放大作用的关键。

综上所述,可以总结出晶体管要具有放大能力,就必须满足如下条件:

(1) 发射区杂质浓度比基区杂质浓度高得多,以保证发射效率 γ 接近于 1;

(2) 基区宽度 x_B 远小于扩散长度 L_n,从而保证基区输运因子 β_T 接近于 1;

(3) 发射结正偏,使电子从发射区注入并通过基区;集电极反偏,将电子从基区收集到集电区。

4.2.4 输入输出特性与电流增益

电流增益是双极晶体管应用于电路时最重要的参数,它标志晶体管的放大能力,也描述了基极、集电极和发射极各电流之间的输入输出特性。首先,根据图 4.7 所示的各区电流分量和形成机制,结合电流分量表达式(4.28)~式(4.31),可分析得到正向有源模式 $V_E > 0$, $V_C < 0$ 情况下三个电极的电流分布。

由于基极流入的空穴一部分注入发射区形成 I_{pE},一部分与注入基区的电子流复合形成 $I_{nE} - I_{nC}$,另外还提供了发射区空间电荷区内的复合电流 I_{RE}。因此基极电流为

$$I_B = I_{pE} + I_{RE} + (I_{nE} - I_{nC}) = -qAn_i^2\left[\left(\frac{D_P}{N_{DE}x_E} + \frac{D_n x_B}{2N_A L_n^2}\right)\left(\mathrm{e}^{\frac{V_E}{V_T}} - 1\right) + \frac{W_E}{2\tau_0 n_i}\mathrm{e}^{\frac{V_E}{2V_T}}\right] \tag{4.36}$$

这里根据式(4.34),有

$$I_{nE} - I_{nC} = I_{nE}(1 - I_{nC}/I_{nE}) = I_{nE}(1 - \beta_T) = \frac{x_B^2}{2L_n^2}I_{nE} \tag{4.37}$$

应用中,经常引入理想因子 η 描述基极电流 I_B 与发射极偏压 V_E 的指数关系,对于硅晶体管,范围为 1~2,即

$$I_B \propto \mathrm{e}^{\frac{V_E}{\eta V_T}} \tag{4.38}$$

图 4.11 给出了用半对数坐标画出的某晶体管的 I_B-V_E 和 I_C-V_E 关系的实验曲线和理论曲线($\eta = 1.8$)。图中,I_B-V_E 曲线称为晶体管静态输入特性曲线,I_C-V_E 曲线称为晶体管的

转移特性曲线。

从低发射极偏压下小电流的区域可以清楚地看出复合电流 I_{RE} 的影响。由于发射结空间电荷区内电子与空穴的复合,发射结电子产生损失。基极电流的一部分需要提供空穴来进行复合,因而降低了发射结的发射效率,所以在发射极为小电流的情况下,发射结空间电荷区复合电流可使晶体管的电流增益明显下降。另外,发射结的扩散电流随着正向偏压增大而增大的速率要比复合电流快。随正向偏压 V_E 不断增大,复合电流在发射极电流中所占的比例愈来愈小。减小复合电流的主要途径是尽量减小空间电荷中的复合中心密度,如来自热缺陷和在高温热处理时引入的某些重金属杂质(金、铁、锰等)。

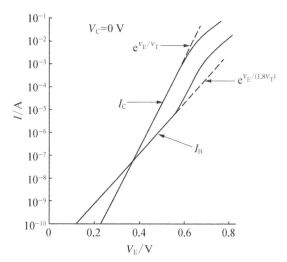

图 4.11 晶体管静态输入($I_B \sim V_E$)与转移($I_C \sim V_E$)特性曲线(以 $\eta = 1.8$ 为例)

如不计集电结的反向电流,根据式(4.28),集电极的电流为

$$I_C = I_{nC} + I_{C0} \approx I_{nC} = -qAD_n \frac{n_{p0}}{x_B}(e^{V_E/V_T} - 1) \tag{4.39}$$

晶体管的电流增益主要有共基极增益和共射极增益。

1. 共基极电流增益 α

共基极电流增益定义为

$$\alpha = \frac{I_C - I_{C0}}{I_E} \tag{4.40}$$

若不考虑集电结反向饱和电流($I_{C0} \approx 0$),并将发射极发射效率 γ_0 和基区输运因子 β_T 的定义式(4.32)和式(4.34)代入,有

$$\alpha = \frac{I_{nC}}{I_E} = \frac{I_{nC}}{I_{nE}} \frac{I_{nE}}{I_E} = \gamma \beta_T < 1 \tag{4.41}$$

根据式(4.41),共基极直流电流增益表示能够到达集电极的电子电流在总发射极电流中的比例,其值是发射极发射效率和基区输运因子的乘积。由于电子流传输过程中在发射区、基区的两次损失,I_C 总是小于 I_E,因此 α 总是小于1。对于经常使用的晶体管来说,α 的值可以达到 0.99 以上。

式(4.40)可进一步写为

$$I_C = \alpha I_E + I_{C0} \tag{4.42}$$

式(4.42)说明,以基极作为公共端时,输出集电极电流 I_C 与输入发射极电流 I_E 之间的关系。这也是称 α 为共基极电流增益的原因。在正向有源模式下,当发射极开路时,若输入 $I_E = 0$ 则 $I_C = I_{C0}$,仅有集电极反向电流输出。由于发射极电流 I_E 只与发射极偏压 V_E 有关,而与集电极偏压 V_C 无关,因此理想情况下晶体管输出的集电极电流 I_C 也与输出的集电结电压 V_C

无关,即晶体管输出电流与负载无关,这在电路应用中是一个非常有用的性质。

当发射结和集电结都处于正向偏压($V_E > 0$, $V_C > 0$ 饱和模式)时,集电区将向基区注入电子,基区向集电区注入空穴。考虑到集电结正反偏压情况,式(4.42)变为

$$I_C = \alpha I_E + I_{C0}(e^{\frac{V_C}{V_T}} - 1) \tag{4.43}$$

式(4.43)中的第二项代表了正偏下集电结的电子和空穴注入引起的扩散电流,它与正偏发射结的扩散电流方向相反。

图 4.12 所示为理想情况下集电极电流 I_C 与集电结偏压的关系,即晶体管的输出特性曲线。图中 $V_C = -V_{CB}$,当 $V_{CB} > 0$ 时集电结反偏,输出的 I_C 为常数。当集电结正偏压($V_{CB} < 0$)时,集电结的正向电流且随偏压迅速增加,导致总的 I_C 值下降。

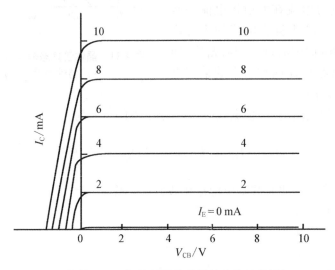

图 4.12　理想情况下双极结型晶体管的输出特性曲线($I_C \sim V_{CB}$)

2. 共发射极电流增益 h_{FE}

实际上,大多数晶体管放大电路应用中,晶体管以共发射极接法接入,即将晶体管的发射极作为公共端,基极和集电极分别作为输入端和输出端。定义共发射极电流增益为

$$h_{FE} = \frac{I_C}{I_B} \tag{4.44}$$

根据电流守恒,可以将式(4.42)写为

$$I_C = \alpha(I_C + I_B) + I_{C0} \tag{4.45}$$

将式(4.44)代入,得

$$I_C = \frac{\alpha}{1-\alpha}I_B + \frac{I_{C0}}{1-\alpha} = h_{FE}I_B + I_{CE0} \tag{4.46}$$

式中

$$I_{CE0} = \frac{I_{C0}}{1-\alpha} \tag{4.47}$$

为基极开路时集电结与发射结间的漏电流,又称为穿透电流。

由此可见

$$h_{FE} = \frac{\alpha}{1-\alpha} \tag{4.48}$$

由于共基极增益 α 的值接近于 1,一般共发射极电流增益 h_{FE} 的值远远大于 1,这体现了输入 I_B 的微小变化将引起输出 I_C 的很大变化,也就是所谓晶体管所具有的电流放大能力。这里需要提示的是,无论是共基极电流增益还是共发射极电流增益,都是表征晶体管本身电学特性的重要参数,是由其结构(主要体现在基区宽度上)以及材料参数(体现在发射区、基区杂质浓度和少子扩散长度上)所决定的,它们的值与外接的电路无关。

4.3　非理想效应

4.3.1　基区非均匀掺杂的影响

前面一节的分析基于基区和发射区的杂质均匀分布这一假设。然而在实际的晶体管中,发射区和基区的杂质分布都是缓变的。缓变掺杂的发射区对晶体管性能的影响较小,通常可以忽略,但是基区的杂质不均匀对晶体管性能的影响较大,需要对电流增益等参数进行修正。

以 NPN 缓变基区晶体管为例,基区的掺杂浓度是不均匀的,存在着杂质以及多数载流子空穴的浓度梯度。空穴分布的浓度梯度会引起空穴的扩散,因而在非均匀掺杂区内出现自建电场 E_B,驱动空穴反向的漂移运动来抵消空穴的扩散,维持电中性。图 4.13 给出了缓变基区内的多子扩散与自建电场。当达到动态平衡时,在任意 x 位置处,缓变基区内空穴的漂移电流密度与扩散电流密度大小相等,方向相反,平衡时总的空穴电流密度 J_{p0} 为零,即

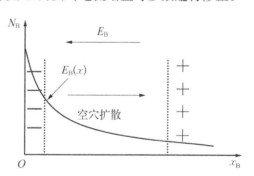

图 4.13　NPN 晶体管缓变基区内的多子扩散与自建电场

$$J_{p0} = -qD_p \frac{\mathrm{d}p_B(x)}{\mathrm{d}x} + q\mu_p p_B(x)E_B(x) = 0 \tag{4.49}$$

因此

$$E_B(x) = \frac{D_p}{\mu_p} \frac{1}{p_B(x)} \frac{\mathrm{d}p_B(x)}{\mathrm{d}x} \tag{4.50}$$

式中基区的多子浓度分布 $p_B(x)$ 与掺杂浓度 $N_B(x)$ 相等,考虑爱因斯坦关系,即

$$\frac{D_p}{\mu_p} = V_T = \frac{kT}{q} \tag{4.51}$$

所以

$$E_B(x) = \frac{V_T}{N_B(x)} \frac{dN_B(x)}{dx} \tag{4.52}$$

基区内的自建电场 E_B 由杂质浓度决定，且沿着杂质浓度增加的方向。均匀基区晶体管中，从发射区注入的电子在基区内仅做扩散运动。而在缓变基区，晶体管的基区内存在自建电场，其作用不仅在于阻止了基区内空穴的扩散，而且对电子在向集电区运动的过程中产生推动作用，因而有助于发射区注入电子在基区范围内的输运，等效于使基区输运因子增加。

下面推导缓变基区晶体管的少数载流子分布、电流和基区输运因子的表达式。

自建电场引起了与电子扩散方向一致的电子漂移，发射区注入基区的电子通过扩散和漂移两种作用渡越基区，因此基区内电子电流表达式可写为

$$I_n = qA\left(n_B \mu_n E_B + D_n \frac{dn_B}{dx}\right) \tag{4.53}$$

将式(4.52)代入，并考虑爱因斯坦关系式(4.51)，可得

$$\frac{dn_B}{dx} + \frac{n_p}{N_B(x)} \frac{dN_B(x)}{dx} = \frac{I_n}{qAD_n} \tag{4.54}$$

在式(4.54)的两侧同乘 N_B，并对 x 从 x 到 x_B 进行积分，得到

$$N_B(x_B)n_p(x_B) - N_B(x)n_p(x) = \frac{I_n}{qAD_n} \int_x^{x_B} N_B(x)dx \tag{4.55}$$

在大多数晶体管中，由于基区很窄，其中电子和空穴的复合是可以忽略的，因此电子电流 I_n 在基区内各处相等，可在式(4.55)中取为常数。对于正向有源模式，在基区靠近集电结空间电荷区边界处的电子浓度 $n_p(x_B) = 0$，将其代入式(4.55)作为边界条件，得到基区内电子分布为

$$n_p(x) = -\frac{I_n}{qAD_nN_B(x)} \int_x^{x_B} N_B(x)dx \tag{4.56}$$

在基区靠近发射结空间电荷区的边界 $x = 0$ 处，有

$$n_p(0) = n_{p0} e^{\frac{V_E}{V_T}} = \frac{n_i^2}{N_B} e^{V_E/N_T} \tag{4.57}$$

将其代入式(4.56)可得

$$I_n = -\frac{qAD_n n_i^2}{\displaystyle\int_0^{x_B} N_B(x)dx} e^{V_E/N_T} \tag{4.58}$$

式(4.58)称为根梅尔-普恩(G-P)模型。分母中的积分代表基区中单位面积中总的杂质数量，称为根梅尔数。从式(4.58)看到，较窄的基区宽度对应于小的根梅尔数(或较大的杂质梯度)，可得到更大的基区电流。

为了计算基区输运因子，可将基区内由于电子空穴复合而形成的电流损失写为

$$I_{RB} = -\frac{qA}{\tau_n} \int_0^{x_B} n_p(x)dx \tag{4.59}$$

这样,根据基区输运因子定义,可得

$$\beta_{\mathrm{T}} = \frac{I_{\mathrm{n}}}{I_{\mathrm{n}} + I_{\mathrm{RB}}} = \frac{1}{1 + I_{\mathrm{RB}}/I_{\mathrm{n}}} \approx 1 - \frac{I_{\mathrm{RB}}}{I_{\mathrm{n}}} \tag{4.60}$$

式中使用了近似关系:对于 $x \ll 1$,有 $(1+x)^{-1} \approx 1-x$。将式(4.58)、式(4.59)代入式(4.60),并利用 $L_{\mathrm{n}}^2 = D_{\mathrm{n}}\tau_{\mathrm{n}}$,则

$$\beta_{\mathrm{T}} = 1 - \frac{1}{L_{\mathrm{n}}^2} \int_0^{x_{\mathrm{B}}} \left[\frac{1}{N_{\mathrm{B}}(x)} \int_x^{x_{\mathrm{B}}} N_{\mathrm{B}}(x)\mathrm{d}x \right] \mathrm{d}x \tag{4.61}$$

式(4.61)就是任意基区杂质分布的基区输运因子的一般表达式。

4.3.2　集电极电流的影响

晶体管的电流增益也与其工作电流,即集电极电流的大小有关。典型双极结型晶体管的共发射极电流增益 h_{FE} 随集电极电流 I_{C} 的变化曲线如图 4.14 所示。

在晶体管工作于小电流状态时,共发射极电流增益 h_{FE} 下降的主要原因如下:发射结空间电荷区的复合电流使发射结的发射效率减小。随着发射结偏压和集电极电流 I_{C} 的增大,复合电流的影响减弱,电流增益逐渐达到最大。大电流时 h_{FE} 快速下降的原因则主要是由于大注入效应影响的结果。

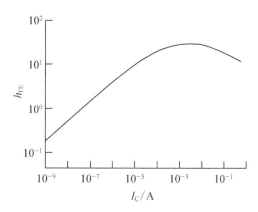

图 4.14　典型双极结型晶体管共发射极电流增益 h_{FE} 随集电极电流 I_{C} 的变化曲线

图 4.15 示出了小注入和大注入情况下晶体管基区的载流子分布。在较大的发射结偏压下,大量电子注入基区并在基区扩散过程中不断复合,形成了一定的浓度梯度分布。为了维持电中性,基区内的多子空穴必须与注入的电子具有相同的浓度分布梯度,即基区内靠近发射结侧的空穴浓度也高于集电结侧。多子浓度的增加,使基区电导率变化,即基区电导受到注入电流的调制,因此又称为大注入条件下的基区电导率调制效应。

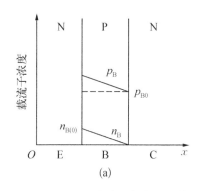
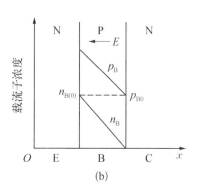

图 4.15　小注入与大注入情况下双极结型晶体管基区的载流子分布

(a) 小注入情况;(b) 大注入情况

空穴的浓度梯度使空穴也应向集电结进行扩散,但是集电结处于反向偏置,只允许电子通过而不允许空穴通过。因此在基区集电结附近将形成空穴的积累,而在发射结边界附近基区一侧,却因空穴扩散离去而使空穴欠缺。因此,基区内将产生由集电结指向发射结的自建电场。在大注入自建电场的作用下,注入电子在基区内除存在扩散运动外,同时还存在漂移运动,因而基区电子、空穴电流等于扩散电流与漂移电流之和,相当于使载流子的扩散系数增加一倍。当晶体管工作在较大电流时,大注入效应导致基区边界的载流子浓度显著增加,进而降低了发射效率。因此,发射区注入到基区的电子电流随着外加正向电压的增加而增长的速率会减缓,也使电子在基区的渡越时间减小到小注入时的一半。同时,由基区向发射区注入的空穴电流增加,PN 结的体电阻和接触电阻也会产生较明显的电压降,从而使得正向电流随电压增长的速度进一步减慢。

4.3.3 基区宽度调变效应

在前面的讨论中,假设晶体管中性基区宽度 x_B 是不变的。然而,实际上随集电结偏压 V_C 的增加,集电极的空间电荷区增宽,其边界也会向基区扩展,从而使 x_B 减小。如图 4.16 所示,中性基区宽度的减小导致少子浓度梯度增加,从而引起电流增益增大,也就是说电流增益随晶体管的输出电压 V_C 而变化,这一现象称为基区宽度调变效应,也称为厄利效应。

根据共发射极电流增益 h_{FE} 和共基极电流增益 α 及 β_T 表达式

$$h_{FE} = \frac{\alpha}{1-\alpha} = \frac{\gamma\beta_T}{1-\gamma\beta_T} \approx \frac{\beta_T}{1-\beta_T} \approx \frac{2L_n^2}{x_B^2} \tag{4.62}$$

可知共发射极电流增益 h_{FE} 与 x_B^2 成反比。另外根据式(4.46)

$$I_C = h_{FE}I_B + I_{CE0} \tag{4.63}$$

可见基区宽度调变效应使集电极电流 I_C 随 V_C 增加而增加。图 4.17 给出了由于基区宽度调变效应而产生的晶体管理想输出特性曲线的变化。理想情况下,当集电结偏压 $V_C > 0$,对给定的基极电流 I_B,集电极电流 I_C 与 V_C 无关,I_C-V_{CE} 曲线斜率应为零(输出电导为零)。但由于基区宽度的变化,晶体管的输出电流 I_C 呈现了非饱和特性,曲线随外加电压增加而倾斜上升,晶体管的输出电导不为零。

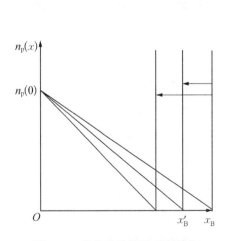

图 4.16 晶体管的基区宽度调变
效应示意图

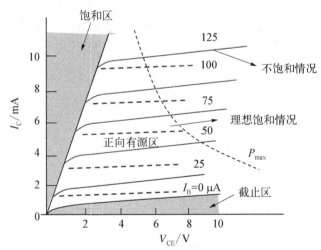

图 4.17 理想情况与基区宽度调变效应下
结型晶体管输出特性的对比

4.3.4　基区电阻和电流集聚效应

电流集聚效应是由于晶体管基区存在体电阻而引起的一种常见的非理想效应。基极电流是多数载流子电流的集合,它的流动方向垂直于由发射极注入的少数载流子电流,如图 4.18(a)所示。由于基区宽度通常非常小,基区存在相当大的横向体电阻,因此基极电流在有源基区(发射极下面的基区)和无源基区(发射极两侧的基区)都要产生横向的电压降。小电流时产生的压降可以忽略,但大电流时这一电压降明显减少了发射结上的有效正偏压,其影响就不能忽略了。发射结边缘部分距离基极最近,基极电流流过的路径最短,基区横向压降最小;而从发射结中心到基极之间的距离最大,基极电流流过的路径最长,基区横向压降也就最大。根据 4.2节的讨论,注入到基区的载流子数量与发射结有效偏压是指数关系,因此注入水平从基区边缘起随着向内的深度而下降。非均匀载流子注入使沿着发射结出现非均匀的电流分布,同样边缘处的电流密度更高,这种现象称为电流集聚效应。

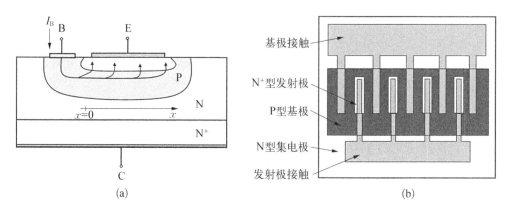

图 4.18　结型晶体管电流集聚效应示意图

(a) 平面晶体管基区中的横向基极电流和电压降;(b) 功率双极晶体管交叉指状示意图

电流集聚效应减少了晶体管有源区的有效面积,会导致局部过热、大注入等问题,特别是在功率晶体管中更是如此。为了减少这种效应,功率晶体管通常设计得具有较高的周界面积比,将发射极设计得较窄,并形成交叉指的几何形状。

4.4　晶体管的频率响应

由于存在发射结、集电结的电容效应,晶体管在交流工作状态下的特性与在直流状态下相比会发生明显变化。随着输入信号频率的升高,晶体管的电流增益下降并造成信号延迟(相移)。按工作频率范围,一般可把晶体管分为低频晶体管($<3\,\text{MHz}$)、高频晶体管(几十到几百 MHz)、超高频晶体管($>750\,\text{MHz}$)和微波晶体管($1\sim100\,\text{GHz}$)等。

4.4.1　晶体管交流电流增益与频率特性参数

这里仅讨论小信号附加在输入电压的情况,此时交流电压和电流的峰值小于直流的电压、电流。交流小信号共基极电流增益 α 和共发射极电流增益 h_{FE} 分别定义为

$$\alpha = \frac{i_C}{i_E} \tag{4.64}$$

$$h_{FE} = \frac{i_C}{i_B} \tag{4.65}$$

在低频下,电流增益与工作频率无关。但在频率较高的情况下,达到一定的临界频率之后电流增益的大小下降,同时输出电流 i_C 与输入电流 i_E 或 i_B 之间也会出现相位差。因此 α 和 h_{FE} 均为复数,直流状态下的增益大小是指它们的幅值。

在交流小信号工作条件下,晶体管的 α 与 h_{FE} 参数之间仍满足

$$h_{FE} = \frac{\alpha}{1 - \alpha} \tag{4.66}$$

实践中,电路增益也经常用分贝(dB)表示,即

$$\alpha(dB) = 20\lg |\alpha|$$

$$h_{FE}(dB) = 20\lg |h_{FE}|$$

图 4.19 示出了晶体管典型的电流增益随频率变化关系,其中纵坐标是以分贝表示的电流增益幅值。

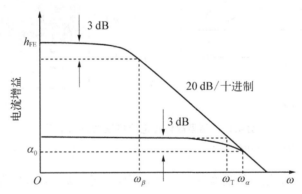

图 4.19　结型晶体管电流增益随频率变化关系的示意图

在频率较低时,电流增益 α 和 h_{FE} 几乎不随频率变化,其大小与直流状态相同。当频率升高时,两者均迅速下降。引入以下几个参数,用于描述晶体管的高频响应特性。

1. 共基极截止频率 ω_α

共基极截止频率定义为共基极电流增益 α 下降到低频值 α_0 的 $1/\sqrt{2}$ 所对应的频率(即 $|\alpha| = 0.707\alpha_0$),即可以表示为

$$\alpha = \frac{\alpha_0}{1 + j\omega/\omega_\alpha} \tag{4.67}$$

共基极电流增益的幅值和相位滞后可分别表示为

$$|\alpha| = \frac{\alpha_0}{\sqrt{1 + (\omega/\omega_\alpha)^2}} \tag{4.68}$$

$$\varphi_\alpha = -\arctan(\omega/\omega_\alpha) \tag{4.69}$$

电流增益的幅值随频率升高而下降,相位滞后随频率升高而增大。

2. 共发射极截止频率 ω_β

共发射极截止频率定义为共发射极电流增益 h_{FE} 下降到低频值 h_{FE0} 的 $1/\sqrt{2}$ 所对应的频率(即 $|h_{FE}|=0.707h_{FE0}$),即可以表示为

$$h_{FE}=\frac{h_{FE0}}{1+j\omega/\omega_\beta} \tag{4.70}$$

以分贝表示幅值,截止频率 ω_a 和 ω_β 对应电流增益 α 和 h_{FE} 的分贝值比其低频值正好下降 3 dB,因此又称为 3 dB 频率。利用 α 和 h_{FE} 之间的关系不难得出

$$\omega_\beta=\omega_a(1-\alpha_0) \tag{4.71}$$

由于低频共基极电流增益 α_0 的值接近 1,根据式(4.71),共发射极截止频率 ω_β 要比共基极截止频率 ω_a 低得多。

3. 特征频率(增益-带宽乘积)ω_T

共发射极截止频率 ω_β 还不能完全反映晶体管共射极应用时工作频率的上限,也就是说当工作频率为 ω_β 时,电流增益 $|h_{FE}|$ 还可能相当大。为了更好地表示晶体管电流放大作用所受到的最高频率限制,引进特征频率 ω_T,定义为共发射极电流增益的幅值为 1 时所对应的频率。将 $\omega=\omega_T$ 和 $|h_{FE}|=1$ 代入式(4.70),有

$$\omega_T=\omega_\beta\sqrt{h_{FE0}^2-1}\approx\omega_\beta h_{FE0} \tag{4.72}$$

由于 ω_β 可看作为共发射极的工作带宽,因此 ω_T 也被称为增益-带宽乘积。

由式(4.66)得到

$$\omega_T=\frac{\alpha_0}{1-\alpha_0}\omega_\beta=\alpha_0\omega_a \tag{4.73}$$

因此特征频率 ω_T 也略小于 ω_a。晶体管当工作频率等于 ω_T 时,晶体管不再具有电流放大作用。

4.4.2　交流小信号的电流传输过程

在晶体管内部,发射极电流由发射结注入基区,再通过基区输运到集电结,被集电结收集形成集电极输出电流。对于理想的直流传输过程,发射极电流仅有两次电流损失,即发射结反向注入少子的复合以及在基区输运过程的电子空穴复合。而输入交流信号时,从发射区到集电区内部的载流子分布也要随时间发生相应的变化,从而引起输出信号的相应变化,即需要对发射结、集电结两个 PN 结的等效电容进行充放电。当输入信号频率较低时,载流子分布的改变跟得上信号的变化,输出信号能够随着输入信号即时变化。当输入信号频率升高到一定程度时,器件各区域载流子随空间分布的改变就会跟不上输入信号的变化,造成了信号从发射极向集电极传送时的时间延迟,从而使电流增益等性能变差。频率越高,输出电流幅度的下降越大,延迟(相移)也越明显。

晶体管中存在多种原因引起电流增益的下降,下面以 NPN 晶体管为例,按照发射极载流子流动的不同阶段,重点讨论影响其小信号交流特性的四个最重要的因素,包括发射结势垒电

容充放电效应、基区电荷存储效应(发射结扩散电容充放电效应)、集电结耗尽层的渡越延迟和集电结势垒电容充放电效应。

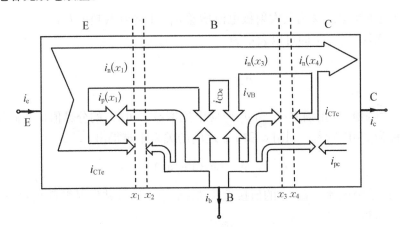

图 4.20 晶体管交流小信号电流传输示意图

1. 发射结阶段

当晶体管发射结施加交变偏压时,发射结空间电荷区的宽度及其电荷量发生相应变化,实质上形成了对发射结势垒电容的充放电过程。如在信号正半周,发射极电流中除了向基区正向注入的电子流和由基区注入的反向空穴流外,还有部分电子注入正性的空间电菏区,用于中和其中的部分电离施主(正空间电荷),使空间电荷区变窄。同时,基极也必须向负性空间电荷区注入等量空穴,中和相同数量的电离受主(负空间电荷)。因此,发射极电流中的一部分电子流(发射结电容分流电流)通过对势垒电容的充放电转换为基极电流的一部分,这相当于交流下电子流向集电极传输过程中相比直流情况多出了一部分损失,使得发射结的发射效率下降。显然,输入信号频率越高,发射结电容所分流的电流就越大,交流发射效率也就越低。

2. 基区输运阶段

当发射极输入交变信号时,除发射结耗尽层的宽度和电荷量随信号变化外,基区积累的电荷量也将随之发生变化。同样以信号正半周为例,基区内积累的电荷将随信号电压的上升而增加。注入到基区的电子流,除一部分消耗于基区复合而形成复合电流外,还有一部分电子需要用于增加基区电荷积累,相当于对扩散电容的充电。同时,为了保持基区电中性,基极也必须提供等量的空穴用于消耗基区积累,即对扩散电容的充放电电流也转换为基极电流的一部分,这相当于载流子的基区输运因子随频率的升高而下降。

3. 集电结耗尽层渡越阶段

当载流子渡越基区到达集电结边界后,在反向偏置的强电场作用下,电子流漂移通过集电结空间电荷区。在直流电流传输过程中,这些电子流被全部扫向集电区,而且可以认为渡越空间电荷区的时间很短。但是,如果交流信号频率较高,电子流在集电结耗尽层的渡越时间与信号的周期可比拟,由于载流子渡越的时间存在一定的分散性,就必须考虑电子在渡越集电结空间电荷区过程中的损失,流出集电结空间电荷区的电流与其流入时相比,发生了幅度的衰减。

4. 通过集电区阶段

交流信号下,渡越集电结空间电荷区的电流也不能全部输运通过集电区而形成集电极电流。其原因在于,交变电流通过集电区时在其体电阻上产生一个交变的电压降,该压降附加于集电极直流偏压上,使得集电结空间电荷区的宽度随信号而变化。因此,集电区电子流中需要提供对集电结势垒电容充放电的分流电流,同时基极也需要提供相应的空穴流。

综上所述,与直流电流传输情况相比,在交流小信号电流的传输过程中,增加了四个信号电流损失途径:

(1) 发射结发射过程中的势垒电容充放电电流;

(2) 基区输运过程中扩散电容的充放电电流;

(3) 集电结耗尽层渡越过程中的衰减;

(4) 集电区输运过程中对集电结势垒电容的充放电电流。

上述四个分流电流均随着信号频率的升高而增加,使输运到集电极电流减小且电流增益下降。

4.4.3　交流信号延迟因素及电流增益

当信号从发射极向集电极传送时,造成信号时间延迟并限制截止频率的因素有很多种,下面也介绍四个最重要的因素。

1. 发射结延迟时间与交流小信号发射效率

高频发射极电流通过发射结时需要对其势垒电容充放电,这一过程需要一定的时间,导致信号延迟。正向偏置的发射结耗尽层电容 C_{TE} 是偏置电压的函数,由于它和扩散电容并联,因而难以测量。这一电容可用式(3.137)进行估算,即 $C_{TE} = 4C_{TE}(0)$。同时,此电容与 PN 发射结电阻 r_e 并联,充电时间常数,或称为发射结延迟时间 τ_E 为

$$\tau_E = r_e C_{TE} = \frac{4V_T}{I_E} C_{TE}(0) \tag{4.74}$$

式中,$C_{TE}(0)$ 为零偏置电容。

考虑发射结延迟,晶体管交流发射效率 γ^* 可写为

$$\gamma^* = \frac{\gamma_0}{1 + \mathrm{j}\omega\tau_e} \tag{4.75}$$

其中,γ_0 为直流发射效率。显然,发射结的交流小信号发射效率随信号频率的升高而下降,同时产生相位延迟,其值 $\varphi_\gamma = -\arctan(\omega\tau_E)$。

2. 基区渡越时间与交流小信号基区渡越因子

对晶体管频率特性影响最大的是载流子穿过基区的输运过程。注入基区边界的少子电子在渡越基区薄层时,需要一定的时间 τ_B。假设少子电子以有效速度 $v(x)$ 穿越基区,则形成的基区电子电流为

$$I_n = qAn_p(x)v(x) \tag{4.76}$$

由于 $\mathrm{d}x = v(x)\mathrm{d}t$,式(4.76)积分可求出一个电子经过基区所需要的时间为

$$\tau_B = \int_0^{x_B} \frac{\mathrm{d}x}{v(x)} = \int_0^{x_B} \frac{qAn_p(x)}{I_n}\mathrm{d}x \tag{4.77}$$

根据 3.5.1 节,基区内的电子分布为

$$n_{\mathrm{p}}(x) = -\frac{I_{\mathrm{n}}}{qAD_{\mathrm{n}}N_{\mathrm{B}}(x)} \int_x^{x_{\mathrm{B}}} N_{\mathrm{B}}(x)\mathrm{d}x \tag{4.78}$$

将(4.78)代入式(4.77)，有

$$\tau_{\mathrm{B}} = \frac{1}{D_{\mathrm{n}}} \int_0^{x_{\mathrm{B}}} \frac{\mathrm{d}x}{N_{\mathrm{a}}(x)} \int_x^{x_{\mathrm{B}}} N_{\mathrm{B}}(x)\mathrm{d}x \tag{4.79}$$

对于均匀基区晶体管，由式(4.79)得到

$$\tau_{\mathrm{B}} = \frac{x_{\mathrm{B}}^2}{2D_{\mathrm{n}}} \tag{4.80}$$

基区渡越时间 τ_{B} 也是注入电流基区对扩散电容 C_{DE} 进行充放电而产生基区积累电荷所需的延迟时间，即有

$$\tau_{\mathrm{B}} = r_{\mathrm{e}} C_{\mathrm{DE}} \tag{4.81}$$

考虑到基区渡越时间，晶体管交流小信号基区渡越因子 β^* 可写为

$$\beta^* = \frac{\beta_{\mathrm{T}}}{1 + \mathrm{j}\omega\tau_{\mathrm{B}}} = \frac{\beta_{\mathrm{T}}}{1 + \mathrm{j}\omega/\omega_{\mathrm{b}}} \tag{4.82}$$

其中，β_{T} 为直流基区渡越因子。当 $\omega = \omega_{\mathrm{b}}$ 时，$|\beta^*| = \sqrt{2}\beta_{\mathrm{T}}$，因此 ω_{b} 称为基区渡越截止频率，其值

$$\omega_{\mathrm{B}} = \frac{1}{\tau_{\mathrm{B}}} = \frac{2D_{\mathrm{n}}}{x_{\mathrm{B}}^2} \tag{4.83}$$

从上面的分析看到，为了实现较短的基区渡越时间 τ_{B} 和较好的频率特性，就要把晶体管的基区宽度设计得小一些。

3. 集电结耗尽层渡越时间与集电结耗尽层输运系数

反偏集电结耗尽层的电场强度一般很强，当该电场强度超过临界电场强度(一般约为 $10^4\,\mathrm{V/cm}$)时，载流子的速度达到饱和，那么载流子将以极限速度 u_{s} 穿过耗尽层(硅 $u_{\mathrm{s}} \approx 8.5 \times 10^6\,\mathrm{cm/s}$)。载流子以该速度穿过宽度为集电结耗尽层所需的渡越时间为 τ_{s}，有

$$\tau_{\mathrm{s}} = \frac{x_{\mathrm{C}} - x_{\mathrm{B}}}{u_{\mathrm{s}}} \tag{4.84}$$

集电结耗尽层输运系数

$$\beta_{\mathrm{d}} = \frac{1}{1 + \mathrm{j}\omega\tau_{\mathrm{s}}/2} = \frac{1}{1 + \mathrm{j}\omega\tau_{\mathrm{d}}} \tag{4.85}$$

其中，τ_{d} 为集电结耗尽层延迟时间，它等于载流子穿越耗尽层所需时间的 $1/2$。其原因在于集电极电流并不是渡越耗尽层的载流子到达集电极才产生的，当载流子还在穿越耗尽层的过程中，就在集电极产生感应电流。因此，集电极电流是耗尽层运动载流子在集电极所产生感应电流的平均表现，所以其延迟时间 τ_{d} 只是 τ_{s} 的一半。例如，一般高频功率晶体管，当集电结耗尽层为 $3\,\mu\mathrm{m}$ 时，$\tau_{\mathrm{s}} = 3.52 \times 10^{-11}\,\mathrm{s}$，而 $\tau_{\mathrm{d}} = 1.76 \times 10 \times 10^{-11}\,\mathrm{s}$。

4. 集电区延迟时间与集电区衰减因子

晶体管交流小信号电流传输通过集电区时,在集电区体电阻上会产生交变的电压降并叠加在集电结上,造成集电结耗尽层宽度随信号而变化。也就是说,在流出集电结耗尽层的电流中,要分流出一部分对耗尽层电容进行充放电。集电结处在反向偏压下,与结电容并联的结扩散电阻很大,可视为开路,因此集电结电容充电时间 τ_C 由电容和集电极串联电阻 r_{sc} 所决定,即

$$\tau_C = r_{sc}C_{TC} \tag{4.86}$$

由此得到集电区衰减因子 α_C 为

$$\alpha_C = \frac{1}{1 + j\omega\tau_C} \tag{4.87}$$

综上所述,从发射极到集电极的信号传播总的延迟时间为

$$\tau_{EC} = \tau_E + \tau_B + \tau_d + \tau_C \tag{4.88}$$

4.4.4 提高晶体管截止频率的有效途径

晶体管的截止频率 ω_a 等于从发射极到集电极的信号传播中全部延迟时间的倒数,即

$$\omega_a = \frac{1}{\tau_\infty} \tag{4.89}$$

$$f_a = \frac{1}{2\pi\tau_{EC}} \tag{4.90}$$

式(4.89)和式(4.90)对均匀基区和缓变基区都适用。在现代小功率晶体管中,延迟时间 τ_{EC} 约为百皮秒量级。为提高晶体管的截止频率,可采取以下方式。

(1) 控制基区宽度减小基区渡越时间 τ_B,从发射极到集电极四个延迟时间中起最主要作用的是 τ_B。为了缩短载流子的基区渡越时间,一是采用浅结扩散制作薄基区,减小渡越长度。例如,对于 NPN 高频晶体管,硼扩散的结深控制在 $1~\mu m$ 左右,磷扩散的结深控制在 $0.5~\mu m$ 左右,这样可以获得 $0.5~\mu m$ 左右的薄基区。二是制作缓变基区晶体管,提高基区内的内建电场,增加渡越速度。

(2) 减小发射结面积和 PN 发射结电阻 r_e 来减小发射结延迟时间 τ_E。发射结势垒电容的延迟时间对晶体管截止频率也有较大的影响,因为发射结处在正向偏置,它的势垒电容比较大,尤其是在发射区面积比较大时更是如此。发射结电容通过发射结电阻 r_e 来进行充放电,τ_E 与 r_e 成正比。

(3) 尽量减小集电结面积、降低集电区电阻率以减小集电结耗尽层延迟时间 τ_d。在超高频小功率晶体管或微波晶体管中,基区宽度和结面积都已大大缩小,载流子在渡过集电结耗尽层时的延迟影响越来越显著。减小 τ_d 的常用办法是降低集电区电阻率,以减小集电结的耗尽层分压及其宽度。但这往往与提高击穿电压相矛盾,因此实际设计时,要兼顾频率特性和击穿特性两者的要求。

此外,为了减小集电结电容充电时间 τ_C,也必须降低集电区电阻率,减小集电区厚度,以减小集电区串联电阻。但这也与晶体管的功率要求相矛盾。

4.4.5 结型晶体管的高频等效电路

1. 发射结和发射区

由于晶体管的发射结在正向有源模式工作时总是正向偏置的,发射结正向偏压的改变会引起三个效果:① 引起发射结空间电荷区空间电荷量的变化,可用发射结势垒电容 C_{TE} 等效;② 引起发射极电流的变化,可用发射结动态电阻 r_e 来等效;③ 引起基区、发射区储存电荷的变化,可用发射结扩散电容 C_{DE} 等效。因此,发射结的作用可以用 C_{TE}、r_e、C_{DE} 三者的并联来等效,如图 4.21 所示。发射极的交变电流一部分用来给发射结势垒电容 C_{TE} 充放电,一部分用于给发射结扩散电容 C_{DE} 充放电,其余的部分通过发射结注入到基区而到达集电极(相当于通过 r_e)。此外,发射区相当于一个欧姆电阻 r_{es}。由于发射区一般为重掺杂区,r_{es} 是很小的。

2. 集电结和集电区

图 4.22 给出了集电结和集电区的高频小信号等效电路。集电区可等效为一个电阻 r_{cs} 串联在电路中。当集电区通过交变电流 i_c 时,r_{cs} 上的电压降也要在直流偏置的基础上改变,即引起集电结压降的变化,也会引起三方面影响:① 引起集电结空间电荷区的宽度和电荷量的变化;② 由于集电结空间电荷区宽度的变化,引起基区宽度变化以及基区储存电荷的变化;③ 基区宽变效应引起晶体管电流增益的变化,即发射极电流不变,却引起了集电极电流的变化。与发射结类似,这三方面的影响,也可用集电结势垒电容 C_{TC}、扩散电容 C_{DC} 和动态电阻 r_c 三者的并联来描述。

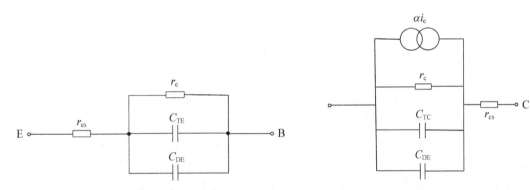

图 4.21 结型晶体管发射结和发射区的
高频小信号等效电路

图 4.22 结型晶体管集电结和集电区
的高频小信号等效电路

3. 基区

基区储存电荷的改变已由扩散电容描述。晶体管的基极电流是平行于结平面流动的多子电流,它将在基区的横向产生电位降,基区的这一作用可用基区等效电阻 r_b 表示。为了描述发射结电流通过基区输运后形成集电极电流的过程,用恒流源 αi_e 表示基极与集电极电流间的相互控制关系,如图 4.22 所示。

4. 晶体管共基极与共发射极高频等效电路

由图 4.21 和图 4.22,C_{TE}、C_{DE} 并联后的总电容用 C_E 表示,C_{TE}、C_{DC} 并联后的电容用 C_C 表示,则可得晶体管的共基极高频小信号等效电路,如图 4.23 所示。将共基极晶体管高频 T 形等效电路中的基极与发射极交换,恒流源用 $h_{FE}i_b$ 去代替 αi_e,就可得到图 4.24 所示的共发射极晶体管高频 T 形等效电路。需要说明的是,与 $h_{FE}i_b$ 并联的电阻缩小为原来的 $1/(1+h_{FE})$,而电容则扩大为原来的 $(1+h_{FE})$ 倍。

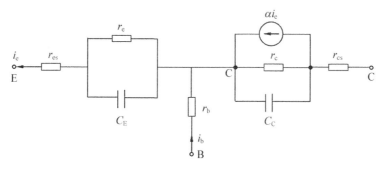

图 4.23　结型晶体管共基极高频小信号等效电路

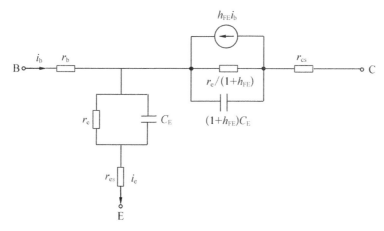

图 4.24　结型晶体管共发射极高频小信号等效电路

4.5　晶体管的开关特性

结型晶体管除了作为放大电路的核心元件外,还是一个性能优良的开关元件,广泛应用在数字电路、自动控制和其他领域中。晶体管通-断的开关作用主要是基于饱和和截止两种工作状态的转换:处于饱和状态时通过较大的电流;处于截止状态时流过的电流接近为零。本节主要讨论晶体管在输入开关信号时的工作原理和描述开关性能的主要参数。

4.5.1　开关特性原理

如图 4.25(a) 所示的晶体管共发射极开关电路,V_{CC}、V_{BB} 分别表示施加在集电结和发射结的反向偏压,R_L 为负载电阻。在基极输入脉冲信号,可以控制集电极输出回路的通或断状态,从而实现晶体管的开关作用,其主要原理如下。

(1) 当基极输入信号为负电平或零电平时,发射结处于反向偏置或零偏置,集电极输出为很小的反向饱和电流,R_L 上的压降较小,晶体管集电极、发射极两端的压降(即输出电压)$V_{CE} \approx V_{CC}$,集电结也处于反偏状态,此时晶体管可以看作断路,称为晶体管截止状态或关态。

(2) 当发射结正偏时,晶体管工作于正向有源模式,随着 $I_B > 0$ 的不断增加,I_C 也不断增加,负载电阻 R_L 上的压降升高,致使 V_{CE} 减小。由于 $V_{CE} = V_{CB} + V_{BE}$,当输入的发射结正偏压

V_{BE} 较大时,将导致 $V_{CB} < 0$,即集电结正偏,此时晶体管工作于饱和模式,也称为晶体管的导通状态或开态。

如图 4.25(b)所示,若在晶体管基极输入连续的脉冲信号,晶体管相应在开、关两种状态下交替工作。当输入电压为零电平时,输出电压为高电平;当输入电压为高电平时,输出电压为零电平。输入与输出的电压波形相位相差 $180°$,即发生了"倒相"。因此,常把该类电路称作"倒相器"。

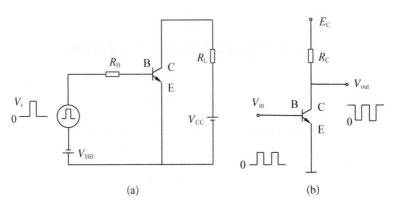

(a)　　　　　　　　　(b)

图 4.25　结型晶体管的开关特性

(a) 开关电路原理图;(b) 开关信号的输入和输出波形

从晶体管的输出特性曲线,可以更好地认识晶体管的开关作用。如图 4.26 所示,晶体管负载线是指在晶体管的输出特性曲线上,与负载电阻相交的直线 MN。负载线经过晶体管的饱和区、放大区和截止区 3 个工作区。当基极回路中输入正脉冲信号时,集电极电流 $I_C = h_{FE} I_B$,晶体管的工作点沿负载线上移,若 I_B 足够大,集电极电流将趋于饱和值(晶体管饱和电流 $I_{CS} \approx V_{CC}/R_L$),此时晶体管工作点为饱和区内的点 M,晶体管集电极与发射极之间的电压

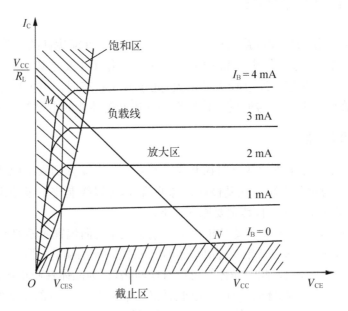

图 4.26　晶体管的共发射极输出特性曲线

V_{CE} 很小,晶体管为开态;当基极输入负脉冲信号时,$I_B = 0$ 或 $I_B < 0$,集电极输出的电流极小,晶体管的压降 V_{CE} 几乎与电源电压 V_{CC} 相等,此时晶体管的工作点沿负载线下移,落在截止区内的点 N,为晶体管的关态。

4.5.2　晶体管的开关工作区域

晶体管开态和关态分别对应于截止区和饱和区。下面简要分析晶体管饱和区和截止区的特点。

1. 饱和区工作的主要特点

晶体管工作于饱和区(开态)的主要特点:① 发射结正向偏置,集电结也是正向或零偏置;② 集电极电流 I_C 接近饱和值 V_{CC}/R_L,且基本不随输入电流 I_B 变化。以图 4.25 的典型开关电路为例,在集电极回路中

$$V_{CE} = V_{CC} - I_C R_L \tag{4.91}$$

当基极输入电流 I_B 的幅值由小逐渐增加时,I_C 随之增加,V_{CE} 减少。当 V_{CE} 接近为 0,I_C 即接近饱和值,为

$$I_{CS} = \frac{V_{CC} - V_{CES}}{R_L} \approx \frac{V_{CC}}{R_L} \tag{4.92}$$

式(4.92)说明,集电极电流被负载电阻所限制,也就是说晶体管进入饱和状态后,再增加基极电流,也无法使集电极电流继续增加。实际情况中,V_{CE} 不会减小到零,式(4.92)中 V_{CES} 为饱和状态的集电极-发射极电压降,对硅晶体管 V_{CES} 约为 0.3V,远小于 V_{CC} 的值。

使晶体管刚好进入饱和状态(称为临界饱和状态)所需要的最小基极电流为

$$I_{BS} = \frac{I_{CS}}{\beta} \approx \frac{V_{CC}}{\beta R_L} \tag{4.93}$$

当基极电流 $I_B > I_{BS}$ 时,定义两者之差为基极过驱动电流 I_{BX},有

$$I_{BS} = I_B - I_{BS} = I_B - \frac{I_{CS}}{\beta} \tag{4.94}$$

正是这部分过驱动电流促使晶体管内部载流子的运动发生了一系列新的变化,使晶体管进入饱和状态。以 NPN 晶体管为例,图 4.27 画出了集电结偏压从反偏压到零偏压、再到正偏压时,晶体管中各区域少数载流子的分布情况。在图 4.27(a)所示的放大状态,基极驱动电流 $I_B < I_{BS}$,即正向有源模式下,发射结正偏,集电结反偏,$I_C = h_{FE} I_B$,一部分基极电流提供的空穴用于复合由发射区注入的电子流,另一部分则注入发射区形成空穴电流,作为发射结电流的一部分,同时集电结反向电流也提供了少量空穴进入基区。

图 4.27(b)为临界饱和状态的少子分布示意图。此时集电极电流 $I_C \approx I_{CS}$,基极电流刚好等于 I_{BS}。在临界饱和时,随着集电结 V_{BC} 由负偏压逐渐变化为零。根据 4.2.5 节的讨论,集电结两侧的少子浓度分别变为平衡浓度 n_{B0} 和 p_{C0},载流子的运动和电流传输情况与正向有源模式类似,但不存在集电结反向电流,而是由基极电流全部提供发射结注入和基区复合所需的空穴。

图 4.27(c)给出晶体管进入饱和状态后少子分布情况。当 $I_B > I_{BS}$ 时,过驱动电流 I_{BX} 提供了多余的空穴在基区进行积累,并且不断地填充集电结空间电荷区使其不断变窄。当集电结从零偏变化为正偏后,过驱动基极电流提供的空穴又从基区注入到集电区,在集电区边界进

行积累。由于载流子在基区分布梯度是与集电极电流大小相关联的,集电极电流达到饱和值后,基区载流子分布梯度也就基本稳定。因此,基区多余空穴的积累只能使基区载流子分布由临界饱和时的分布曲线向上平移。也就是说,在基区过驱动电流的作用下,靠近集电结边缘的基区载流子浓度从接近等于零逐渐增加到更高数值。集电结正偏下,其两侧出现少数载流子的积累,也称为深饱和状态,通常把这部分积累的载流子称为超量储存电荷。另外,集电区和基区积累的少子都是非平衡载流子,要发生复合形成复合电流。正是这个复合电流,使得上述载流子的积累过程不会无限制地继续下去。当复合电流等于基极电流 I_B 时,就达到了新的稳定饱和状态。

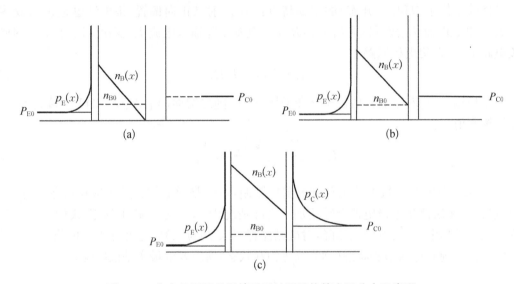

图 4.27 集电结不同偏置情况下结型晶体管少子分布示意图

(a) 集电结反偏;(b) 集电结零偏;(c) 集电结正偏

2. 截止区的主要特点

在晶体管输出特性曲线中, $I_B=0$ 曲线下面的部分为截止区,其主要特点是发射结处于反向偏压或零偏压,集电结也处于反向偏压。由于发射结是反向偏压,没有基极电流的注入,通过集电结、发射结的电流仅分别为其反向漏电流 I_{CBO} 和 I_{EBO}。 如图 4.28 所示,发射极电流与

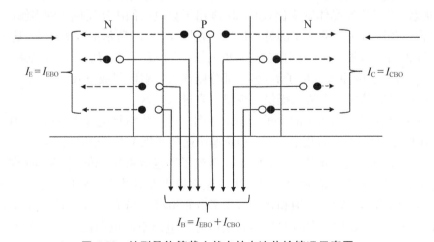

图 4.28 结型晶体管截止状态的电流传输情况示意图

集电极电流方向相反，$I_{\mathrm{B}} = I_{\mathrm{CBO}} + I_{\mathrm{EBO}}$。图 4.29
画出了晶体管处于截止状态时，其内部少子的分
布。曲线 1 和 2 分别表示发射结为零偏和反偏时
的电子浓度分布。

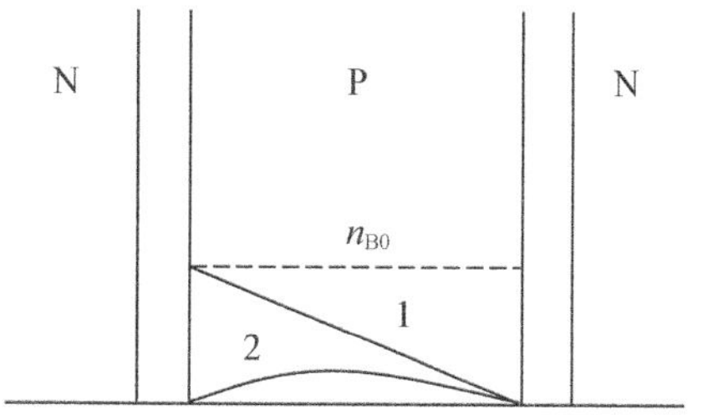

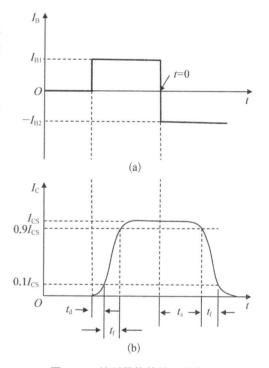

图 4.29　结型晶体管截止状态时基区
的少子分布示意图

4.5.3　晶体管的开关波形和开关时间

一个好的开关晶体管，当晶体管处于导通状态
时，希望晶体管输出电流大而且晶体管的压降小，
即饱和压降 V_{CES} 越小越好；当晶体管处于关态时，
则希望晶体管的输出电流接近零，晶体管上的压
降接近电源电压 V_{CC}，这就要求反向漏电流越小越
好；另外从工作速度考虑，也希望开态与关态之间
转换的时间越短越好。

图 4.30 给出了当在晶体管基极输入如(a)所
示的脉冲波形电流(驱动电流)时，晶体管集电极的
输出波形。晶体管的开关作用与二极管的动态开
关特性类似，也存在延迟使得输出信号滞后于输入
信号。从物理机制上讲，晶体管在开态和关态两个
状态之间的转换是通过改变载流子的分布来完成
的。当外加偏压变化后，各区域内的载流子分布并
无法立刻改变，其所经历的时间即为开关时间。开
关时间对应于建立和去除相应的少数载流子，形成
新的稳态分布的时间。

晶体管在饱和、截止两个状态下，基区和集电
区中的少数载流子分布如图 4.31 所示。结合该
图，可以分析晶体管的开关时间，主要包括以下
几项。

图 4.30　结型晶体管的开关波形

(a) 基极驱动电流波形；(b) 输出波形电流

1. 导通延迟时间 t_{d}

导通延迟时间 t_{d} 是从施加输入阶跃脉冲至输出电流达到最终值的 10%(即 $0.1 I_{\mathrm{CS}}$)所经
历的时间。当输入脉冲信号从反偏压变为正电平时，发射极的偏压逐渐从反偏压变为正偏压。
正的输入基极电流 I_{B1} 首先提供电荷补偿发射区空间电荷，使其空间电荷区宽度逐渐变小，发
射结电压由负偏压转变为零偏压，再由零偏压逐渐转变为正向导通电压。这个过程是发射结
耗尽层电容充电的过程。

在发射结上偏压发生变化的同时，集电结上的反向偏压减小，使集电结空间电荷区宽度变
窄，需要有电子和空穴来补偿部分空间电荷。这个过程是给集电结耗尽层电容充电的过程。
在发射结偏压发生变化的同时，基区少数载流子分布也发生变化。当基区建立起一定的载流
子浓度梯度，或者是积累起一定量的电荷时，就产生了一定的集电极电流。

通过以上分析可见，导通延迟时间 t_{d} 受到下列因素的限制：① 从反偏压改变到正电平，
发射结和集电结耗尽层电容充电时间；② 载流子通过基区和集电结耗尽层的渡越时间。

2. 上升时间 t_r

上升时间 t_r 是集电极电流从 I_{CS} 的 10% 上升到 90% 所需要的时间，它对应于在基区建立相应的少数载流子分布所需要的时间。在这段时间内，晶体管处于正向有源模式，形成存储电荷 Q_B。由于在 I_C 上升的过程中负载 R_L 上压降不断增大，使得集电结偏压从很大的反偏压也逐渐减小到零偏压附近。集电结偏压的减小，导致空间电荷区逐渐变窄，即需要对集电结耗尽层电容进行充电。因此，上升时间 t_r 受到输出时间常数 C_{TC} 和 R_L 的影响。

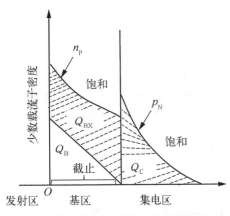

图 4.31　结型晶体管饱和、截止两个状态下，基区和集电区中的少数载流子分布

经历上升时间 t_r 后，基极继续提供过驱动电流，形成了超过了正向有源工作模式的过量存储电荷 Q_{BX} 和 Q_C，晶体管进入饱和状态，如图 4.31 中阴影的部分所示。此时发射结和集电结均为正向偏置。导通延迟时间 t_d 和上升时间 t_r 之和称为开关晶体管的导通时间。

3. 存储时间 t_s

存储时间 t_s 是从基极电流发生负阶跃到集电极电流下降到 $0.9I_{CS}$ 之间的时间间隔。在限制晶体管的开关速度方面，这是最重要的参数。在这段时间里，反向基极电流抽取基区中过量的存储电荷。开始时，由于基区少子浓度变化不明显，集电极电流也相对稳定，晶体管依然处于饱和状态。去除过量的存储电荷 Q_{BX} 和 Q_C 后，集电结由正向偏压变为零偏压，集电极电流开始迅速变化。

4. 下降时间 t_f

晶体管关断的下降时间 t_f 表示集电极电流从它最大值的 90% 下降到 10% 的时间间隔，这是上升时间 t_r 的逆过程。在下降时间里，将去除正向有源模式存储电荷 Q_B。下降时间 t_f 受到和上升时间同样因素的限制。

在电流瞬变波形中，常把存储时间 t_s 和下降时间 t_f 之和称为晶体管的关断时间（$t_{OFF} = t_s + t_f$），导通延迟和上升时间之和称为晶体管的开通时间（$t_{ON} = t_d + t_r$），两种统称为开关时间，其长短限制了晶体管的使用。如果开关时间比输入脉冲的周期短得多，那么晶体管就能很好地完成开关作用。如果开关时间与输入脉冲的周期接近或更长，那么晶体管就无法实现开关作用。

习 题

第5章

金属-氧化物-半导体结构

金属-氧化物-半导体场效应晶体管(metal oxide semiconductor field-effect transistor，MOSFET)，也常被称为 MOS 场效应管。它作为最基本、最核心的器件，广泛应用于微处理器(central processing unit，CPU)、微控制器(micro controller unit，MCU)、存储器等数字大规模集成电路(large scale integrated circuit，LSIC)和超大规模集成电路(very large scale integration，VLSI)中。同时，MOS 场效应管作为一种重要的功率器件，在开关电源、逆变器、电机控制等领域有着广泛的应用。图 5.1 给出了 MOS 场效应管的电路符号以及典型的分立、集成器件的照片。

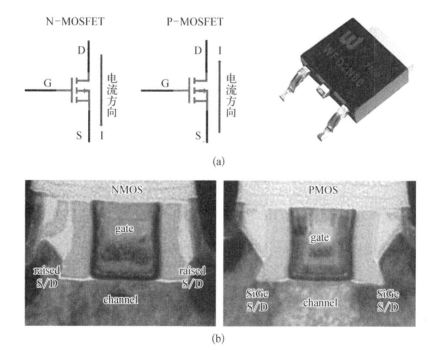

(a)

(b)

图 5.1　MOS 场效应管电路符号以及典型分立、集成器件的照片

(a) MOS 晶体管的电气符号与分立器件；(b) 集成电路芯片中的 MOS 晶体管

场效应晶体管的工作原理不同于双极晶体管。它是由栅极电压控制源漏极之间电流的电压型控制器件，其工作电流只涉及一种载流子，所以属于单极晶体管范畴。MOSFET 的核心结构是由金属、氧化物、半导体构成的 MOS 结构。其中氧化物起绝缘作用，也可以使用其他绝缘介质代替，构成金属-绝缘体-半导体场效应晶体管(metal insulator semiconductor field-effect transistor，MISFET)或绝缘栅场效应晶体管(insulated gate field-effect transistor，

IGFET)。另外，还有结型场效应晶体管(junction field-effect transistor，JFET)和金属-半导体场效应晶体管(metal-semiconductor field effect transistor，MESFET)，通过半导体结形成器件，其工作原理与 MOSFET 类似。

本章首先介绍 MOS 结构，其物理特性主要由半导体的表面效应决定，这是场效应晶体管工作原理的基础，同时也是储存电容器和电荷耦合器件(charge coupled device，CCD)的基本组成部分。

5.1 MOS 结构的载流子状态

5.1.1 MOS 结构及其平衡状态

图 5.2(a)所示为典型的金属-氧化物-半导体(MOS)结构剖面图。金属电极和杂质半导体衬底被二氧化硅绝缘层隔离，形成了类似电容器的结构，因此这种结构也常称为 MOS 电容（或 MOS 二极管）。在该结构中，金属电极常称为栅极，当在栅极与半导体衬底之间施加偏压 V_G（简称栅压）时，就会产生一个垂直于半导体表面的电场。为便于讨论，规定在金属栅压高于半导体时 $V_G > 0$ 为正向栅压，反之 $V_G < 0$ 为反向栅压。

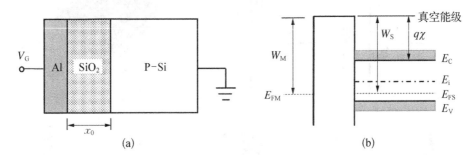

图 5.2 (a) 金属-氧化物-半导体(MOS)结构(以 P 型硅为例)；(b) 无栅压下的能带图(平带)

MOS 结构中的载流子状态涉及半导体的表面效应。按照半导体能带理论，由于表面附近晶格不完整，其周期性势场在表面处发生中断，会引起大量表面能级。同时，实际的晶体表面上往往存在着氧化或吸附，也使得表面情况更加复杂。这里先考虑理想 MOS 结构的基本特性，再考虑实际器件中非理想效应的影响。

理想 MOS 结构的主要假设如下。

(1) 金属的功函数 W_M 与半导体的功函数 W_S 相同。材料的功函数 W 定义为电子的费米能级与真空能级之间的能量差，也就是电子从材料中逸出所需的最小能量。另外，可以定义费米势 $q\psi_F$ 为杂质的费米能级 E_F 与本征费米能级 E_i 之间的能量差，即 $q\psi_F = E_F - E_i$；定义电子亲和能 $q\chi$ 为半导体中导带底与真空能级的差值。在理想 MOS 结构中有

$$W_M - W_S = W_M - \left(q\chi + \frac{E_g}{2} + q\psi_F\right) = 0 \tag{5.1}$$

(2) 氧化层是理想的绝缘体，其电阻无穷大，能够完全阻挡直流电流通过。

（3）任何栅压状态下，氧化层内部或氧化层-半导体界面上不存在电荷。MOS 结构中的电荷仅存在于半导体和金属表面，且等量异号。

基于以上假设，可以画出如图 5.2(b) 所示的能带图。在无外加栅压，$V_G = 0$ 的状态下，半导体中的能带是平直的（称为平带情况），此时 MOS 结构中费米能级处处相等。

5.1.2 表面势

在施加栅压的条件下，由于静电感应，MOS 结构中会产生电荷。类似于对电容器的充电。可以认为，金属为一侧极板，半导体为另一侧极板。施加电压后，两个极板分别带有等量的正电荷和负电荷，从而在绝缘氧化层内建立起电场 E_{OX}。但是，在金属上和半导体上电荷的分布情况是不同的：金属内自由电子浓度很大，金属所带的电荷都分布在表面上，基本上局限于一个原子层的厚度范围内；半导体内自由载流子浓度远小于金属，电荷必须分布在一定厚度的表面层内，形成了所谓的空间电荷区。

如果金属与半导体间所加的栅极电压 V_G 不随时间变化（直流偏置），或者 V_G 的变化速率很慢以至于表面空间电荷层中载流子的浓度能赶得上偏压 V_G 变化的状态，则可以认为空间电荷区内的载流子达到平衡状态。

在半导体表面附近的空间电荷区内，沿厚度方向从表面到内部，电场强度逐渐减弱，到空间电荷区偏半导体的一侧，场强减小到零。根据电中性原理，金属栅极上所带的电荷 Q_M 与半导体表面的感应电荷 Q_S 应满足条件

$$Q_M = -Q_S \qquad (5.2)$$

空间电荷区内存在的电场使半导体表面相对其体内存在电势差，电势 ψ 的分布也要沿厚度方向变化，同时能带也会发生弯曲。图 5.3 以 P 型半导体衬底的 MOS 结构为例，给出了正向栅极偏压下金属、氧化层和半导体衬底中的电势分布。这里规定 MOS 结构中半导体体内为势能零点，表面 $x = 0$ 处的表面势 $\psi(0) = \psi_S$。显然，外置栅压 V_G 由跨越氧化层的分压 V_{OX} 和半导体的表面势 ψ_S 组成，即

$$V_G = V_{OX} + \psi_S \qquad (5.3)$$

表面电势 ψ_S 比体内高时，ψ_S 为正值 $\psi_S > 0$，反之 ψ_S 为负值 $\psi_S < 0$。

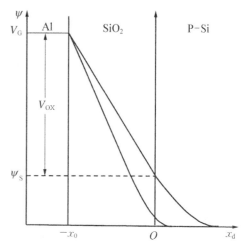

图 5.3 施加栅极偏压时 MOS 结构内的电势分布，此时为正向栅压 $V_G > 0$，x_d 为空间电荷区宽度

5.1.3 积累、耗尽与反型

MOS 结构中半导体表面附近空间电荷内的电荷分布会随金属与半导体间所加栅压 V_G 及半导体的表面势而变化，可归纳为积累、耗尽和反型三种情况。下面以 P 型半导体衬底为例，对三种情况进行分析，不同 V_G 下 MOS 结构的能带和电荷分布如图 5.4 所示。

1. 多数载流子的积累状态

当金属与半导体间加负向栅电压（$V_G < 0$）时，金属侧带负电，半导体一侧感应出正电荷空穴。与体内相比，半导体表面处有更高的空穴浓度和更低的电子浓度，即产生了多子积累。此

时半导体的表面势 ψ_S 为负值，因而表面附近能带向上弯曲，如图 5.4(a)所示。由第 2 章对半导体载流子浓度的讨论得知，平衡状态下 P 型半导体的电子浓度和空穴浓度可写为

$$n_P = n_i \exp\left(\frac{E_F - E_i}{kT}\right) \tag{5.4}$$

$$p_P = n_i \exp\left(\frac{E_i - E_F}{kT}\right) \tag{5.5}$$

热平衡情况下半导体内费米能级 E_F 处处相等，由于能带弯曲，越接近表面，E_i 与 E_F 的距离越大，$E_i - E_F$ 的值增大，与式(5.5)所描述的多子浓度随能带的变化规律一致。载流子的积累提高了半导体表面附近的电导率。在载流子积累状态下，表面电荷为

$$Q_s = q \int_0^{x_d} [p(x) - p_0] dx \tag{5.6}$$

式中，x_d 为积累载流子的空间电荷区宽度。

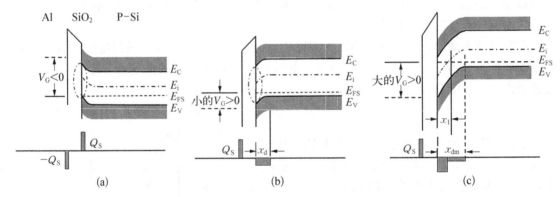

图 5.4　不同外置栅极偏压 V_G 情况下，P 型硅衬底 MOS 结构能带和电荷分布

(a) $-V_G$；(b) 较小 $+V_G$；(c) 较大 $+V_G$

2. 多数载流子的耗尽状态

当金属与半导体间加正向栅压($V_G > 0$)时，金属侧为正电荷，半导体一侧感应出负电荷，表面势 ψ_S 为正值，表面处能带向下弯曲，如图 5.4(b)所示。从能带图看，越接近表面，费米能级 E_F 越靠近 E_i，即 $E_i - E_F$ 的值减小，表面处多数载流子空穴的浓度低于体内的热平衡值，这种情况称为多数载流子的耗尽。当外加栅压 V_G 不是很大时，少子浓度虽然略有增加，但由于平衡时少子浓度低，此时少子的数目仍然可以忽略。表面空间电荷区内的负电荷主要由固定的电离受主提供，单位体积下的电荷量可以写为

$$Q_S = Q_B = -qN_A x_d \tag{5.7}$$

式中，x_d 为耗尽层宽度；Q_B 为空间电荷区中固定电离杂质的浓度，负号表示此时半导体表面为负电荷。

可以通过解泊松方程定量地求出半导体表面空间电荷区电场强度和电势的分布。取 x 轴垂直于表面指向半导体内部，并规定氧化层与半导体的界面(半导体表面)处为 x 轴原点。因样品表面的尺度远大于空间电荷层的厚度，可以把将半导体表面近似地看成无限大，因此将

电场和电势看作一维情况进行处理。在空间电荷区的泊松方程为

$$\frac{\mathrm{d}^2 \psi}{\mathrm{d}x^2} = -\frac{\rho(x)}{\varepsilon_{\mathrm{S}}} \tag{5.8}$$

式中，$\rho(x)$ 为 x 位置处的电荷密度；ε_{S} 为半导体的电容率。类似于 PN 结中耗尽层近似，认为空间电荷区中的自由载流子都已全部耗尽，负电荷全部由电离的受主杂质构成。若半导体的杂质掺杂浓度 N_{A} 是均匀的，则空间电荷层的电荷密度应为 $\rho = -qN_{\mathrm{A}}x_{\mathrm{d}}$。半导体内部中性区的电场强度为零，以中性区边界 $x = x_{\mathrm{d}}$ 处的 $\frac{\mathrm{d}\psi}{\mathrm{d}x} = 0$ 为边界条件，对泊松方程积分，有电场强度分布为

$$E(x) = -\frac{\mathrm{d}\psi}{\mathrm{d}x} = \frac{qN_{\mathrm{A}}}{\varepsilon_{\mathrm{S}}}(x_{\mathrm{d}} - x) \tag{5.9}$$

以半导体体内为零电势，即 $x = x_{\mathrm{d}}$ 处 $\psi(x_{\mathrm{d}}) = 0$ 作为边界条件，对式(5.9)再次积分得到空间电荷区的电势分布为

$$\psi(x) = \psi_{\mathrm{s}}\left(1 - \frac{x}{x_{\mathrm{d}}}\right)^2 \tag{5.10}$$

其中，$x = 0$ 处的半导体表面势为

$$\psi_{\mathrm{s}} = \frac{qN_{\mathrm{A}}x_{\mathrm{d}}^2}{2\varepsilon_{\mathrm{s}}} \tag{5.11}$$

耗尽层宽度为

$$x_{\mathrm{d}} = \sqrt{\frac{2\varepsilon_{\mathrm{s}}\psi_{\mathrm{s}}}{qN_{\mathrm{A}}}} \tag{5.12}$$

显然，这些结果与 N 侧重掺杂的 N^+P 单边突变结相同。

3. 少数载流子反型状态

当加于金属和 P 型半导体间的正向栅压 V_{G} 进一步增大时，半导体表面处的能带相对于衬底体也将进一步向下弯曲。如图 5.4(c)所示，此时较大的能带弯曲使得表面处费米能级 E_{F} 等于甚至高于本征费米能级 E_{i}，即 $E_{\mathrm{F}} - E_{\mathrm{i}} > 0$。由式(5.4)和式(5.5)可知，此时表面附近少数载流子电子的浓度高于本征载流子浓度 n_{i}，而多数载流子空穴的浓度低于本征载流子的浓度 n_{i}，半导体表面区域由原来的 P 型变成了相反的 N 型，这种现象称为载流子反型。

如图 5.4(c)所示，反型区发生在表面 $x = 0$ 至反型层边界 x_{I} 的区域内；而由 x_{I} 到耗尽层边界 x_{d} 的区域中，E_{i} 仍在 E_{F} 之上，导电类型依然为 P 型，但仍为耗尽层区域，空穴浓度远低于体内；半导体衬底内部的 E_{i} 与 E_{F} 平行，为中性区平衡状态。这一由外加电场作用下形成的载流子分布形式类似于 PN 结，因此称为场感应 PN 结。不同于第 4 章通过杂质掺杂形成的 PN 结，场感应 PN 结由栅压 V_{G} 控制，当外加的 V_{G} 撤除后，反型层消失，场感应 PN 结也随之消失，并且反型层中的载流子浓度也是受到栅压 V_{G} 控制。需要注意的是，场感应 PN 结中半导体空间电荷区内的总电荷由两部分组成，一部分是耗尽层中固定的电离受主 Q_{B}，另一部分则是堆积在表面附近反型层中可自由移动的电子。

5.1.4 强反状态与强反条件

P型衬底MOS结构中,正栅压V_G使半导体表面刚刚达到反型状态时,反型层内电子浓度较小,为弱反状态。如果继续增加V_G,能带将持续弯曲,使得导带的边缘逐渐接近费米能级,反型层内电子浓度持续增加。当半导体表面的电子浓度与P型衬底的多子空穴的浓度相等时,反型层中的电子电荷浓度已经相当高,可以认定其达到了强反型状态。多数应用的MOS场效应管中,典型强反型层的厚度范围为$1\sim10$ nm,通常远小于耗尽层的宽度。

一旦半导体表面达到强反状态后,如果继续增加偏压V_G,能带的弯曲将不再显著,表面耗尽层的厚度也达到了极大值。这是因为电子在很薄的强反型层中进行大量积累,对外加电场产生了有效的屏蔽作用,电场无法再进一步深入到半导体内。此时空间电荷区的势垒高度、表面势、负电荷量以及空间电荷区的宽度都基本上不再随V_G变化。

通过以上的讨论,P型衬底构成的MOS结构中载流子和能带状态可归纳如下:

$V_G=0$, $\psi_S=0$,平带状态;

$V_G<0$, $\psi_S<0$,空穴积累,能带向上弯曲;

$V_G>0$, $\psi_F>\psi_S>0$,空穴耗尽,能带向下弯曲;

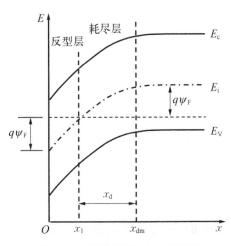

图 5.5 P型半导体 MOS 结构强反型的能带图

当$\psi_S>\psi_F$,表面载流子开始进入反型状态,反型层中电子积累,能带向下弯曲。

当半导体表面势ψ_S等于体内费米势,即半导体表面处的本征费米能级E_{is}等于费米能级E_F时,表面载流子刚好为本征状态,$n_S=p_S=n_i$。如果进一步增加V_G,半导体表面开始发生反型,因此$\psi_S=\psi_F$也常称为MOS结构的反型条件。

当表面电子浓度等于体内平衡时多子浓度时,半导体表面形成强反型层。下面推导强反状态半导体的表面势需要满足的条件。图 5.5 给出了 P 型半导体 MOS 结构在栅电压$V_G\gg0$,形成强反状态下的能带,其中反型层的厚度为x_I,耗尽层的厚度为$x_d=x_{dm}-x_I$。

定义与半导体中费米能级相对应的费米势为

$$\psi_F=\frac{(E_i-E_F)_{体内}}{q} \tag{5.13}$$

根据载流子浓度表达式,可以将半导体中各处空穴和电子的浓度表示为电势$\psi(x)$的函数:

$$p(x)=n_i\exp\left[\frac{q(\psi_F-\psi)}{kT}\right]=p_0\exp\left[-\frac{q\psi(x)}{kT}\right] \tag{5.14}$$

$$n(x)=n_i\exp\left[\frac{q(\psi-\psi_F)}{\kappa T}\right]=n_0\exp\left[\frac{q\psi(x)}{kT}\right] \tag{5.15}$$

$$p_0=n_i\exp\left(\frac{E_i-E_F}{kT}\right)=n_i\exp\left(\frac{q\psi_F}{kT}\right) \tag{5.16}$$

$$n_0 = n_i \exp\left(-\frac{E_i - E_F}{kT}\right) \tag{5.17}$$

其中使用了中性区内的电势 $\psi = 0$，则有

$$p_P = n_i \exp\left(\frac{q\psi_F}{kT}\right) \tag{5.18}$$

$$n_N = n_i \exp\left(\frac{-q\psi_F}{kT}\right) \tag{5.19}$$

在半导体表面 $x=0$ 处，电势 $\psi(0) = \psi_S$，对应的载流子浓度分别为

$$p_s = n_i \exp\left[\frac{q(\psi_F - \psi_s)}{kT}\right] \tag{5.20}$$

$$n_s = n_i \exp\left[\frac{q(\psi_s - \psi_F)}{kT}\right] \tag{5.21}$$

式(5.20)和式(5.21)说明，半导体表面载流子的浓度取决于其表面势。该表达式对正负栅极电压 V_G 及载流子的积累、耗尽、反型状态都适用。当达到强反状态时，如图 5.5 所示的半导体表面附近能带严重向下弯曲，表面势 ψ_S 为正值。由强反状态下表面载流子浓度 $n_s = p_P = N_A$，将式(5.5)与式(5.21)代入，可得

$$\psi_s = 2\psi_F = \frac{2kT}{q}\ln\left(\frac{N_A}{n_i}\right) \tag{5.22}$$

因此，半导体的表面势为其费米势的 2 倍，是 MOS 结构达到强反状态的条件。

将式(5.22)代入式(5.11)，得到强反型感应 PN 结的耗尽层宽度为

$$x_d = \sqrt{\frac{4\varepsilon_S\psi_F}{qN_A}} = 2\sqrt{\frac{\varepsilon_S kT\ln\left(\frac{N_A}{n_i}\right)}{q^2 N_A}} \tag{5.23}$$

可见，对于一定的衬底杂质浓度 N_A，禁带越宽，半导体材料 n_i 值越小，因而耗尽层宽度也就越大。对于硅，在 $10^{14} \sim 10^{17}$ cm^{-3} 的掺杂浓度范围内，x_d 在几个微米到零点几微米间变化。

达到反型后，半导体表面附近的总电荷量 Q_S 由两部分组成：一部分是固定的电离受主负电荷 Q_B；另一部分为反型层中由电场感应积累的自由电荷 Q_I，又称为沟道电荷，即

$$Q_S = Q_I + Q_B = Q_I - qN_A x_d \tag{5.24}$$

由式(5.24)得

$$Q_B = -qN_A x_d = -\sqrt{4\varepsilon_s q N_A \psi_F} \tag{5.25}$$

对于 P 型半导体的情况，Q_I 就是反型层中的电子浓度，其值受到栅极电压 V_G 的控制，形成了 MOS 场效应管中沟道传导电流的载流子。式(5.21)、式(5.22)、式(5.25)表明，达到强反型后，势垒高度、表面势、固定电荷以及空间电荷区的宽度都由半导体的掺杂杂质浓度决定。杂质浓度越高，达到强反所需的表面势 ψ_S 和 V_G 就越大，也就越不容易达到反型状态。

以上分析可知,基于外电场的感应作用,通过改变半导体表面相当厚度内的载流子类型和浓度,可以控制该层中的导电能力和性质,这种现象称为半导体的表面场效应,也是 MOS 场效应晶体管工作的物理基础。场效应所形成的反型层又称为导电沟道,直接决定了 MOS 场效应管的特性。对于金属-氧化物-N 型半导体 MOS 结构,可采用同样的方法进行分析,只不过式(5.23)中 Q_B 改变为正的电离施主浓度。发生反型时,能带向上弯曲,表面附近本征费米能级 E_{is} 超越费米能级 E_F。与 P 型半导体相同的是,反型条件为 $\psi_S = \psi_F$;强反型条件为 $\psi_S = 2\psi_F$。

应当指出,当反型层的厚度小到与电子的德布罗意波长相比拟时,反型层中的载流子将处于半导体内近界面处很窄的量子阱中,由于量子效应,载流子在垂直于界面方向的运动将会发生量子化,对应的能量也成为不连续的。但此时在平行界面方向,载流子运动仍是自由的,对应的能量仍取连续值。于是载流子的运动可看作是平行于界面的准二维运动,称为二维电子气(two-dimensional electron gas, 2DEG)。此时,理论上电子的能量取连续值并采用玻尔兹曼分布的处理方法将是不严格的,应同时求解量子力学方程和泊松方程。利用调制掺杂异质结势阱(沟道)中的高迁移率二维电子气,可以制造性能优良的超高频、超高速的高电子迁移率晶体管(high electron mobility transistor,HEMT),也称为调制掺杂场效应管,它在移动通信、卫星电视和雷达系统中应用非常广泛。

5.2 理想 MOS 结构的电容-电压特性

5.2.1 MOS 结构的等效电容

对于由金属、氧化物和半导体组成的 MOS 结构,外加栅压 V_G 变化时,金属板上电荷 Q_M 与半导体表面感应电荷 Q_S 都要发生变化,相当于具有电容的特性。因而也称为 MOS 电容,这里用单位面积的微分电容表示其电容特性,其定义为

$$C = \frac{dQ_M}{dV_G} \tag{5.26}$$

电容-电压特性(C-V 特性)可以用来分析半导体表面的性质。由于外加栅压 V_G 由跨越氧化层的分压 V_{OX} 和半导体的表面势 ψ_S 组成,即 $V_G = V_{OX} + \psi_S$。

因此,式(5.26)可写为

$$\frac{1}{C} = \frac{dV_G}{dQ_M} = \frac{dV_{OX}}{dQ_M} + \frac{d\psi_s}{dQ_M} = \frac{1}{C_{OX}} + \frac{1}{C_S} \tag{5.27}$$

式(5.27)中的第一部分

$$C_{OX} = \frac{dV_{OX}}{dQ_M} \tag{5.28}$$

为氧化绝缘层的单位面积电容。对于理想 MOS 结构,由高斯定理可得氧化层内电场强度为

$$E_{OX} = \frac{Q_M}{\varepsilon_{OX}} = \frac{V_{OX}}{t_{OX}} \tag{5.29}$$

将其代入式(5.28),有

$$C_{OX} = \frac{dV_{OX}}{dQ_M} = \frac{\varepsilon_{OX}}{t_{OX}} \tag{5.30}$$

其中 ε_{OX}、t_{OX} 分别为氧化层的电容率和厚度。当氧化层厚度一定时,该电容为一个不随时间变化的常数。

式中的第二部分为半导体表面空间电荷区的单位面积电容,即

$$C_S = \frac{dV_{OX}}{dQ_M} \tag{5.31}$$

因此,式(5.27)表示,MOS 结构的总电容 C 可等效为绝缘层电容 C_{ox} 与半导体表面空间电荷区的微分电容 C_S 的串联,如图 5.6 所示的等效电路。

式(5.27)可改写成

$$C = \frac{1}{\dfrac{1}{C_{OX}} + \dfrac{1}{C_S}} = \frac{C_{OX}C_S}{C_{OX} + C_S} \tag{5.32}$$

考虑氧化层的单位面积电容 C_{OX} 为常数,也可将式(5.32)写为归一化电容为

$$\frac{C}{C_{OX}} = \frac{1}{1 + C_{OX}/C_S} \leqslant 1 \tag{5.33}$$

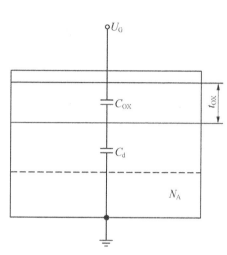

图 5.6　MOS 结构电容等效电路

两个电容串联后,总电容变小,而且大部分电压将落在小电容两端,串联总电容的值主要由较小的电容所决定。MOS 结构中,由式(5.31)可见,半导体的表面空间电荷区的电容 C_S 是表面势 ψ_S 的函数,因而也是外加偏压 V_G 的函数。下面以 P 型硅 MOS 电容为例进行分析。如图 5.7 所示,将 MOS 结构归一化电容 C/C_{OX} 的值随栅极偏压 V_G 的变化大致分成三个区域。

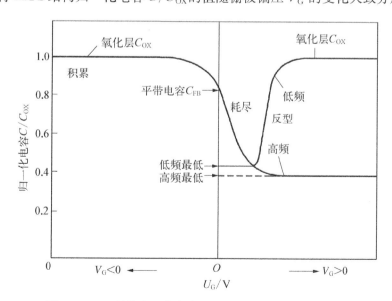

图 5.7　MOS 结构归一化电容 C/C_{OX} 的值随栅压 V_G 的变化

5.2.2　积累区电容-电压特性

当 MOS 电容的栅极电极上加有较大的负偏压时,能带明显向上弯曲,在表面造成多数载流子空穴的大量积累。半导体表面多数载流子表达式为

$$p_s = n_i \exp\left[\frac{q(\psi_F - \psi_s)}{kT}\right] \tag{5.34}$$

表面载流子浓度 p_s 与表面势 ψ_s 为指数规律关系,因而只要 ψ_s 稍有变化,就会引起表面空间电荷 Q_s 的很大变化,对应于空间电荷区的电容 C_s 比较大。根据式(5.32),较大的 C_s 与较小的氧化层电容 C_{OX} 串联后,MOS 结构的总电容 C 基本上由 C_{OX} 决定,归一化电容 $C/C_{OX} \approx 1$。这时 MOS 结构的总电容基本不会随栅压 V_G 变化。

当负偏压 V_G 逐渐降低并接近零时,空间电荷区中积累的多数载流子随之减少,Q_s 随 V_G 变化也逐渐减慢,C_s 也相应变小,$1/C_s$ 的值在串联总电容式(5.32)中的作用不可再忽略。C_s 与 C_{OX} 串联后总电容减小,所以 V_G 越低,MOS 结构的总电容 C 也就越小,进而归一化电容下降。图中 MOS 结构 C-V 曲线中 $V_G < 0$ 这部分就代表了多数载流子积累状态层的特性。

5.2.3　平带电容-电压特性

MOS 结构的平带情况是指当栅极电压 $V_G = 0$、表面势 $\psi_s = 0$ 时,半导体的能带不发生弯曲。在平带情况附近,空间电荷区内的电荷 Q_s 随 V_G 的变化可通过求解泊松方程得到。泊松方程为

$$\frac{d^2\psi}{dx^2} = \frac{\rho(x)}{\varepsilon_s} \tag{5.35}$$

其中,$\rho(x)$ 为半导体表面附近由空穴的过剩或欠缺所引起的电荷密度,有

$$\rho(x) = q[p(x) - p_0] \tag{5.36}$$

根据 5.1.3 节的讨论,在空间电荷区中空穴的浓度可写为

$$p(x) = p_0 \exp\left[-\frac{q\psi(x)}{kT}\right] \tag{5.37}$$

将其代入式(5.36),有

$$\rho(x) = qp_0\left\{\exp\left[-\frac{q\psi(x)}{kT}\right] - 1\right\} \tag{5.38}$$

在平带附近,由于 V_G 接近为零,$q\psi(x) \ll kT$。将式(5.38)中的指数项进行展开,并保留二次项,有

$$\exp\left(-\frac{q\psi(x)}{kT}\right) = 1 - \frac{q\psi(x)}{kT} + \frac{\left(\frac{q\psi(x)}{kT}\right)^2}{2} \tag{5.39}$$

因此,式(5.38)可以近似为

$$\rho(x) \approx -\frac{q^2 p_0 \psi(x)}{kT} \tag{5.40}$$

将式(5.40)代入泊松方程式(5.35),可得

$$\frac{\mathrm{d}^2 \psi}{\mathrm{d}x^2} = \frac{q^2 p_0}{\varepsilon_s kT}\psi = \frac{\psi}{L_{\mathrm{D}}^2} \tag{5.41}$$

式中

$$L_{\mathrm{D}} = \left(\frac{\varepsilon_s kT}{q^2 p_0}\right)^{1/2} \tag{5.42}$$

由于半导体内部的电势为零,有边界条件 $x \to \infty$, $\psi = 0$;同时有半导体表面 $x = 0$ 处, $\psi(0) = \psi_{\mathrm{S}}$。

利用上述两个边界条件对泊松方程(5.41)进行积分,得到电势分布为

$$\psi = \psi_{\mathrm{S}} \exp\left(-\frac{x}{L_{\mathrm{D}}}\right) \tag{5.43}$$

将式(5.43)代入式(5.40),得到电荷密度的分布为

$$\rho(x) = -\frac{q^2 p_0}{kT}\psi_{\mathrm{S}}\exp\left(-\frac{x}{L_{\mathrm{D}}}\right) = -\frac{\varepsilon_{\mathrm{S}}}{L_{\mathrm{D}}^2}\psi_{\mathrm{S}}\exp\left(-\frac{x}{L_{\mathrm{D}}}\right) \tag{5.44}$$

显然,空间电荷区内电势 $\psi(x)$ 和电荷密度 $\rho(x)$ 都随着 x 的增加按指数规律衰减。式中的常数 L_{D} 为德拜(Debye)屏蔽长度,其物理意义是在半导体表面附近,为屏蔽外电场而形成的空间电荷区厚度。室温下 L_{D} 的典型值为 $1.1 \times 10^{-8} \sim 3.5 \times 10^{-7}$ m,大约是几十个到上千个原子间距的数量级。

基于式(5.44),可得半导体表面单位面积内的总电荷为

$$Q_{\mathrm{S}} = \int_0^\infty \rho(x)\mathrm{d}x = -\frac{\varepsilon_{\mathrm{S}}}{L_{\mathrm{D}}^2}\psi_{\mathrm{S}}\int_0^\infty \exp\left(-\frac{x}{L_{\mathrm{D}}}\right)\mathrm{d}x = -\frac{\varepsilon_{\mathrm{S}}}{L_{\mathrm{D}}}\psi_{\mathrm{s}} \tag{5.45}$$

式(5.45)表示,空间电荷 Q_{S} 与半导体表面势 ψ_{S} 成正比,符号相反。进一步地,根据微分电容的定义,平带情况下 MOS 结构小信号微分电容为

$$C_{\mathrm{FB}} = -\frac{\mathrm{d}Q_{\mathrm{S}}}{\mathrm{d}\psi_{\mathrm{S}}} = \frac{\varepsilon_{\mathrm{S}}}{L_{\mathrm{D}}} \tag{5.46}$$

该式表明,MOS 结构平带电容在数学形式上可以看作极板相距为 L_{D} 的平行板电容器。将式(5.46)代入式(5.33)得到归一化平带下的电容为

$$\frac{C_{\mathrm{FB}}}{C_{\mathrm{OX}}} = \frac{1}{1 + \dfrac{\varepsilon_{\mathrm{OX}} L_{\mathrm{D}}}{\varepsilon_s t_{\mathrm{OX}}}} \tag{5.47}$$

MOS 结构的平带电容及其归一化值是非常重要的参数。由于德拜屏蔽长度 L_{D} 与掺杂浓度(饱和电离状况下 $p_0 = N_{\mathrm{A}}$)有关,所以平带电容与掺杂浓度、氧化层厚度 t_{OX} 都有关。实际在利用 $C\text{-}V$ 特性测量表面参数时,常需要根据掺杂浓度和 t_{OX} 求出归一化平带电容。

5.2.4　耗尽区电容-电压特性

当金属与半导体间的外加偏压 V_{G} 为正,但不足以使半导体表面出现反型层时,空间电荷

区会处于耗尽状态,其中的电荷主要由电离受主组成,有

$$Q_S = -qN_A x_d \tag{5.48}$$

考虑到表面势

$$\psi_S = \frac{qN_A x_d^2}{2\varepsilon_s} \tag{5.49}$$

可得

$$Q_S = -(2qN_A \varepsilon_s \psi_s)^{1/2} \tag{5.50}$$

于是半导体空间电荷区的微分电容可以表示为

$$C_S = -\frac{dQ_S}{d\psi_S} = \frac{\varepsilon_S}{x_d} \tag{5.51}$$

由式(5.51)可见,半导体表面耗尽层电容 C_S 也相当于一个平行板电容器。但与平带情况不同的是,此时等效的极板间距为耗尽层宽度 x_d,这与 P^+N 结的势垒电容结果一致。当偏压 V_G 升高以及表面势 ψ_s 增加时,耗尽层宽度 x_d 增大,Q_S 的增加将主要由加宽部分的电离杂质电荷来提供。但由式(5.51)可见,电容 C_S 的值随 x_d 的增大而减小。因此,由 C_S 和 C_{OX} 串联而成的 MOS 结构总电容也将随 V_G 的升高而减小。

可以推导出归一化电容与 V_G 的定量关系。如 5.1.2 节所述,栅极所加的偏压 $V_G = V_{OX} + \psi_s$。考虑氧化层电容 C_{OX} 两端的分压为 $V_{OX} = -Q_S/C_{OX}$,则有

$$V_G = -\frac{Q_S}{C_{OX}} + \psi_s \tag{5.52}$$

将式(5.48)和式(5.49)代入式(5.52),可得

$$x_d = \frac{\varepsilon_S}{C_{OX}} + \frac{\varepsilon_S}{C_{OX}} \sqrt{1 + \frac{2V_G}{q\,\varepsilon_S N_A} C_{OX}^2} \tag{5.53}$$

将其代入式(5.51),得到

$$\frac{C}{C_{OX}} = \left[1 + \left(\frac{2C_{OX}^2}{q\varepsilon_S N_A} \right) V_G \right]^{-1/2} = \left(1 + \frac{2\varepsilon_{OX}^2}{qN_A \varepsilon_S t_{OX}^2} V_G \right)^{-1/2} \tag{5.54}$$

在耗尽区,归一化 MOS 电容 C/C_{OX} 的值随着外加偏压 V_G 的升高而减小,如图 5.7 所示。

5.2.5 反型区电容-电压特性

实际应用发现,MOS 结构出现反型层以后,其电容与测量所施加的 V_G 交变信号频率有很大关系,这反映了半导体表面空间电荷区中电荷变化的不同物理机制。

以 P 型硅 MOS 结构为例,在积累区和耗尽区,当表面势 ψ_s 发生变化时,空间电荷的变化是通过多数载流子空穴的流动实现的。在出现反型层后,特别是在接近强反型时,表面电荷则由两部分组成:一部分是堆积在反型层(见图 5.4 中 $0 \sim x_1$ 范围)中的电子电荷 Q_I,它是由场感应的少子增加引起的;另一部分是耗尽层中的电离受主电荷 Q_B,它是由多子空穴的流失引起的。总电荷可以表示为

$$Q_S = Q_I + Q_B \tag{5.55}$$

表面电容中也由两种电荷分别贡献,即

$$C_S = -\frac{dQ_S}{d\psi_S} = -\frac{dQ_I}{d\psi_S} - \frac{dQ_B}{d\psi_S} \tag{5.56}$$

为了分析 MOS 电容与测量频率之间的关系,需要考虑达到反型状态后 Q_I 随栅压 V_G 变化而积累和减少的机制。P 型衬底中的电子为少子,由 P 型硅衬底流动到表面的电子极少,因此反型层中电子浓度的增加主要依靠耗尽层中电子-空穴对的产生,而电子浓度的减少主要依靠电子和空穴在耗尽层中的复合来实现。由第 4 章的讨论可知,载流子的产生和复合时间由非平衡载流子的寿命所决定。

1. 高频信号

如果栅压 V_G 频率较高,耗尽层中电子-空穴对的产生和复合过程就会跟不上其变化,那么反型层中的电子电荷 Q_I 也就来不及随 V_G 改变,于是式(5.56)中的第一项

$$\frac{dQ_I}{d\psi_S} \approx 0 \tag{5.57}$$

因此可以仅用第二项,即耗尽层电荷随偏压的变化来近似描述电容 C_S:

$$C_S \approx -\frac{dQ_B}{d\psi_S} = \frac{\varepsilon_S}{x_d} \tag{5.58}$$

与前面所讨论的耗尽层电容 $C - V$ 规律类似,随着栅压 V_G 升高,耗尽层宽度 x_d 增大,而电容 C_S 减小。当 V_G 升高到半导体表面出现强反状态后,强反型层中的电子电荷显著增加,会形成对外加电场的屏蔽作用,从而耗尽层宽度基本不再改变,MOS 电容达到最低值(见图 5.7 中高频最低值)。

2. 低频信号

在接近强反型区,如果 V_G 的信号频率比较低,耗尽层中电子-空穴对产生与复合就可以跟得上信号的变化,电子电荷 Q_I 对总表面电荷的贡献是主要的。由于反型层中大量的电子电荷屏蔽了信号电场,耗尽层的宽度和电荷基本上不变。因此式(5.56)中的第二项

$$\frac{dQ_B}{d\psi_S} \approx 0 \tag{5.59}$$

此时表面电容主要由反型层中电子电荷的变化所决定,即

$$C_S \approx -\frac{dQ_I}{d\psi_S} \tag{5.60}$$

在形成强反型以后,电子电荷 Q_I 随 V_G 变化很快,导致 C_S 的数值很大。于是,在经过最低值后(图中低频最低值),随着 V_G 不断增大,MOS 结构的总电容逐渐上升为氧化层电容 C_{OX},即归一化电容 $C/C_{OX} \approx 1$,最终基本不再随电压 V_G 变化。

在实验中测量 $C - V$ 曲线时,一般低频曲线对应的 V_G 频率为 10 Hz 左右,高频曲线频率大于 10^4 Hz。$C - V$ 曲线可以测定绝缘层下半导体表面附近杂质的真实浓度,因此可以用于分析集成电路制造中热氧化、薄膜淀积、离子注入等工艺引起的硅表面杂质再分布情况。另

外,温度和光照等因素可增加载流子的复合率和产生率,因此在一定信号频率下,这些因素也可引起 C - V 特性从高频曲线向低频曲线过渡。

本节是以 P 型半导体衬底的 MOS 结构为例进行分析的,对于 N 型半导体衬底的 MOS 结构,C - V 曲线的分析方法类似。容易证明,对 N 型半导体 MOS 结构,当栅压为正 $V_G > 0$ 时,属于积累区;$V_G < 0$ 时,属于耗尽区和反型区。另外,虽然本节中讨论的是以氧化硅为绝缘层的 MOS 结构,但所得到的结论,也同样适用于以其他绝缘材料制造的金属-绝缘层-半导体(metal insulator semiconductor,MIS)结构。

5.3   实际 MOS 结构的电容-电压特性

前面讨论的是理想 MOS 结构的 C - V 特性,其中假设金属和半导体功函数相同,并且绝缘氧化层中不存在任何的电荷。这种情况下,当金属栅极偏压 V_G 为零时,半导体的能带从表面到体内都是平直的。实际应用时,存在一些非理想因素往往会对 MOS 结构的 C - V 特性产生显著影响。这里主要讨论由金属与半导体的不同功函数以及氧化层不理想绝缘两种主要因素产生的影响。

5.3.1   金属与半导体功函数差的影响

以 $Al/SiO_2/P$ - Si 组成的 MOS 结构为例。P 型硅的功函数一般比金属铝材料的高,因而 P - Si 的费米能级低于金属铝的。当铝与硅通过外电路连接并达到平衡后,电子将从金属流向半导体。因此在半导体表面附近形成了带负电的空间电荷层,同时在金属表面产生正电荷。这些正负电荷在氧化层及半导体的表面附近产生了指向半导体内部的电场。从电子能量的角度看,平衡系统有统一的费米能级,需要硅内部费米能级相对于金属费米能级向上移动达到一致,因此硅表面层内的能带向下弯曲,如图 5.8 所示。这意味着,即使当该 MOS 结构没有外加栅压时,半导体表面就存在表面势 ψ_S(能带下弯 $\psi_S > 0$),并出现了耗尽层或者反型层。

由图 5.8 可以看出,半导体能带偏离平带的部分,也就是金属与半导体的功函数差。因此半导体侧与金属之间的电势差为

$$V_{MS} = \frac{W_M - W_S}{q} \tag{5.61}$$

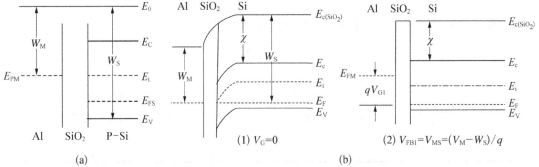

图 5.8   金属与半导体功函数差对 MOS 结构能带的影响

(a) Al - SiO₂ - Si 未接触能带;(b) Al - SiO₂ - Si 结构的能带图

为了抵消由于半导体和金属功函数不同而引起的能带
弯曲,恢复平带状态,必须在硅侧施加一定的负栅压 V_G,吸
引空穴到半导体表面以补偿表面的负电荷。这个为了恢
复平带状态所需的电压叫做平带电压,不难看出其值为

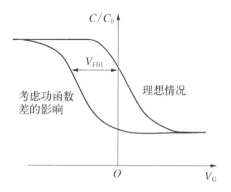

$$V_{FB1} = V_{MS} = \frac{W_M - W_S}{q} \qquad (5.62)$$

如图 5.9 所示,考虑功函数差的影响后,在 MOS 结
构的 C-V 特性曲线中,原来理想的平带点由 $V_G = 0$ 移
到了 $V_G = V_{FB1}$ 处,即曲线整体沿着电压轴向左平移一段
距离 V_{FB1}。

**图 5.9　功函数差对 MOS 结构 C-V
特性曲线的影响**

5.3.2　绝缘层中电荷的影响

如果在 MOS 结构氧化层中存在着电荷,也会引起半导体的表面势以及表面附近的能带
发生弯曲。

1. Si-SiO$_2$ 系统中主要的电荷类型

实验发现,在 Si-SiO$_2$ 系统中,存在着多种形式的电荷或能量状态,一般可归纳为以下四
种基本类型(见图 5.10)。

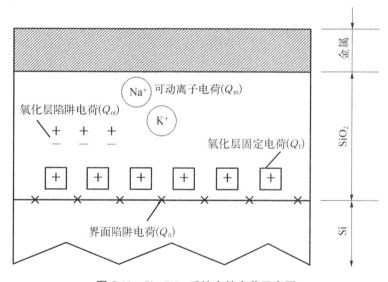

图 5.10　Si-SiO$_2$ 系统中的电荷示意图

1) SiO$_2$ 层中的可动离子 Q_m

SiO$_2$ 层中的可动离子 Q_m 主要是带正电的 Na$^+$ 离子,还有 K$^+$、H$^+$ 等正离子。这些离子
在一定温度和偏压下可在氧化硅中迁移,其中以 Na$^+$ 为代表的碱金属离子对器件稳定性影响
最大。这些离子污染主要来源于集成电路制造中所使用的化学试剂、玻璃器皿、高温器材以及
人体沾污等。

热氧化和化学气相淀积(chemical vapor deposition, CVD)是在硅表面生长 SiO$_2$ 薄膜的
最常用方法。这些方法生长的 SiO$_2$ 具有近程有序的网络状无定形结构,其基本单元是一个由

硅氧原子组成的四面体,硅原子居于中心,氧原子位于四个角顶,两个相邻的四面体通过一个桥键的氧原子连接起来构成网络。Na^+离子进入SiO_2后经常以间隙式杂质存在于四面体之间,通过摄取四面体中的一个桥键氧原子,形成一个金属氧化物键而将桥键氧原子转化成非桥键氧原子。这样就削弱或破坏了网络状结构而使二氧化硅呈现微观多孔结构,从而导致杂质原子易于在其中迁移或扩散。实验表明,温度在 100 ℃ 以上时,Na^+离子就可在电场作用下以较大的迁移率发生漂移运动。

2)二氧化硅层中的固定电荷 Q_f

实验结果表明,在 Si - SiO_2 界面附近 3 nm 左右范围内,还有可能存在不能在氧化层内迁移的固定电荷。一般多为正电荷,电荷密度在 $10^{10} \sim 10^{11}$ 个$/cm^2$ 量级。当半导体的表面势发生变化时,该类电荷的面密度 Q_f 不随能带弯曲而变化。也就是说,该类电荷不能进行充放电。Q_f 与氧化、退火条件,以及硅晶体的取向有显著的关系。对于晶体取向分别为$\langle 111 \rangle$、$\langle 110 \rangle$、$\langle 100 \rangle$三个硅晶面,其 Si - SiO_2 结构中的固定表面电荷密度 Q_f 之比约为 3∶2∶1。目前比较一致的看法是,认为在硅和氧化硅界面附近存在的过剩硅离子是产生表面固定电荷的主要原因。随着一定时间高温热处理(一般大于 350 ℃)的进行,Q_f 的值逐渐增大并最终稳定。由于 Si$\langle 100 \rangle$晶面的固定电荷密度最小,所以常用于硅基 MOS 晶体管的制造。

3)界面态陷阱电荷 Q_{it}

在 Si - SiO_2 界面另外还存在着一些能量值位于禁带中的分立或连续的电子能态(能级)。这些界面态可以迅速地与半导体导带或价带交换电荷,又称为快界面态。若能级由电子占据时呈电中性,施放电子后呈正电性,称为施主型界面态;若能级空时为电中性状态,而接受电子后带负电,则称为受主型界面态。当 MOS 结构的栅压 V_G 变化时,界面态中的电荷也随之改变,即界面态发生充放电效应。此外,环境温度的变化也可引起界面态电荷的变化。

界面态密度与材料中未饱和的化学键有密切关系。如将硅$\langle 100 \rangle$与$\langle 110 \rangle$和$\langle 111 \rangle$面比较,当 Si 表面上生长 SiO_2 后,由于$\langle 100 \rangle$面留下的未被氧饱和的键密度最小,因而其界面态密度最小,比$\langle 111 \rangle$面的约少一个数量级。典型的,$\langle 100 \rangle$面界面态陷阱电荷 Q_{it} 的值约为 10^{10} cm^{-2},即大约 10^5 个表面原子才有一个界面陷阱电荷。因此,硅基 MOS 器件通常选择$\langle 100 \rangle$面为衬底。此外,硅表面的晶格缺陷和损伤以及界面处杂质等也可能引入界面态。在集成电路制造过程中,通过在氢气或惰性气氛中进行高温退火(400 ~ 450 ℃)后,在界面处会形成稳定的 H - Si 等共价键,可以有效地降低界面态密度和 Q_{it}。

4)氧化层电离陷阱电荷 Q_{ot}

这类电荷主要与制造工艺中引入的氧化层缺陷有关。如 X 射线、γ 射线、高能电子射线等轰击氧化层时,可在 SiO_2 中激发产生电子-空穴对。如果氧化层中没有电场,电子和空穴将迅速复合,不会产生净电荷。但如果氧化层中存在电场(如正栅压状态),由于电子被拉向栅极,而空穴在氧化层很难移动,就可能入缺陷中,从而表现为正的空间电荷。大部分与制造工艺有关的 Q_{ot} 可通过低温退火进行消除。

2. 抵消氧化层电荷所需的平带电压

上述各种原因都会导致在 MOS 结构的氧化绝缘层内存在着净电荷,从而对其 $C - V$ 特性产生影响。假设这些电荷分布于 x 位置处的薄层中,其单位面积上的电量为正电荷 Q_0,如图 5.11(a)所示。这些正电荷会分别在金属表面和半导体表面层中感应出符号相反的电荷,即金属表面上感应出负电荷 Q_M,在半导体表面感应出负电荷 Q_S,并且有 $Q_M + Q_S = Q_0$。 由于

半导体表面电荷 Q_S 的存在,在没有外加栅压 $V_G=0$ 的情况下,半导体表面附近也将出现空间电荷区,半导体表面势 $\psi_S>0$,从而使半导体表面能带向下弯曲,离开了平带状态。

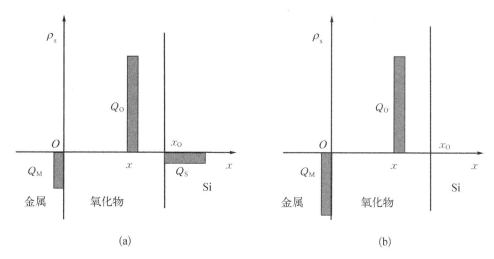

图 5.11　Si‐SiO₂ 体系中薄层电荷的影响

(a) $V_G=0$ 的情况;(b) 平带情况

为恢复平带状态或克服半导体表面这一正的表面势,显然需要在金属电极上加负的栅压 V_{FB2},使金属上负电荷 Q_M 增加到与氧化层中的正电荷 Q_0 数值相等,如图 5.11(b)所示。这样正的 Q_0 与负的 Q_M 之间的电场基本会终止于 SiO₂ 表面,对半导体表面不发生影响。即在半导体表面附近不再感应出负电荷,其表面能带的弯曲也就消失,恢复到平带情况。当薄层电荷贴近半导体时,有

$$V_{FB2}=-\frac{Q_0}{C} \tag{5.63}$$

其中 $C=\varepsilon_{OX}/x$ 为厚度为 x 的氧化层电容(坐标原点设在金属与氧化层交界面处),于是有

$$V_{FB2}=-\frac{Q_0}{\varepsilon_{OX}}x=-\frac{Q_0}{C_{OX}}\frac{x}{t_{OX}} \tag{5.64}$$

从式(5.64)可以看出,氧化层电荷对平带电压的影响与其所在位置有关。当贴近金属表面时(x 越小),所需要的平带电压 V_{FB2} 就越小。越接近半导体表面,氧化层电荷对 MOS 结构的 $C\text{-}V$ 特性的影响越大。对于氧化层中分布的体电荷,可以将其分成无数层薄层,按以下思路由积分求出平带电压。

设氧化层电荷体密度为 $\rho(x)$,在 x 与 $x+dx$ 的薄层内,面电荷密度为 $\rho(x)dx$。根据式(5.64),可得为抵消该薄层电荷影响所需的平带电压为

$$dV_{FB2}=-\frac{1}{C_{OX}}\frac{x}{t_{OX}}\rho(x)dx \tag{5.65}$$

将式(5.65)在整个氧化层厚度 t_{OX} 范围积分,便得到为抵消整个氧化层电荷的总平带电压 V_{FB2} 为

$$V_{\mathrm{FB2}} = -\frac{1}{C_{\mathrm{OX}}} \int_0^{t_{\mathrm{OX}}} \frac{x}{t_{\mathrm{OX}}} \rho(x) \mathrm{d}x = -\frac{Q_{\mathrm{os}}}{C_{\mathrm{OX}}} \tag{5.66}$$

其中

$$Q_{\mathrm{os}} = \int_0^{t_{\mathrm{OX}}} \frac{x}{t_{\mathrm{OX}}} \rho(x) \mathrm{d}x$$

Q_{os} 称为有效面电荷,不仅与氧化层中电荷的实际数量有关,而且还依赖于其随位置的分布情况。由氧化层电荷引起的平带电压也与电荷分布情况有关,就其对 C-V 特性和平带电压的影响而言,对比式(5.63)和式(5.66),可见氧化层中分布的电荷相当于在 Si - SiO$_2$ 界面存在面密度为 Q_{os} 的电荷。氧化层中存在的电荷也会引起其 C-V 曲线沿电压轴平移 V_{FB2}。综合前述功函数差和氧化层电荷的影响,为实现平带条件所需的总栅极偏压(即平带电压)可表示为

$$V_{\mathrm{FB}} = V_{\mathrm{FB1}} + V_{\mathrm{FB2}} = W_{\mathrm{MS}} - \frac{Q_{\mathrm{os}}}{C_{\mathrm{OX}}} \tag{5.67}$$

5.4 MOS 场效应晶体管的工作原理

5.4.1 MOS 管基本结构

MOS 结构是 MOS 场效应晶体管(MOSFET)的核心部分。但 MOS 场效应管与 MOS 电容不同的是,MOS 电容沿导电沟道(反型层)长度方向上没有电位变化,因而在半导体表面各处有统一的表面势,处于平衡态;而 MOS 场效应管的沟道中有电流通过时,沿沟道方向上会产生电压降,处于非平衡态。这个沿沟道的电压降和栅压共同控制着器件的电学特性。

早期应用的 MOS 场效应管是平面工艺器件。图 5.12(a)展示了一种典型的使用平面工艺制作的 N 沟道 MOS 场效应晶体管的基本结构。它是一个四端器件,其结构是在 P 型衬底上,用扩散或离子注入工艺形成左右两个重掺杂的 N$^+$ 区,分别称为源区和漏区,对应引出源极 S(source)和漏极 D(drain)。在源漏极之间的区域上,生长绝缘的氧化硅薄膜并在其上方制作金属栅极 G,这样与氧化层、半导体共同构成了核心的 MOS 结构。栅极下面的区域称为有源区,源极和漏极下方的区域称为场区。另外,通常还有连接衬底的一个电极 B(base)。在单管应用时,往往将源极 S 和衬底电极 B 短路形成三端器件。集成电路中源极 S 和衬底电极 B 各自独立以四端器件形式工作。

集成电路的工艺制程进入 10 nm 以下后,工艺研发越来越困难,为提高器件的性能,逐渐出现了鳍式场效应管(finFET)、环绕栅极场效应管(gate-all-around FET,GAA FET)、多桥沟场效应管(multi-bridge channel FET,MBC FET)等,如图 5.12(b)所示。晶体管从平面走向立体,有效地解决了由于工艺制程缩小带来的漏电、功耗和源漏电流控制能力弱等问题。新的场效应管结构也使得芯片相当于 5 nm 甚至 3 nm 以下的性能水平成为可能,因此发明者美籍华人科学家胡正明教授被称为"拯救摩尔定律的人"。

MOS 场效应晶体管的基本参数:沟道长度 L(即源和漏两个 PN 结之间的距离)、沟道宽度 Z、栅氧化层厚度 t_{ox}、源区和漏区的结深 X_{j},衬底掺杂浓度 N_{D}、N_{A} 等。

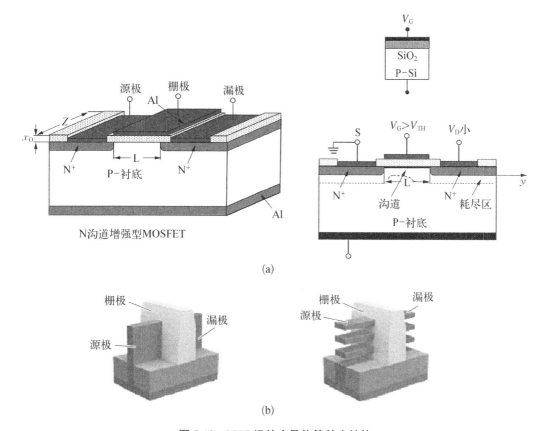

图 5.12　MOS 场效应晶体管基本结构

（a）平面结构场效应管；（b）鳍式场效应管、全环绕栅极场效应管

5.4.2　基本工作原理

首先定性地讨论 MOS 场效应管的工作原理。如图 5.13 所示，以源极 S 作为电位参考点（接地为零）。当栅电压 $V_G = 0$ 时，无论漏极 D 与源极 S 间施加何种方向的电压 V_{DS}，从源极到漏极相当于两个背靠背的 PN 结，通过的电流仅有微小的 PN 结反向饱和电流（漏电流）。

若在栅极到源-衬底之间加上正栅压 V_G，将在 MOS 管的有源区产生一个垂直于半导体表面的电场，从而在半导体表面感应出负电荷。如前面对 MOS 结构中场感应电荷的分析，随着正栅压 V_G 的提高，P 型半导体表面的多数载流子空穴逐渐减小直到耗尽，进而在源极与漏极两个 N^+ 区之间的半导体表面逐渐积累电子，形成反型层。当 V_G 增加到半导体表面的电子浓度等于或大于衬底的多子空穴浓度时，形成强反型层，相当于在源极与漏极间提供了连通的 N 型导电沟道。电子通过这一沟道从源极流到漏极，形成相应的漏电流 I_{DS}。半导体表面形成强反型层所需要的最小栅极电压定义为阈值电压 V_{TH}，这是 MOS 场效应管非常重要的一个参量。

当栅压 $V_G > V_{TH}$，N 型沟道中的电子从源极流到漏极形成电流 I_{DS}，这一电流会沿导电沟道方向上产生电压降，即从漏端处的 V_{DS} 逐渐下降到源极端的零电位。实际上，沟道上的电压降减弱了栅压的作用，并且使有效栅压沿沟道方向不均匀，从而导致半导体表面的反型层厚度、沟道中电子的浓度各处不等。例如，在接地源极端的电压为零，则施加在金属与半导体间的有效栅压为最大 V_G；而在漏极端，有效栅压的值最小，为 $V_G - V_{DS}$。 这样，导电沟道的宽度从源

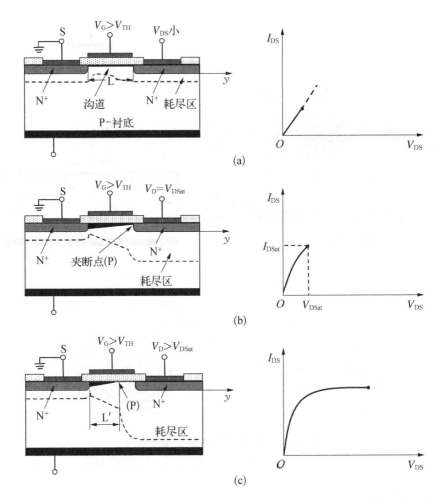

图 5.13 MOSFET 的工作状态和输出特性

(a) 低漏极电压时；(b) 开始饱和时；(c) 饱和之后

极到漏极（0～L）也逐渐变窄，相应沟道的电导逐渐变小。下面根据 V_{DS} 的大小分别进行讨论。

在较小的 V_{DS} 范围内，有效栅压 $V_G - V_{DS} \gg V_{TH}$，从源极到漏极沟道的变窄情况并不明显，沟道的作用可被认为是相当于在源极和漏极间接入了一个电阻。因此，漏源间电流 I_{DS} 与 V_{DS} 成正比，如图 5.13(a) 所示的线性区。

当漏极电压 V_{DS} 较大，由于漏极电流 I_{DS} 的增加使沿沟道电压降的作用愈加明显，沟道宽度从源极到漏极出现明显变化，I_{DS} 随 V_{DS} 的增长逐渐缓慢，如图 5.13(b) 所示。随着 V_{DS} 的进一步增加，当使得 $V_G - V_{DS} = V_{TH}$ 时，反型层沟道的宽度减小到零，这种现象称为沟道夹断，夹断发生的地点叫夹断点。如图 5.13(c) 所示，由于漏极端下方（$y = L$ 处）的电压降最大，沟道夹断首先会发生在漏端下方。夹断时的漏极电压记为 V_{DSat}，其值为 $V_{DSat} = V_G - V_{TH}$。

夹断以后，如果继续增加漏极电压，使 $V_{DS} > V_{DSat}$，夹断点将向源极方向移动，沟道长度减小。夹断点处的电压始终满足 $V_G - V_{DSat} = V_{TH}$，即导电沟道两端的电压保持不变。如果忽略沟道长度的变化，类似于结型晶体管中载流子从基区注入集电结的情况，载流子在夹断点注入漏极耗尽区，漏极电流 I_{DS} 将基本保持不变，$I_{DS} = I_{DSat}$，MOS 管进入到饱和工作状态。如考虑随着漏电压 V_{DS} 产生的沟道长度缩短，I_{DS} 将呈现出不饱和特性。这种现象类似于结型晶体管的基区调制效应,在 MOS 管中称为沟道长度调制效应。

饱和状态后,如果 V_{DS} 继续增大到一定程度时,晶体管将进入击穿区,在该区随 V_{DS} 的增加 I_{DS} 迅速增大,直至引起漏与衬底间 PN 结的击穿。

从以上分析可以看到,连接 MOS 场效应管源漏间的导电沟道及其电流 I_{DS},可以用改变栅电压 V_G 形成的电场来进行调制,因此 MOS 管是一种典型的电压控制器件。以电子反型层导电称作 N 沟道,以空穴反型层导电则称为 P 沟道。

5.4.3　MOS 管的类型

按照反型层类型的不同,MOS 场效应管可分为如图 5.14 所示的四种基本类型。从沟道导电情况看,若在零栅压下 P 型衬底表面无导电沟道或沟道电导很小,处于常断状态,栅极必须加上比阈值电压大的正向电压才能形成 N 沟道,这种器件就是 N 沟道增强型 MOSFET;若在零偏压下已存在 N 沟道连通源极和漏极,已经是可流过很大电流的常通状态,施加负的栅极电压可以耗尽沟道中的自由载流子而减小沟道电导,这种器件是 N 沟道耗尽型 MOSFET。类似地,还有在 N 型衬底上制造的 P 沟道增强型和 P 沟道耗尽型 MOSFET。

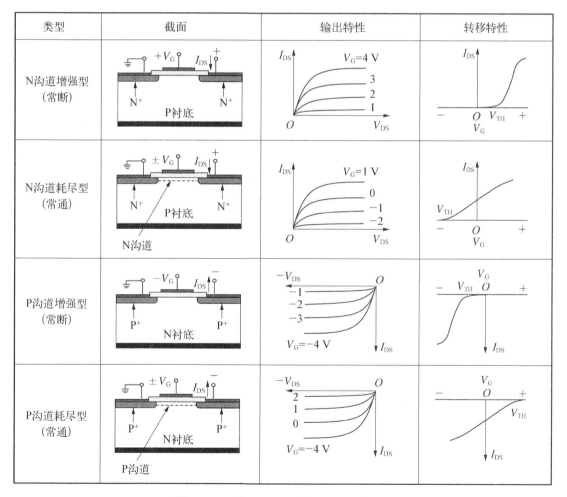

图 5.14　四种 MOSFET 的结构和特性曲线

四种 MOS 场效应管器件的结构、输出特性（V_{DS}-I_{DS} 曲线）、转移特性（V_G-I_{DS} 曲线）如图 5.13 所示。对于 N 沟道增强型器件，要使沟道通过一定的电流，正栅压 V_G 必须比阈值电压 V_{TH} 大，而对于 N 沟道耗尽型器件，在 $V_G=0$ 时，沟道已能够流过很大的漏电流 I_{DS}，改变栅压 V_G 可改变沟道电导从而调整漏电流 I_{DS}。P 型沟道 MOS 场效应管在运用时，与 N 型沟道器件的电压极性及漏电流的方向均相反。四种不同 MOS 场效应晶体管的结构特点和偏压极性如表 5.1 所示。

表 5.1　四种不同 MOS 场效应晶体管的结构特点和偏压极性

类　　型		衬　底	漏源区	沟道载流子	漏源电压	阈值电压
N 沟	增强型	P	N^+	电子	正	$V_{TH}>0$
	耗尽型	P	N^+	电子	正	$V_{TH}<0$
P 沟	增强型	N	P^+	空穴	负	$V_{TH}<0$
	耗尽型	N	P^+	空穴	负	$V_{TH}>0$

5.5　MOS 场效应晶体管的电流电压特性

5.5.1　MOS 结构的阈值电压

1. 理想 MOS 结构的阈值电压

阈值电压 V_{TH} 是 MOS 管中半导体表面形成导电沟道所需要的最小栅电压。导电沟道内为载流子的强反型状态，本节具体讨论阈值电压的表达式及其影响因素。通过 5.1 节的讨论，MOS 结构中外置栅极偏压 V_G 是跨越氧化层的分压 V_{OX} 和半导体的表面势 ψ_s 两部分的代数和，即

$$V_G = V_{OX} + \psi_s = -\frac{Q_S}{C_{OX}} + \psi_s \tag{5.68}$$

对于理想的 MOS 结构，半导体表面电荷 Q_S 是由堆积在强反层中的场感应电子电荷 Q_I 以及耗尽层中的电离受主电荷 Q_B 组成

$$Q_S = Q_I + Q_B \tag{5.69}$$

同时，MOS 结构达到强反条件时，半导体的表面势为其体内费米势的两倍，即 $\psi_s = 2\psi_F$，将式（5.69）及强反条件代入式（5.68），有

$$V_G = -\frac{Q_I}{C_{OX}} - \frac{Q_B}{C_{OX}} + 2\psi_F \tag{5.70}$$

式（5.70）可表示为

$$Q_{\mathrm{I}} = -C_{\mathrm{OX}}\left[V_{\mathrm{G}} - \left(-\frac{Q_{\mathrm{B}}}{C_{\mathrm{OX}}} + 2\psi_{\mathrm{F}}\right)\right] = -C_{\mathrm{OX}}(V_{\mathrm{G}} - V_{\mathrm{TH}}) \tag{5.71}$$

由式(5.71)可见,只有当 $V_{\mathrm{G}} > V_{\mathrm{TH}}$ 时,才会出现沟道内的感应电荷 Q_{I}。电压 V_{TH} 即为理想 MOS 结构形成强反型时的阈值电压。根据该式,阈值电压可以表示为

$$V_{\mathrm{TH}} = -\frac{Q_{\mathrm{B}}}{C_{\mathrm{OX}}} + 2\psi_{\mathrm{F}} \tag{5.72}$$

式(5.72)的第一项表示在形成强反型时,阈值电压中的一部分形成电场用于驱赶半导体表面的多子空穴,产成由电离受主组成的空间电荷 Q_{B};第二项表示需要提供另外一部分电压达到强反型时的表面势 $2\psi_{\mathrm{F}}$。

根据式(5.71),栅极电压可写为

$$V_{\mathrm{G}} = -\frac{Q_{\mathrm{I}}}{C_{\mathrm{OX}}} + V_{\mathrm{TH}} \tag{5.73}$$

从式(5.73)看,可以认为 MOS 结构的栅极电压 V_{G} 中的一部分用于产生电场从而感应出沟道内的反型载流子 Q_{I},这部分电荷是可移动的自由电荷,另一部分则用于提供形成沟道的阈值电压。

2. 实际 MOS 结构的阈值电压

如 5.3 节所述,在实际的 MOS 结构中,由于存在金属-半导体功函数差以及绝缘层电荷等非理想因素,在栅压 V_{G} 为零时,半导体表面势不为零,表面能带已经发生弯曲。综合功函数差和氧化层电荷的影响,为实现能带的平带条件所需施加的平带电压为

$$V_{\mathrm{FB}} = V_{\mathrm{FB1}} + V_{\mathrm{FB2}} = \frac{W_{\mathrm{M}} - W_{\mathrm{S}}}{q} - \frac{Q_{\mathrm{OS}}}{C_{\mathrm{OX}}} \tag{5.74}$$

其中,$W_{\mathrm{M}} - W_{\mathrm{S}}$ 为金属与半导体的功函数差;Q_{OS} 为氧化绝缘层内存在的有效电荷。

考虑到平带电压 V_{FB},实际 MOS 结构的阈值电压必须进行修正,因此式(5.72)应改写为

$$V_{\mathrm{TH}} = -\frac{Q_{\mathrm{B}}}{C_{\mathrm{OX}}} + 2\psi_{\mathrm{F}} + V_{\mathrm{FB}} = \frac{W_{\mathrm{M}} - W_{\mathrm{S}}}{q} - \frac{Q_{\mathrm{OS}}}{C_{\mathrm{OX}}} - \frac{Q_{\mathrm{B}}}{C_{\mathrm{OX}}} + 2\psi_{\mathrm{F}} \tag{5.75}$$

式(5.75)中,阈值电压的第一项用于消除半导体和金属的功函数差的影响;第二项是为了抵消氧化绝缘层中电荷的影响;第三项是当半导体表面开始出现强反型层时,电离受主形成的耗尽区上产生的电压降;第四项是强反条件所需的半导体表面势。需要注意的是,对于 N 沟道 MOS 管,其衬底为 P 型半导体,因而表面耗尽区中为负的空间电荷,由电离受主提供。而对于 P 沟道 MOS 管,其衬底是 N 型半导体,表面耗尽层为正的电离施主。两者的费米势 ψ_{F} 也具有相反的符号,N 沟道 MOS 管 ψ_{F} 为正,P 沟道 MOS 管 ψ_{F} 为负。

以 N 沟道 MOS 管为例,耗尽区内的固定电荷

$$Q_{\mathrm{B}} = -qN_{\mathrm{A}}x_{\mathrm{d}} = -\sqrt{4\varepsilon_{s}qN_{\mathrm{A}}\psi_{\mathrm{F}}} \tag{5.76}$$

P 型半导体衬底体内的费米势

$$\psi_{\mathrm{F}} = \frac{kT}{q}\ln\left(\frac{N_{\mathrm{A}}}{n_{\mathrm{i}}}\right) \tag{5.77}$$

将其代入式(5.75),得到实际 N 沟道器件的阈值电压

$$V_{\mathrm{TH(N)}} = \frac{W_{\mathrm{M}} - W_{\mathrm{S}}}{q} - \frac{Q_{\mathrm{os}}}{C_{\mathrm{OX}}} + \frac{1}{C_{\mathrm{OX}}} \sqrt{4\varepsilon_{\mathrm{s}} N_A k T \ln\left(\frac{N_A}{n_{\mathrm{i}}}\right)} + \frac{2kT}{q} \ln\left(\frac{N_A}{n_{\mathrm{i}}}\right) \quad (5.78)$$

类似地,考虑到 P 型半导体与 N 型半导体表面耗尽层中固定电荷的符号相反,以及两者的费米势也具有相反的符号,容易推导出实际 P 沟道 MOS 的阈值电压为

$$V_{\mathrm{TH(P)}} = \frac{W_{\mathrm{M}} - W_{\mathrm{S}}}{q} - \frac{Q_{\mathrm{os}}}{C_{\mathrm{OX}}} - \frac{1}{C_{\mathrm{OX}}} \sqrt{4\varepsilon_{\mathrm{s}} q N_D k T \ln\left(\frac{N_D}{n_{\mathrm{i}}}\right)} - \frac{2kT}{q} \ln\left(\frac{N_D}{n_{\mathrm{i}}}\right) \quad (5.79)$$

增强型 MOS 场效应管阈值电压称为开启电压,耗尽型 MOS 场效应管的电压称为夹断电压。值得注意的是,式(5.78)与式(5.79)为 MOS 结构处于平衡状态时的阈值电压表达式,并未考虑 MOS 管工作时在源漏极之间形成导电沟道后,其中源漏电流 I_{DS} 沿导电沟道产生电压降的情况。

3. 影响阈值电压的其他因素

根据阈值电压 V_{TH} 的表达式(5.78)和式(5.79),栅极下方绝缘氧化层的电容 C_{OX} 愈大,形成导电沟道所需的阈值电压就越小。显然,通过制造厚度较低和结构致密、电容率较大的绝缘层,就可以有效降低阈值电压。一般平面集成电路中 MOS 场效应管的氧化层厚度为 $100\sim150$ nm,厚度过低的薄膜就容易出现针孔而引起击穿。以高于 SiO_2 电容率的薄膜材料制作绝缘层,是 MOS 管的重要改进方向(SiO_2 的相对电容率 $\varepsilon_{\mathrm{r}}=3.8$)。例如,目前发展了在绝缘层中加入 Si_3N_4($\varepsilon_{\mathrm{r}}=6.4$)层的金属-氮化物-氧化物-半导体场效晶体管(metal nitride oxide semiconductor field-effect transistor, MNOSFET)和加入 Al_2O_3($\varepsilon_{\mathrm{r}}=7.5$)层的金属-氧化铝-氧化物-半导体场效晶体管(metal alumina oxide semiconductor field-effect transistor, MAOSFET)。

MOS 场效应管的阈值电压还与表面态电荷密度 Q_{os}、衬底掺杂浓度(N_A、N_D)和金属半导体功函数差 $(W_{\mathrm{M}} - W_{\mathrm{S}})$ 有关。从阈值电压的表示式可知,功函数差越大,V_{TH} 越高。为降低阈值电压,应该选择功函数差低的材料体系,如掺杂多晶体硅作为栅极。对于结构一定的器件,在制造工艺中,还可以通过调整衬底杂质分布,或通过离子注入方法调整沟道掺杂浓度来实现阈值电压的降低。

此外,衬底偏置电压也会影响阈值电压。当有反向偏压施加在衬底和源极之间(如对 N 沟道器件,加在 P 衬底上的电压 V_{SB} 相对于源极为负)时,半导体表面附近的耗尽层将加宽,从而使耗尽层中负的固定电荷 Q_{B} 增加。当 $V_{\mathrm{SB}}=0$ 时,空间固定电荷为

$$Q_{\mathrm{B}} = -q N_A x_{\mathrm{d}} = -(2q\varepsilon_{\mathrm{s}} N_A \psi_{\mathrm{s}})^{1/2} \quad (5.80)$$

对于任意衬底偏置电压偏压 V_{SB},有

$$Q_{\mathrm{B}} = -\left[2q\varepsilon_{\mathrm{s}} N_A (V_{\mathrm{SB}} + \psi_{\mathrm{si}})\right]^{1/2} \quad (5.81)$$

所增加的电荷为

$$\Delta Q_{\mathrm{B}} = -2(q\varepsilon_{\mathrm{s}} N_A)^{1/2} \left[(V_{\mathrm{SB}} + \psi_{\mathrm{si}})^{1/2} - \psi_{\mathrm{s}}^{1/2}\right] \quad (5.82)$$

为了达到强反型条件,外加栅极电压必须增强以补偿 ΔQ_{B},因而

$$\Delta V_{TH} = -\frac{\Delta Q_B}{C_{OX}} = \frac{(2q\varepsilon_s N_a)^{1/2}}{C_{OX}}\left[(V_{SB} + \psi_{si})^{1/2} - \psi_{si}^{1/2}\right] \tag{5.83}$$

图 5.15 所示为阈值电压随衬底偏压 V_{SB} 改变的实际数据案例。

5.5.2 理想 MOS 场效应管的输出特性

本节以图 5.16 所示的 N 沟道 MOS 场效应晶体管一维简化模型为例,推导其源极-漏极之间的电压与其电流的关系。为简化分析,使衬底和源极接地,并采用以下理想假设。

（1）源、漏区的体电阻和各接触电阻忽略不计;

（2）沟道内掺杂均匀;

（3）反型层内载流子的迁移率为常数;

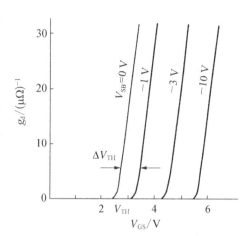

图 5.15　衬底偏压 V_{SB} 对 MOS 场效应管阈值电压的影响,纵轴为输出跨导

（4）缓变沟道近似,即当同时施加栅极电压 V_G（或称为栅极-源极电压 V_{GS}）以及漏极-源极电压 V_{DS} 时,V_G 将在垂直于沟道的 x 方向产生纵向电场 E_x,使半导体表面形成反型层导电沟道;V_{DS} 将在沿沟道方向（y 方向）产生横向电场 E_y,在漏源极之间产生漂移电流 I_{DS}。沟道内任意一点 y 处的横向电场 E_y 远小于此处的纵向电场 $E_x(E_y \ll E_x)$。

（5）长沟道近似（矩形沟道近似）,沿沟道长度 y 方向上沟道宽度 x 的变化量与沟道长度相比可以忽略。

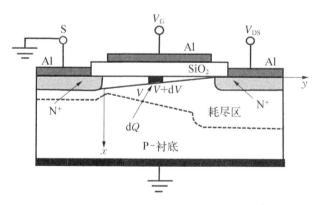

图 5.16　理想 MOS 场效应管一维简化模型

在如图 5.16 所示的 MOS 场效应管中,考虑沟道内 y 位置处的截面。假设栅极电压大于阈值电压（$V_G > V_{TH}$）,在半导体表面感应出由自由移动电子所组成的反型层。由前面的讨论可知,V_G 的一部分用于提供形成沟道的阈值电压,另一部分 $V_G - V_{TH}$ 用于感应出沟道内的自由电荷 Q_1。V_{TH} 由式（5.72）给出,不考虑漏极到源极的电压降时,Q_1 可以由式（5.71）给出。

源漏之间施加沟道电压 V_{DS} 后,设 y 处电压为 $V(y)$。考虑到 $V(y)$ 减弱了该位置的有效栅极偏压,所以感应沟道电荷公式应为

$$Q_1 = -C_{OX}[V_G - V_{TH} - V(y)] \tag{5.84}$$

在强反情况下可以忽略扩散电流,仅考虑感应载流子在漏-源电场 E_y(沿 y 负方向)作用下的漂移电流,其电流密度为

$$J_{DS} = q\mu_n n(x, y)E_y \tag{5.85}$$

由于压降导致沟道内不同位置上的有效栅压不同,沟道中感应产生的电子浓度 $n(x, y)$ 也与位置有关。假设在沟道宽度方向上电流密度分布均匀,对沟道截面进行积分,有源漏电流

$$I_{DS} = Z\int_0^{x_1} q\mu_n n(x, y)E_y dx \tag{5.86}$$

式中,Z 为沟道的宽度,x_1 为半导体表面反型层的厚度。

假设载流子的迁移率为常数,取沟道 y 处的小体积元,其中 V_{DS} 引起的沿 y 方向电压降为 $V \sim V + dV$,而横向电场 $E_y = V(y)/dy$ 与沟道宽度方向 x 无关,则

$$I_{DS} = -Zq\mu_n \frac{dV}{dy}\int_0^{x_1} n(x, y)dx = -Z\mu_n Q_1 E_y \tag{5.87}$$

将沟道感应电荷 Q_1 的表达式(5.5.17)代入,有

$$I_{DS} = -Z\mu_n C_{OX}[V_G - V_{TH} - V(y)]\frac{dV}{dy} \tag{5.88}$$

或

$$I_{DS}dy = -Z\mu_n C_{OX}[V_G - V_{TH} - V(y)]dV \tag{5.89}$$

将式(5.89)沿沟道长度范围 $0 \sim L$ 积分,便可以得到描述 MOS 场效应晶体管直流电流电压特性的基本方程。积分范围:在沟道 $y=0$ 处,源极接地 $V=0$;沟道 $y=L$ 处,电压为 V_{DS}。对式(5.89)等号两边进行积分,有

$$\int_0^L I_D dy = \int_0^{V_D} -Z\mu_n C_{OX}[V_G - V_{TH} - V(y)]dV \tag{5.90}$$

可得

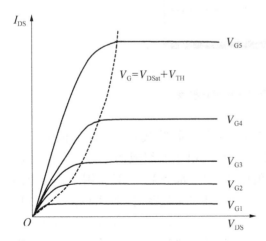

$$I_{DS} = -C_{OX}\mu_n \frac{Z}{L}\left[(V_G - V_{TH})V_{DS} - \frac{V_{DS}^2}{2}\right] \tag{5.91}$$

负号表示电流沿 $-x$ 方向,即从漏极到源极,通常可以不计符号。式(5.91)称为萨支唐方程,用于描述理想 MOS 场效应管漏极电流在饱和前的直流特性。

如图 5.17 所示,根据 MOS 管的工作原理,分为三个区域进行讨论。

1. 线性区

在线性工作区,漏极电压 V_{DS} 较小,满足条件 $V_G - V_{TH} \gg V_{DS}$,故沟道内各处压降 $V(y)$ 很小,

图 5.17 N 沟道 MOSFET 的电流-电压特性,需要标出夹断电压和电流

可以忽略不计。萨支唐方程式(5.91)中括号内的 $V_{DS}^2/2$ 项可以忽略,可简化为

$$I_{DS} = \beta(V_G - V_{TH})V_{DS} \tag{5.92}$$

这就是 MOS 场效应管线性工作区的直流伏安特性方程式。其中 β 由器件材料与结构共同决定,其值为

$$\beta = \frac{Z\mu_n C_{OX}}{L} \tag{5.93}$$

线性区的直流电流电压特性可写为

$$I_{DS} = \beta(V_G - V_{TH})V_{DS} \tag{5.94}$$

由式(5.94)可看出,在栅压 V_G 一定时,源漏电流 I_{DS} 随 V_{DS} 增大而线性上升,对应图 5.16 中的直线段。从物理机制看,这是由于 I_{DS} 较小,沿着沟道方向的压降可以忽略,沟道内各处感应出的电子浓度相等,因此导电沟道可以近似为一个阻值恒定的电阻。根据式(5.94),其阻值为

$$R = \frac{V_{DS}}{I_{DS}} = \frac{1}{\beta(V_G - V_{TH})} = \frac{t_{OX}L}{\varepsilon_s\mu_n Z}\frac{1}{V_G - V_{TH}} \tag{5.95}$$

式中, $C_{OX} = \varepsilon_s/t_{OX}$ 为 MOS 管中氧化层的电容。由此可见,导通的电阻与沟道长度 L 成正比,与沟道宽度 Z 成反比。实际工作中,也可利用上式测量半导体反型层的载流子迁移率和阈值电压。

2. 趋近饱和区

当源极电压 V_{DS} 增大时,沿着沟道 y 方向电流引起的压降 $V(y)$ 随之上升,其结果是使施加在氧化层两侧的有效栅压从源端的 V_G 到漏端的 $V_G - V_{DS}$ 逐渐降低,反型沟道的厚度逐渐减薄。考虑不可忽略的 V_{DS} 以及沟道电流引起的压降影响之后,V_{DS} 依然遵循萨支唐方程(5.91),即

$$I_{DS} = \beta\left[(V_G - V_{TH})V_{DS} - \frac{V_{DS}^2}{2}\right] \tag{5.96}$$

3. 饱和区

当漏极电压 V_{DS} 继续增加到夹断电压 $V_{DSat} = V_G - V_{TH}$ 时,漏极 $y = L$ 处的有效栅压 $V_G - V_{DS}$ 刚好等于阈值电压 V_{TH},由式(5.84)可知,该处的沟道电荷 $Q_I(L) = 0$,说明反型层消失,沟道被夹断,MOS 管开始进入饱和区。将上述夹断电压的值 V_{DSat} 代入萨支唐方程(5.91),可得此时的饱和电流为

$$I_{DSat} = \frac{1}{2}\beta V_{DSat}^2 = \frac{1}{2}\beta(V_G - V_{TH})^2 \tag{5.97}$$

当 $V_{DS} > V_G - V_{TH}$,随着 V_{DS} 的增大,沟道夹断点向源极方向移动,漏极附近将出现耗尽区(又称为夹断区),夹断点处的电压始终保持为 $V_{DSat} = V_G - V_{TH}$,而漏极处的电压为 V_{DS} 高于夹断点,从而在耗尽区内产生了由漏极到夹断点的电场。这种情况与结型晶体管在正向有源工作模式中发射结正偏、集电结反偏的情况非常类似。当电子在沟道内从源极漂移到夹断点时,耗尽区内的强电场将其扫入漏极。对于长沟道 MOS 器件,有效沟道长度随漏源电压 V_{DS}

的减小可以忽略,此时可认为漏源电流基本保持不变。

图 5.16 中的虚线表示漏电流 I_{DS} 进入饱和区的界线。在实际 MOS 器件中,特别是对于大规模集成电路中的短沟道器件,由于有效沟道长度随 V_{DS} 增大而缩短,漏源电流 I_{DS} 并不会完全饱和,而会随 V_{DS} 增大而略有上升,这种现象称为沟道长度调制效应。另外,需要指出的是,实际的 MOS 器件的漏源极电流要明显低于从式(5.94)和式(5.97)推导出的线性区和饱和区电流,特别是衬底为高掺杂的情况。尽管如此,这里的推导过程能够为认识器件的工作原理提供很好的物理图景,并且在数字电路和集成电路设计以及模拟电路的第一级设计中依然是非常有效的模型。在设计中,可以根据器件的测试结果,通过调节 β 值来修正模型。

4. 截止区

除以上讨论的三个区域外,若栅极电压 $V_G < V_{TH}$,则在半导体表面不会形成反型层,此时从源极到漏极相当于背对背连接的两个独立 PN 结,仅能有 PN 结的较小反向饱和产生电流通过,称为截止工作状态。

5.5.3 亚阈值区

在 MOS 场效应管的栅极上施加稍低于强反阈值电压 V_{TH} 的电压 V_G 时,半导体表面处于弱反状态。此时能够形成沟道,但沟道内仅存在少量的反型载流子,通过的漏源电流较小,称为亚阈值电流。当 MOS 管作为低电压小功率器件使用,例如用于最广泛的数字逻辑电路开关或存储器时,亚阈值区是必须考虑的一个重要问题。MOS 管亚阈值电流的存在,使器件的截止漏电流增加,开关特性恶化,电路的静态功耗增大。

在亚阈值区,半导体表面附近的能带发生弯曲,表面势介于本征与强反型之间,满足 $\psi_F < \psi_S < 2\psi_F$。以 N 沟道增强型 MOS 管为例,亚阈值状态氧化层下方 P 型半导体表面的电子多于空穴,但表面反型层中的电子浓度远小于体内多子空穴浓度,因而在重掺杂的 N$^+$ 源区与漏区之间存在高阻的耗尽区,与双极结型晶体管非常类似。因此亚阈值区漏极电流主要来源于载流子的扩散而不是漂移,可以用类似推导均匀掺杂基区的双极结型晶体管集电极电流的方法推导出亚阈值电流。

将亚阈值 MOS 管等效为 NPN(源-衬底-漏)双极结型晶体管,有

$$I_{DS} = qAD_n \frac{\mathrm{d}n}{\mathrm{d}y} = -qAD_n \frac{n(0) - n(L)}{L} \tag{5.98}$$

式中,A 是通过沟道截面积;$n(0)$ 和 $n(L)$ 分别为沟道在源极和漏极处的电子浓度,这两处的电子浓度在 5.1.4 节由式(5.21)给出,即

$$n(0) = n_i \exp\left(\frac{\psi_s - \psi_F}{V_T}\right) \tag{5.99}$$

$$n(L) = n_i \exp\left(\frac{\psi_s - \psi_F - V_{DS}}{V_T}\right) \tag{5.100}$$

将式(5.99)和式(5.100)代入式(5.98)得到

$$I_{DS} = -\frac{qAD_n n_i}{L} \exp\left(-\frac{\psi_F}{V_T}\right) \left[1 - \exp\left(-\frac{V_{DS}}{V_T}\right)\right] \exp\left(\frac{\psi_s}{V_T}\right) \tag{5.101}$$

式(5.101)中的负号表示漏极电流的方向为沿 y 的负方向(从漏极到源极)。当半导体表面刚达到反型状态时,表面势 $\psi_S \approx V_G - V_{TH}$,在 $V_G < V_{TH}$ 时,漏源电流将按照指数规律减小,即亚阈值区电流

$$I_{DS} \propto \exp\left(\frac{V_G - V_{TH}}{V_T}\right) \qquad (5.102)$$

典型亚阈值区 MOS 场效应管的测量曲线如图 5.18 所示。

另外,当 MOS 场效应晶体管处于弱反型区时,漏电流 I_{DS} 除了来源于弱反型沟道中载流子的扩散电流外,反偏漏-衬底结的反向电流也有所贡献。一般情况下,亚阈值扩散电流约为 10^{-8} A 数量级,而反向电流只有 10^{-12} A 数量级,可以忽略不计。实际应用中,为明显减小亚阈值区电流,截止区的栅压要比 V_{TH} 低 0.5 V 甚至更多。

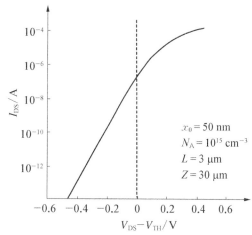

$x_0 = 50$ nm
$N_A = 10^{15}$ cm^{-3}
$L = 3$ μm
$Z = 30$ μm

图 5.18　典型 MOS 场效应管的亚阈值特性

5.6　MOS 场效应管的等效电路和频率响应

5.6.1　交流小信号参数

MOS 场效应管的小信号特性是指在静态工作点基础上,器件输出端电流的微小变化与输入端电压微小变化之间的定量关系。当输入低频小信号时,可以认为 MOS 管各端的电压随时间变化足够慢。不考虑电荷存储效应,沟道中载流子和耗尽层电荷随电压变化规律与直流状态近似相同,晶体管处于准静态工作状态。在任意时刻,各极间小信号电流电压的瞬时值函数关系也具有与直流时相同的表达式。

为便于讨论,本节只考虑 MOS 场效应管中沟道所在的区域(器件源区和漏区之间的区域),以长沟道 N 型器件为例,推导低频小信号参数,推导中依然令源极接地。

1. 跨导 g_m

低频小信号跨导 g_m 定义为静态工作点附近,漏源电压 V_{DS} 一定时,漏电流 I_{DS} 随栅源电压 V_G(源极接地时即为栅压)的变化率,即

$$g_m = \frac{\partial I_{DS}}{\partial V_G}\bigg|_{V_{DS}=常数} \qquad (5.103)$$

跨导 g_m 反映了栅压 V_G 对漏源电流 I_{DS} 的控制能力,也就是在 V_{DS} 一定时,V_G 变化单位电压所引起的漏源电流变化。同时,如果将漏极 D 看作输出端,栅极 G 看作输入端,g_m 则标志着 MOS 场效应管的电压放大本领,定义其增益 K_V 为

$$K_V = R_L \frac{\partial I_{DS}}{\partial V_G} = g_m R_L \qquad (5.104)$$

式中，R_L 为输出端的负载电阻。显然，MOS 场效应管的跨导 g_m 越大，其电压增益 K_V 也就越大。

在线性工作区，漏极电压小于夹断电压，即 $V_{DS} < V_{DSat}$，对线性区电流电压特性方程（5.94）中 V_G 求导，可以得到跨导

$$g_{m\_line} = \beta V_{DS} \tag{5.105}$$

式（5.105）说明，线性区跨导随漏电压增大而线性上升。但是，实际器件的测量结果表明，g_{m_line} 还与栅极电压有关，其原因是漏电压的增大会导致电子迁移率 μ_n 下降，g_{m_line} 也会随之下降。

在饱和工作区，$V_{DS} > V_{DSat}$，对饱和区电流表达式（5.97）进行求导，有

$$g_{m\_sat} = \beta(V_G - V_{TH}) \tag{5.106}$$

这说明，饱和区的跨导 g_{m_sat} 与漏源电压 V_{DS} 基本无关，但与栅电压 V_G 成正比。

如果 MOS 管的衬底不接地，施加反向偏置电压 V_{SB}，半导体的表面势将上升为 $\psi + |V_{SB}|$，耗尽层展宽，表面固定电荷的面密度 Q_B 增大。将阈值电压 V_{TH} 表达式（5.73）中 Q_B 项中的表面势用 $\psi + |V_{SB}|$ 替换，可得到考虑衬底偏压后的漏电流表达式，即

$$I_{DS} = \beta \left\{ \left[(V_G - V_{FB} - \psi_S)V_{DS} - \frac{1}{2}V_{DS}^2 \right] - \frac{2}{3} \left[(V_{DS} + \psi_S + |V_{SB}|)^{\frac{3}{2}} - (\psi_S + |V_{SB}|)^{\frac{3}{2}} \right] \right\} \tag{5.107}$$

因此考虑衬底偏压后小信号衬底跨导 g_{m_sub} 为

$$g_{m\_sub} = \left. \frac{\partial I_{DS}}{\partial V_{SB}} \right|_{V_G = 常数, V_D = 常数} = -\frac{\mu_n W}{L} \sqrt{2\varepsilon_S q N_A} \left[(V_{DS} + \psi_S + |V_{SB}|)^{\frac{1}{2}} - (\psi_S + |V_{SB}|)^{\frac{1}{2}} \right] \tag{5.108}$$

式中的负号说明漏电流随衬底偏压的增强而减小。从式（5.108）可见，衬底跨导 g_{m_sub} 表示了衬底偏压对漏电流 I_{DS} 的控制能力，因此也称为背栅。

2. 漏源输出电导 g_d

MOS 场效应管线性区的漏源输出电导 g_d，又称为漏电导，表示漏源电压 V_{DS} 对漏电流 I_{DS} 的控制能力，定义为

$$g_d = \left. \frac{\partial I_{DS}}{\partial V_{DS}} \right|_{V_G = 常数} \tag{5.109}$$

对萨支唐方程（式 5.91）求 V_{DS} 的导数，可以得到漏电导为

$$g_d = \beta(V_G - V_{TH} - V_{DS}) \tag{5.110}$$

由式（5.110）看出，漏电导 g_d 随漏电压 V_{DS} 的增大而线性减小。当 V_{DS} 较小时，MOS 管工作在线性区，式（5.110）近似为

$$g_{d\_line} = \beta(V_G - V_{TH}) \tag{5.111}$$

理想情况下，MOS 场效应管饱和区的漏电流 I_{DSat} 与漏电压 V_{DS} 无关，因而饱和区漏电导的理论值必然为零，即输出电阻为无穷大。但对于实际器件，漏电流无法达到饱和，即输出电导不等于零。其原因如下。

（1）沟道长度调制效应。导电沟道被夹断后，随着 V_{DS} 超过 V_{DSat} 并进一步升高，夹断点向源端移动，沟道有效长度缩短，从而使沟道电阻减小，相当于增大了饱和漏电流 I_{DSat}。在衬底掺杂浓度较低或短沟道器件中，这种沟道长度对漏电流的影响更加明显。

（2）漏极对沟道的静电反馈作用。当衬底掺杂浓度较低时，漏-衬结和沟道-衬底结（场感应结）的耗尽层随着漏源电压的增大而快速展宽。当沟道长度比较短时，即使漏电压 V_{DS} 不太高，耗尽层宽度也可能与沟道长度相接近。这时源自漏极的电场线将不再全部终止于衬底耗尽层的空间电荷上，而是有很大部分通过耗尽区，终止在沟道中的自由电荷上，如图 5.19 所示。这一漏电场也在 N 型沟道中感应出新的电子，提高了沟道电导。随着漏电压 V_{DS} 的增大，沟道电导进一步增大。这一现象称为漏极对沟道的静电反馈作用。此效应说明，如果源区与漏区距离较近，且衬底杂质浓度又低，在漏电场的影响下，漏电流 I_{DS} 随漏电压 V_{DS} 增大而不饱和。同时也说明，沟道中的载流子浓度以及对应的导电能力，不仅受栅源电压 V_{DS} 和衬底电压 V_{SB} 的控制，也会受到漏源电压的影响。

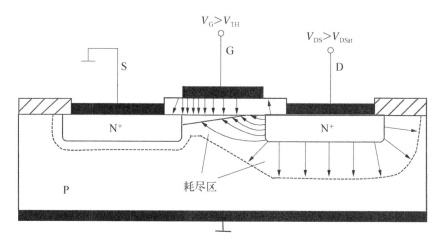

图 5.19 饱和情况下 MOS 管中漏极对沟道的静电反馈作用

5.6.2 小信号等效电路

在交流工作状态下，栅源电压、漏源电压、漏源电流都可以看作直流分量与交流分量的叠加，即

$$\hat{V}_G = V_G + v_g \tag{5.112}$$

$$\hat{V}_{DS} = V_{DS} + v_{ds} \tag{5.113}$$

$$\hat{I}_{DS} = I_{DS} + i_{ds} \tag{5.114}$$

输出端漏源电流是栅源电压和漏源电压的函数，即 $I_{DS} = f(V_G, V_{DS})$。对 I_{DS} 进行微分，有

$$dI_{DS} = dV_G \frac{\partial I_{DS}}{\partial V_G}\bigg|_{V_{DS}=常数} + dV_{DS} \frac{\partial I_{DS}}{\partial V_D}\bigg|_{V_D=常数} = g_m dV_G + g_d dV_{DS} \tag{5.115}$$

在小信号工作状态下，式中的微分增量可近似用电流和电压的交流成分替代，因此交流漏源电流为

$$i_{ds} = g_m v_g + g_d v_{ds} \tag{5.116}$$

电荷存储效应对 MOS 场效应管的频率特性有决定性的影响。由于栅-源和栅-漏之间存在电容 C_{gs} 和 C_{gd},当栅压输入信号随时间变化时,通过沟道电阻形成对等效栅-源电容 C_{gs} 的充电电流,由此产生输入回路中的交流栅电流为

$$i_g = C_{gs}\frac{dv_{gs}}{dt} + C_{gd}\frac{dv_{gd}}{dt} \tag{5.117}$$

同时,栅漏电容 C_{gd} 的充放电效应也将在漏端产生增量电流。这样一来,交流漏极电流更准确的表达式为

$$i_{ds} = g_m v_g + g_d v_{ds} - C_{gd}\frac{dv_g}{dt} \tag{5.118}$$

这表明当栅极电压随输入交流信号变化时,半导体表面的反型层厚度也将随时间变化,从而使沟道电导也随交流栅极电压而改变,由此产生了交流漏电流表达式(5.118)的第一项交流分量 $g_m v_g$;同时,漏端输出也将产生交流电压 v_{ds},并通过漏电导使漏电流产生第二项交流分量 $g_d v_{ds}$;栅电压的变化也使栅漏电容 C_{gd} 上的电压变化,从而产生对该电容的充电电流。因此,交流漏电流由上述三种电流成分组成。当器件工作在饱和状态时,由于漏电导很小,第二项交流分量 $g_d v_{DS}$ 一般可以忽略。

根据 MOS 场效应管的漏端电流 i_{ds} 和 i_g 的表达式(5.118)和式(5.117),可作出如图 5.20 中线框内的本征等效电路。图中 C_{gs} 是等效的栅源电容,表示栅电压变化时,栅源电压增量与所产生的沟道电荷增量之比。C_{gd} 为等效栅漏电容,表示栅源电压一定时,由于漏源电压增大,沟道电荷的减少与漏源电压变化之比。R_{gs} 是栅源电容充电的等效沟道串联电阻,它是输入回路中的有效串联电阻,可以证明它等于沟道导通电阻的 2/5 倍,即

$$R_{gs} = \frac{2}{5}\frac{1}{\beta(V_G - V_{TH})} \tag{5.119}$$

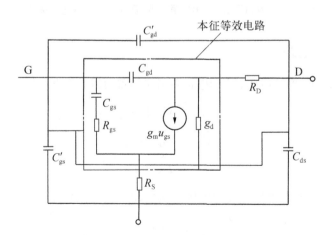

图 5.20　NMOS 场效应管等效电路

在实际 MOS 场效应晶体管中,除了存在上述本征参数外,还存在其他非本征的寄生参数。如图 5.20 所示,元件主要有来源于源区和漏区的体电阻 R_D 和欧姆接触电阻 R_S,沟道区域以外的栅-源、栅-漏的寄生电容 C'_{gs} 和 C'_{gd} 等,它们产生的机制如图 5.21 所示。

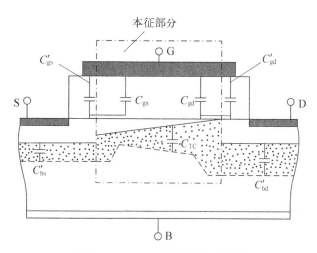

图 5.21　NMOS 小信号物理模型

5.6.3　高频特性参数

由于 MOS 场效应管存在本征电容和寄生电容,在高频工作条件下,这些电容的充放电产生了信号的延迟,同时载流子渡越沟道也需要一定的时间,这些因素限制了 MOS 场效应管的工作频率。MOS 场效应管的主要高频特性参数介绍如下。

1. 跨导截止频率 ω_{gm}

随着外加信号频率的升高,MOS 场效应管中的电容使其交流阻抗和跨导下降。所谓的跨导截止频率 ω_{gm} 定义为跨导 g_m 下降 3 dB 所对应的频率(约为 0.707 倍)。跨导截止频率也可以用 f_{gm} 表示,对应其值为 $f_{gm} = \omega_{gm}/2\pi$。根据跨导的定义

$$g_m = \frac{\partial I_{DS}}{\partial V_G}\bigg|_{V_D = 常数} = \frac{\Delta I_{DS}}{\Delta V_G} \tag{5.120}$$

式中,ΔV_G 表示叠加在直流栅电压上的微变化量。在实际电路中,通常采用共源连接方式,以栅源极(G - S)做输入端,漏源极(D - S)做输出端,并且衬底和源极 S 短路。由图 5.19 可见在输入端存在等效沟道电阻 R_{gs} 和栅源电容 C_{gs}。由于输入电容 C_{gs} 的阻抗与频率成反比,低频时其阻抗很大,近似开路,因而承担了绝大部分的输入信号偏压,在其两端感应出符号相反的等量电荷,使沟道电荷随着输入信号 ΔV_G 而变化,从而产生漏电流增量 ΔI_{DS}。

在高频情况下,由于栅源电容 C_{gs} 的输入阻抗随着频率的增加而减小,其分压相应下降,沟道电阻 R_{gs} 上的电压降更大,使得沟道电荷的改变量变少,从而使 ΔI_{DS} 也变小。因此,要想使高频与低频时 ΔI_{DS} 相当,外加栅源电压 $\Delta V_G'$ 必须大于低频时 C_{gs} 两端的电压 ΔV_G。由等效电路可得

$$\Delta V_G' = (1 + j\omega C_{gs} R_{gs}) \Delta V_G \tag{5.121}$$

其中,角频率 $\omega = 2\pi f$,若用与频率有关的跨导 $g_m(\omega)$ 表示高频信号下栅源电压对漏源电流的控制能力,则有

$$g_m(\omega) = \frac{\Delta I_D}{\Delta V_G'} = \frac{\Delta I_D}{\Delta V_G} \frac{\Delta V_G}{\Delta V_G'} = \frac{g_m}{1 + j\omega C_{gs} R_{gs}} \tag{5.122}$$

可见高频跨导 $g_m(\omega)$ 随频率的升高而下降。当 $\omega_{gm} = \dfrac{1}{C_{gs}R_{gs}}$ 时,高频跨导下降 3 dB。此时可以得到

$$\omega_{gm} = \frac{1}{C_{gs}R_{gs}} = \left[\frac{2}{3}C_G \frac{2}{5}\frac{1}{\beta(V_G - V_{GH})}\right]^{-1} = \frac{15}{4}\frac{\mu_n(V_G - V_{GH})}{L^2} \tag{5.123}$$

式中,$C_G = ZLC_{OX}$ 为 MOS 结构中绝缘层的总电容。可以推得,当 MOS 器件工作在线性区,C_{gs} 与 C_G 近似相等,在饱和工作区 $C_{gs} = 2C_G/3$。

式(5.123)表明,跨导截止频率 ω_{gm} 实际上来源于通过等效沟道电阻 R_{gs} 对栅源电容 C_{gs} 充电的延迟时间。当外加栅源电压改变时,经过延迟后,栅源电容 C_{gs} 两端电压才会跟上外加栅电压的变化,从而改变沟道电流。从式(5.123)可见,要提高跨导截止频率,应选用迁移率 μ_n 较大的衬底材料,同时缩短沟道长度和减小阈值电压 V_{TH},使用时则应提高栅源电压 V_G。

2. 截止频率 ω_T

在 MOS 场效应管等效电路的输入端,由于 C_{gs} 的阻抗随频率增加而下降,流过栅源电容的电流也随频率增高而上升。通常把流过 C_{gs} 的电流上升到刚好等于电压控制电流源 $g_m u_{gs}$ 时的频率定义为 MOS 场效应管的截止频率 ω_T,即

$$\omega_T C_{gs} u_{gs} = g_m u_{gs} \tag{5.124}$$

可见

$$\omega_T = \frac{g_m}{C_{gs}} \tag{5.125}$$

根据 g_m 与 C_{gs} 的表达式,可以推导得到

$$\omega_T = \frac{3}{2}\frac{\mu_n(V_G - V_{TH})}{L^2} \tag{5.126}$$

式(5.126)表明,截止频率 ω_T 与沟道长度 L 的平方成反比。因此对于长沟道器件来说,沟道渡越时间 τ 是限制 MOS 场效应管截止频率及导致延迟的主要因素,它与跨导截止频率 ω_{gm} 和截止频率 ω_T 的关系为

$$\omega_T = \frac{2}{\tau} \tag{5.127}$$

$$\omega_{gm} = \frac{5}{\tau} \tag{5.128}$$

因此

$$\tau = \frac{4}{3}\frac{L^2}{\mu_n(V_G - V_{TH})} \tag{5.129}$$

要提高 MOS 场效应管的截止频率或工作速度,需要缩短沟道长度 L 和提高沟道载流子的迁移率。与同样的 P 沟道器件相比,N 沟道 MOS 器件有较高的截止频率和较快的工作速度。此外,由于存在各种寄生电容,实际器件的工作速度比以上述理论值预期要低得多。

3. 最高工作频率 ω_M

与双极结型晶体管一样,MOS 场效应管的最高工作频率 $\omega_M (f_M = \omega_M / 2\pi)$ 为功率增益等于 1 时的频率。由前面的讨论可知,栅源电压作为输入信号会引起沟道电导变化。当交流栅源电压在由小变大的阶段时,场效应引起沟道载流子的增多和电导增加,在漏源电压作用下载流子从源极流向漏极形成了电流。但是,由于存在栅-沟道电容 C_{GC},一部分载流子需要对该电容充电,直至当载流子积累足够多时,漏源输出电流才会增大。反之,当栅源输入电压经历由大变小的阶段时,漏源输出电流减小,同样依赖于沟道内载流子数目的减小,这一载流子减小的过程就是电容 C_{GC} 的放电过程。

由于栅沟电容的 C_{GC} 的阻抗与信号频率成反比,信号频率 ω 越高,阻抗越低,流过 C_{GC} 的电流越大,漏源电流中用于对该电容充电部分的比例也就越大。当 $\omega = \omega_M$ 时,通过沟道的全部漏源电流都用于给 C_{GC} 充电,漏极输出信号为零,因此有

$$\omega_M C_{GC} u_{GS} = g_m u_{gs} \tag{5.130}$$

可见 MOS 场效应管的最高工作频率为

$$\omega_M = \frac{g_m}{C_{GC}} \tag{5.131}$$

在进行 MOS 管结构设计时,往往将 g_m / C_{GC} 的比值作为重要的高频优值参数(FOM)去衡量其高频特性。

将直流跨导式(5.106)和栅沟电容 C_{GC}

$$C_{GC} = C_{OX} ZL = \frac{\varepsilon_{ox} \varepsilon_0 ZL}{t_{ox}} \tag{5.132}$$

代入式(5.131),得到 MOS 场效应管最高工作频率为

$$\omega_M = \frac{\mu_n}{L^2} (u_{gs} - V_{TH}) \tag{5.133}$$

为提高 MOS 管的最高工作频率 ω_M,应当缩短沟道长度和提高载流子的迁移率。

5.6.4 温度特性

MOS 场效应管是依靠多数载流子传输电流的单极型器件,不存在双极器件中的二次击穿问题,但在大功率、大电流的使用过程中,它的电学参数同样随着温度的升高而变化。漏源电流 I_{DS}、跨导 g_m、输出电导 g_d 表达式中均包含与温度关系密切的迁移率和阈值电压,因此会导致 MOS 管的电学特性随温度而变化。

1. 迁移率随温度的变化

由于沟道载流子被限制在一个薄的反型层内,载流子的漂移速度和迁移率要受到反型层厚度的影响。在较小的纵向电场 E_y 下,载流子的漂移速度与 E_y 呈线性关系,其斜率就是有效迁移率。可以证明,低电场下沟道内电子和空穴的有效迁移率近似为常数,其数值等于半导体内迁移率的 1/2。实验还发现,此时迁移率随温度上升而下降趋势。在比较高的温度下,反型层中的电子与空穴的迁移率 $\mu_{eff} \propto T^{-3/2}$,而在 $-55 \sim +155\ ℃$ 的较低温度范围内,$\mu_{eff} \propto 1/T$,

所以 MOS 器件的结构参数 β 具有负的温度系数。

在强电场下,当沟道中载流子达到速度饱和时,由于温度升高,沟道载流子的散射过程加剧,由散射而损失的能量增大。因而强场下沟道载流子的饱和速度也随着温度升高而下降,从而使短栅器件的漏电流随温度增加而减小。

2. 阈值电压的温度特性

阈值电压随温度的变化主要来源于费米势 ψ_F 和本征载流子浓度 n_i 随温度的变化。一般氧化膜中电荷 Q_{OX} 及金属-半导体功函数差在很宽的温度范围内与温度无关,将式(5.72)中 V_{TH} 对温度 T 求导可得

$$\frac{dV_{TH}}{dT} = \frac{1}{C_{OX}}\left(\frac{dQ_B}{dT}\right) + 2\left(\frac{d\psi_F}{dT}\right) \tag{5.134}$$

对于 N 沟道 MOS 场效应器件,

$$Q_B = -(4\varepsilon_s q N_A \psi_F)^{\frac{1}{2}} \tag{5.135}$$

将式(5.135)代入式(5.134),有

$$\frac{dV_{TH}}{dT} \approx \frac{1}{C_{OX}}(\psi_F \varepsilon_s N_A)^{\frac{1}{2}} \frac{d\psi_F^{\frac{1}{2}}}{dT} + 2\frac{d\psi_F}{dT} \tag{5.136}$$

或

$$\frac{dV_{TH}}{dT} \approx \frac{d\psi_F}{dT}\left(-\frac{Q_{Bmax}}{2C_{OX}\psi_F} + 2\right) \tag{5.137}$$

可见,阈值电压 V_{TH} 的温度系数与 $d\psi_F/dT$ 有相同的符号。

对于 P 型硅,费米能级

$$\psi_F = \frac{kT}{q}\ln\frac{N_A}{n_i} \tag{5.138}$$

$$n_i \approx 3.86 \times 10^{16} T^{\frac{3}{2}} \exp\left(-\frac{E_g}{2kT}\right) \tag{5.139}$$

则

$$\frac{d\psi_F}{dT} = \frac{k}{q}\left(\ln\frac{N_A}{n_i} - \frac{E_g}{2kT} - \frac{3}{2}\right) \tag{5.140}$$

且在通常的温度范围内,$\dfrac{E_g}{2kT} \gg \dfrac{3}{2}$,因此有

$$\frac{d\psi_F}{dT} \approx \frac{1}{T}\left(\psi_F - \frac{E_g}{2q}\right) \approx -\frac{1}{T}(0.6 - \psi_F) \tag{5.141}$$

由于在 MOS 场效应晶体管的沟道掺杂范围内,ψ_F 始终小于 $E_{g0}/2q$,即 $\psi_F < 0.6\,\text{V}$,因此 P 型硅中,$d\psi_F/dT < 0$。这表明在 P 型硅中,随着温度的升高,E_F 逐渐移向 E_i,所以 ψ_F 随温度的升高而减小。将式(5.137)代入式(5.141),可得 N 沟道 MOS 管的阈值电压随温度变化关系为

$$\frac{\mathrm{d}V_{\mathrm{TH}}}{\mathrm{d}T} = \left(\frac{0.6 - \psi_{\mathrm{F}}}{T}\right)\left(\frac{-Q_{\mathrm{B}}}{2C_{\mathrm{Ox}}\psi_{\mathrm{F}}} + 2\right) \tag{5.142}$$

所以 N 沟道 MOS 器件的阈值电压随温度的升高而下降。

对于 N 型硅,根据费米势

$$\psi_{\mathrm{F}} = -\frac{kT}{q}\ln\frac{N_{\mathrm{D}}}{n_{\mathrm{i}}}, \quad \frac{\mathrm{d}\psi_{\mathrm{F}}}{\mathrm{d}T} = \frac{0.6 + \psi_{\mathrm{F}}}{T} \tag{5.143}$$

可见在 N 型硅中,由于 $E_{\mathrm{F}} > E_{\mathrm{i}}$,且 E_{F} 随着温度的上升逐渐接近 E_{i},所以 P 沟 MOS 场效应晶体管的阈值电压随着温度的升高而增大。实验证明,在 $-55 \sim +125\ ℃$ 范围内,N 沟道与 P 沟道 MOS 管的阈值电压都随温度基本呈线性变化。

3. 非饱和区主要参数的温度特性

将非饱和区的漏极电流表达式(5.91)对温度 T 求导,可得

$$\frac{\mathrm{d}I_{\mathrm{DS}}}{\mathrm{d}T} = \frac{I_{\mathrm{DS}}}{\beta}\frac{\mathrm{d}\beta}{\mathrm{d}T} - \frac{I_{\mathrm{DS}}}{V_{\mathrm{G}} - V_{\mathrm{TH}} - \dfrac{V_{\mathrm{DS}}}{2}} \cdot \frac{\mathrm{d}V_{\mathrm{TH}}}{\mathrm{d}T} \tag{5.144}$$

将结构参数 $\beta = C_{\mathrm{OX}}\mu_{\mathrm{n}}\dfrac{Z}{L}$ 代入,得到漏极电流的温度系数为

$$\alpha_T = \frac{1}{I_{\mathrm{DS}}}\frac{\mathrm{d}I_{\mathrm{DS}}}{\mathrm{d}T} = \frac{1}{\mu}\frac{\mathrm{d}\mu}{\mathrm{d}T} - \frac{1}{V_{\mathrm{G}} - V_{\mathrm{TH}} - \dfrac{V_{\mathrm{DS}}}{2}}\frac{\mathrm{d}V_{\mathrm{TH}}}{\mathrm{d}T} \tag{5.145}$$

式(5.145)中第一项为负值,第二项为正值,分别对应载流子迁移率和阈值电压两个影响因素。当 $V_{\mathrm{G}} - V_{\mathrm{TH}}$ 较大时,第二项的作用减弱,漏极电流的温度系数 α_T 主要由迁移率随温度的变化决定,即为负值;当 $V_{\mathrm{G}} - V_{\mathrm{TH}}$ 较小时,第二项起主要作用,α_T 为正值,漏电流随温度的升高而增大。当 $V_{\mathrm{G}} - V_{\mathrm{TH}}$ 选择适当时,式中两项的作用有可能互相抵消,使漏极电流的温度系数 $\alpha_T = 0$,此时满足的工作条件为

$$V_{\mathrm{G}} - V_{\mathrm{TH}} = \frac{\mu\dfrac{\mathrm{d}U_{\mathrm{T}}}{\mathrm{d}T}}{\dfrac{\mathrm{d}\mu}{\mathrm{d}T}} \tag{5.146}$$

将线性区跨导表达式(5.105)对温度求导,有

$$\frac{\mathrm{d}g_{\mathrm{m}}}{\mathrm{d}T} = V_{\mathrm{DS}}\frac{\mathrm{d}\beta}{\mathrm{d}T} = g_{\mathrm{m}}\frac{1}{\beta}\frac{\mathrm{d}\beta}{\mathrm{d}T} \tag{5.147}$$

故跨导的温度系数为

$$\gamma_{\mathrm{T}} = \frac{1}{g_{\mathrm{m}}}\frac{\mathrm{d}g_{\mathrm{m}}}{\mathrm{d}T} = \frac{1}{\mu}\frac{\mathrm{d}\mu}{\mathrm{d}T} \tag{5.148}$$

可见,在非饱和工作区内,跨导随温度的变化只与迁移率的温度特性有关,因而跨导的温度系数为负,即跨导随温度的升高而下降。

此外,将漏电导表达式(5.111)对温度求导,可得到漏电导温度系数为

$$\eta_{\mathrm{T}} = \frac{1}{g_{\mathrm{dll}}} \frac{\mathrm{d}g_{\mathrm{dl}}}{\mathrm{d}T} = \frac{1}{\mu} \frac{\mathrm{d}\mu}{\mathrm{d}T} + \frac{1}{V_{\mathrm{G}} - V_{\mathrm{TH}} - V_{\mathrm{DS}}} \left(-\frac{\mathrm{d}V_{\mathrm{TH}}}{\mathrm{d}T} \right) \tag{5.149}$$

4. 饱和区温度特性

类似地,将饱和漏极电流、跨导及漏导分别对温度求导,可得三者的温度系数分别为

$$\alpha_{\mathrm{TS}} = \frac{1}{I_{\mathrm{DSat}}} \frac{\mathrm{d}I_{\mathrm{DSat}}}{\mathrm{d}T} = \frac{1}{\mu} \frac{\mathrm{d}\mu}{\mathrm{d}T} - \frac{2}{V_{\mathrm{G}} - V_{\mathrm{TH}}} \frac{\mathrm{d}V_{\mathrm{TH}}}{\mathrm{d}T} \tag{5.150}$$

$$\gamma_{\mathrm{TS}} = \frac{1}{g_{\mathrm{ms}}} \frac{\mathrm{d}g_{\mathrm{ms}}}{\mathrm{d}T} = \frac{1}{\mu} \frac{\mathrm{d}\mu}{\mathrm{d}T} - \frac{1}{V_{\mathrm{G}} - V_{\mathrm{TH}}} \frac{\mathrm{d}V_{\mathrm{TH}}}{\mathrm{d}T} \tag{5.151}$$

$$\eta_{\mathrm{TS}} = \frac{1}{g_{\mathrm{ds}}} \frac{\mathrm{d}g_{\mathrm{ds}}}{\mathrm{d}T} = \frac{1}{\mu} \frac{\mathrm{d}\mu}{\mathrm{d}T} - \frac{1}{V_{\mathrm{G}} - V_{\mathrm{TH}}} \frac{\mathrm{d}V_{\mathrm{TH}}}{\mathrm{d}T} \tag{5.152}$$

由式(5.150)~式(5.152)看出,在饱和区漏电流、跨导和漏导的温度系数都受迁移率和阈值电两个因素的共同支配,因此存在着零温度系数工作点。图 5.22 给出了典型 MOS 管漏极电流温度系数随栅压变化的曲线。由图可见,该器件在 $V_{\mathrm{G}} - V_{\mathrm{TH}} = 2\,\mathrm{V}$ 时,漏极电流的温度系数接近于零,该点具有非常重要的实际意义。

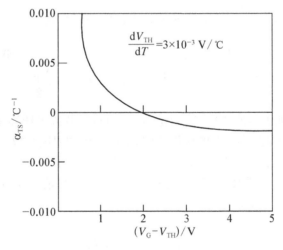

图 5.22　MOS 管漏极电流温度系数随栅压变化的曲线

5.7　MOS 场效应晶体管的开关特性

5.7.1　MOS 倒相器

MOS 场效应晶体管处于大信号工作状态时,与双极晶体管类似,也有导通和截止两种工作状态。导通、截止以及这两种状态相互转换是 MOS 数字集成电路的基础。数字电路中的逻辑功能均通过基本的"与""或""非"逻辑运算实现。这里以进行"非"运算的基本单元倒相器为例,说明 MOS 场效应管的开关作用。

倒相器的基本功能是对输入信号进行反相。MOS 倒相器可分为静态倒相器和动态倒相

器。根据负载元件的不同,静态倒相器又可分为电阻负载倒相器、增强负载倒相器、耗尽负载倒相器和互补负载倒相器。如图 5.23 所示为常用的电阻负载 P 沟道 MOS(PMOS)倒相器电路及其工作原理。输出回路由 PMOS 源漏电阻和负载 R_L 串联而成,电源电压 V_{DD} 与接地源极之间形成电流漏电流 I_{DS}。当作为输入端的栅压 V_{GS} 处于高电平(代表"1"状态)且 $V_{GS} > V_{TH}$ 时,PMOS 管导通。由于导通时源漏之间的电阻 $R_{on} \ll R_L$,V_{DD} 主要降落在负载 R_L 上,因此输出的电压(R_{on} 分压)近似为零(低电平,代表"0"状态)。反之,若输入 $V_{GS} = 0$(低电平"0"状态)时,PMOS 管截止,其输出电阻 $R_{off} \gg R_L$,V_{DD} 主要降落在源漏极之间,则输出电压为高电平状态"1"。当输入栅压 V_{GS} 在高、低电平范围内跳变时,MOS 管的工作状态在导通与截止两种状态下转换,对应于输出特性曲线图 5.23(b)中的 A 与 B 两工作点。

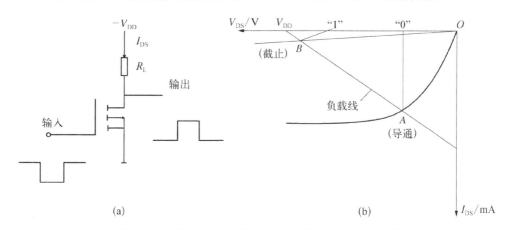

图 5.23　电阻负载 P 沟道 MOS 倒相器工作原理示意图

(a) 电路图；(b) 工作点

由于存在本征电容、寄生电容以及载流子通过沟道的输运时间,MOS 晶体管的输入与输出电压波形存在一定的延迟,如图 5.24 所示。在实际数字集成电路中,常接入另一个 MOS 管作为倒相电路的负载,构成了如图 5.25(a)所示的饱和负载增强型倒相器。其中作为负载的 VT_2 管栅极和漏极短接,且工作在饱和状态。可根据负载管 VT_2 的伏安特性曲线斜率,画出倒相管 VT_1 的输出特性曲线和对应的导通点 A 和截止工作点 B,如图 5.25(b)所示。

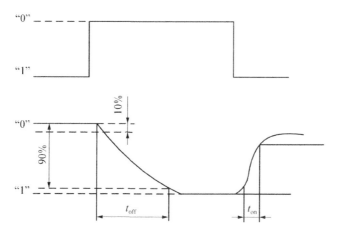

图 5.24　典型 CMOS 倒相器的输入和输出波形

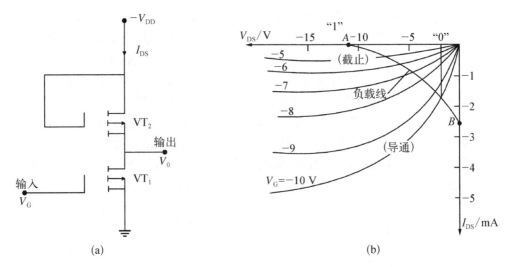

图 5.25 饱和负载增强型倒相器工作原理示意图

(a) 电路;(b) 工作点

饱和负载增强型倒相器的工作原理如下:当 VT_1 管的栅极输入低电平,该 MOS 管截止,输出电路开路,漏极电流 $I_{DS} \approx 0$,输出电压近似等于电源电压。此时 VT_1 管的工作点与电压轴重合,与负载线交于点 A,即高电平"1"状态输出。当 VT_1 管的栅电压超过栅极电压,输入高电平"1"时,MOS 管导通,此时有较大的电流流过 VT_1 和 VT_2,VT_1 管输出特性曲线与负载线交于点 B,输出电压很小,表示"0"状态。

5.7.2 开关延迟机制

MOS 场效应晶体管在开态和关态转化过程有本征与非本征两种延迟因素。非本征延迟来源于负载电容的充放电以及各个 MOS 管之间的延迟,本征延迟主要是载流子通过沟道的输运所引起的延迟。这里以图 5.26 所示的电阻负载倒相器为例,对 MOS 场效应管的延迟机制进行分析,图中的 R_L、C_L 分别为负载电阻和负载电容,源极接地。图 5.27 为电阻负载倒相器的理想开关波形示意图。

1. 非本征开关延迟

1) 开通过程

MOS 场效应管的导通过程是由延迟和上升两个阶段构成的。当输入的驱动栅电压信号 $V_G(t)$ 在高电平时,MOS 管的栅电容 C_{gs} 和 C_{gd} 充电,经过一定的时间延迟,加载在 C_{gs} 上的栅电压才能达到阈值电压 V_{TH},使导通电流出现。导通电流与驱动信号之间的延迟时间被称为导通时间 t_d。

MOS 场效应管的延迟时间可由其输入电容特性方程推导,根据 MOS 管等效电路,有

$$V_G(t) = V_{GG}[1 - \exp(-t/R_{gen}C_{in1})] \tag{5.153}$$

式中,V_{GG} 是峰值栅电压;R_{gen} 是电流脉冲发生器的内阻;C_{in1} 为输入电容。

当栅电压 V_G 增加到阈值电压 V_{TH} 时,导通延迟时间结束,由式(5.153)可得

$$t_d = C_{in1}R_{gen}\ln(1 - V_{TH}/V_{GG})^{-1} \tag{5.154}$$

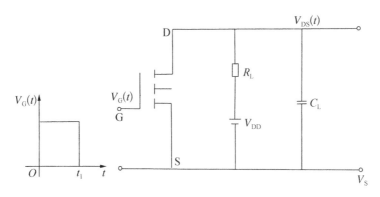

图 5.26　电阻负载 MOS 倒相器等效电路

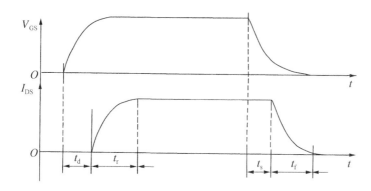

图 5.27　MOS 场效应晶体管开关波形延迟

栅电容上的 $V_G > V_{TH}$ 后 MOS 管进入线性工作区,随着栅电容偏压的增加,反型沟道加宽,沟道电流迅速上升,逐渐达到最大值。此时,对应的栅电容偏压可记为 V_{Gr},达到这一上升过程的时间用 t_r 表示。反相放大电路中,存在密勒效应,即输入与输出之间的分布电容或寄生电容由于放大器的放大作用,其等效到输入端的电容值会扩大 $1+\beta$ 倍,其中 β 是该级放大电路电压放大倍数。由于密勒效应,上升期间的输入电容 C_{in2} 与 C_{in1} 不同,仍假定 C_{in2} 为常数,可推得上升时间为

$$t_r = C_{in2} R_{gen} \ln \left[1 - \frac{(V_{Gr} - V_{TH})}{(V_{GG} - V_{TH})} \right]^{-1} \tag{5.155}$$

2) 关断过程

MOS 场效应管的关断过程由储存和下降两个过程构成。当驱动栅电压信号反相,栅电容 C_{gs} 放电,使加载在 C_{gs} 上的栅电压下降,当 V_G 下降到上升时间结束时的栅电压 V_{Gr} 时,电流才开始下降。这个过程称为储存过程,这个过程所经过的时间称为储存时间 t_s。

储存时间结束后,C_{gs} 继续放电,栅压从 V_{Gr} 继续下降,反型沟道厚度减薄,导通电流快速下降。当 $V_G < V_{TH}$ 时达到截止状态,关断过程完成。这一过程称为下降过程,对应下降时间 t_f。

MOS 场效应管的关断过程是开通过程的反过程,两者时间近似相等。

开通时间 $t_{on} = t_d + t_r$;关断时间 $t_{off} = t_s + t_f$。

非本征开关时间受负载电阻 R_L、负载电容 C_L、栅峰值电压 V_{GG} 等因素的影响,减小栅电容及各电阻值对减少延迟是非常有意义的。由于 MOS 场效应晶体管是一种多子器件,不存在如同双极晶体管基区和集电区出现的电荷储存效应。延迟与其输入电容中储存的电荷有

关,主要取决于总栅面积,因而 MOS 场效应管的电荷存储比双极晶体管的情况要小得多,可以作为潜在的高速器件。

2. 本征开关延迟

栅极输入大信号时,MOS 结构反型层沟道充电,漏极电流逐渐上升到与导通栅压对应的稳态值。这一过程所需要的时间就是 MOS 管的本征开关延迟时间。该延迟与传输电流的大小和电荷的多少有关,也与载流子漂移速度有关。载流子漂移速度越快,本征延迟越短。

开关过程中的瞬态漏电流 $i_{DS}(t)$ 与瞬态沟道电荷 $q_c(t)$ 间应满足下列关系式:

$$i_D(t) = \frac{dq_e(t)}{dt} \tag{5.156}$$

假设 $t=0$ 时 MOS 管为关断状态,沟道电荷 $q_c(t)=0$;漏极电流 $i_{DS}(t)=0$。外加 V_G 时对应的稳态沟道总电荷为 Q_{BM},则沟道从零电荷充电到 Q_{BM} 所需要的时间可以根据式(5.156)写出

$$t_{ch} = \int_0^{t_{ch}} dt = \int_0^{Q_{BM}} \frac{dq_c(t)}{i_D(t)} \tag{5.157}$$

为方便起见,假定漏电流在 $t=0$ 时迅速上升到稳定态,而且整个开关过程中保持不变,即 $i_{DS}(t)=I_{DS}$,$q_c(t)=Q_{BM}$,式(5.157)简化为

$$t_{ch} = \frac{Q_{BM}}{I_D} \tag{5.158}$$

若将零级近似下的 Q_{BM} 和 I_{DS} 表达式代入式(5.158),可得出

$$t_{ch} = \frac{4L^2 \left[(V_G - V_{TH})^3 - (V_G - V_{TH} - V_{DS})^3 \right]}{3\mu_n \left[(V_G - V_{TH})^2 - (V_G - V_{TH} - V_{DS})^2 \right]} \tag{5.159}$$

在线性工作区,当 $V_G - V_{TH} \gg V_{DS}$ 时,本征开通延迟时间为

$$t_{ch1} = \frac{L^2}{\mu_n} \frac{1}{V_D} \tag{5.160}$$

在饱和区,本征开通延迟时间为

$$t_{chs} = \frac{4L^2}{3\mu_n} \frac{1}{(V_G - V_{TH})} \tag{5.161}$$

通常,在沟道不太长的情况,本征开通延迟时间是比较短的。一般若 MOS 场效应管沟道长度小于 $5\,\mu m$,则开关速度主要由负载延迟决定。而对于长沟道 MOS 管,本征延迟与负载延迟相当,甚至超过负载延迟。因此,减小沟道长度是器件减小开关时间的主要方法。

5.8 短沟道效应

5.8.1 器件的比例缩小

自 1959 年第一个集成电路发明以来,半导体器件的尺寸在不断减小,集成度也越来越高。

在超大规模集成电路(very large-scale integration circuit，VLSI，集成元件数在 $10^5 \sim 10^7$ 个)的基础上，发展了特大规模集成电路(ultra large-scale integration，ULSI)甚至极大规模集成电路(giga large-scale integration，GLSI)，芯片中的集成元件已经在几十亿个以上。此时单个 MOS 场效应管沟道的长度减小到几十甚至十几纳米量级。

比例缩小法是在 MOS 集成电路设计时经常应用的一个规则。其原理在于，在 MOS 器件内电场强度和电流密度保持不变的前提下，如果 MOS 晶体管尺寸、工作电压和电流缩小到原来的 $1/K$，有源区掺杂浓度提高 K 倍，则晶体管的延迟时间将缩短为原来的 $1/K$，功耗降低为原来的 $1/K^2$。这里 K 称为比例缩小系数。表 5.2 给出了比例缩小法则中主要参量的变化规律。比例缩小的指导思想是在器件内部电场不变的条件下，通过纵、横向尺寸的缩小，以增加跨导和减少级联负载电容来提高电路的性能。其中 MOS 器件的尺寸包括沟道长度(即特征尺寸)、沟道宽度、氧化绝缘层的厚度等。图 5.28 所示为大尺寸器件和按比例缩小尺寸后的器件的示意图，以及它们相应的输出特性，其中阈值电压也按比例缩小了同样的倍数。

表 5.2 MOS 场效应管比例缩小参量表

参 量 名 称	缩小因子	参 量 名 称	缩小因子
L，W，t，x_i（尺寸）	$1/K$	$C_L = WlC$（负载电容）	$1/K$
V_{DS}（电压）	$1/K$	t_d（门延迟）	$1/K$
N_{sub}（衬底浓度）	K	P_w（功耗）	$1/K^2$
V_{TH}（开启电压）	$1/K$	$P_w t_d$（优值）	$1/K^3$
I_{DS}（电流）	$1/K$	A（芯片面积）	$1/K^2$
C_{DS}（单位面积电容）	$1/K$	D（集成密度）	K^2

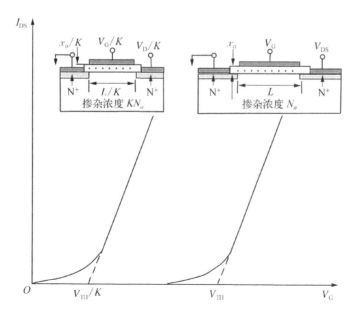

图 5.28 按比例缩小的 MOS 场效应管输出特性。因子 K

但是,随着器件尺寸缩小至深亚微米量级甚至纳米量级,一些分析长沟道器件的假设不再成立,出现了短沟道效应。例如,在前面讨论理想 MOS 场效应管的电流电压特性时,认为其沟道较长且足够宽,采用了一维突变结近似和缓变沟道近似进行分析。然而如果沟道的长度减小到可以与源结和漏结耗尽层宽度相比拟时,或者沟道宽度可以与栅下耗尽层深度相比拟时,理想情况下缓变沟道的近似不再成立,前面得到的结论在短沟道和窄沟道器件中也不再适用。

短沟道效应主要指下列情况。

(1) MOS 场效应晶体管的阈值电压随沟道长度的减小而下降。

(2) 沟道的长度缩短后,漏源间的高电场使载流子迁移率减小,跨导下降;或源极和漏极两个耗尽层连在一起,沟道出现穿通,栅极失去了对漏源电流的控制作用,这种耗尽层穿通是短沟道器件的主要限制。

(3) 弱反状态下漏源电流的沟道长度调制效应更加明显。

在一般电路应用中,栅极偏置电压 V_{DS} 通常保持为常数。随着 I_{DS} 的增加,沟道长度缩短,纵向电场 E_y 增大,沟道中载流子的迁移率变得与电场有关。最终会出现漂移速度的饱和,甚至很小的 E_y 就能使沟道的迁移率比半导体体内小。例如,如图 5.29 所示的典型 MOS 场效应管,随着 E_y 的增加,沟道载流子迁移率从体内的 $1\,500\ \mathrm{cm^2/(V \cdot s)}$ 下降约一半,其原因在于:载流子被限制在很窄的反型层内运动($1\sim10\ \mathrm{nm}$)时,表面散射的影响非常显著。

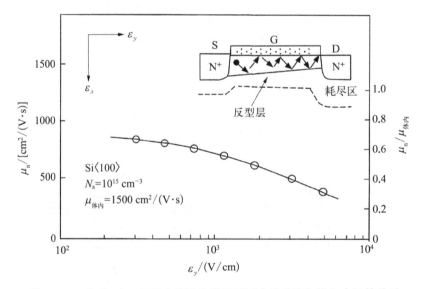

图 5.29　N 沟道 MOS 场效应管的沟道反型层内迁移率和纵向电场的关系

图 5.30 所示为一个 N 沟道器件在不同的横向电场 E_x 下测量的电子漂移速度与纵向电场 E_y 的函数关系。在低电场($E_y \sim 10^3\ \mathrm{V/cm}$)下,漂移速度随 E_y 呈线性变化,说明迁移率为常数。随着 E_y 的增加,漂移速度的增加变慢,当 E_y 到达约 $10\ \mathrm{V/cm}$ 时,漂移速度趋于饱和值。另外,漏-衬结、源-漏结的内建电势和弱反型开始时的表面势不能按比例变化(如掺杂浓度增加 10 倍,表面势仅有 10% 的变化)。栅氧厚度在接近或小于纳米尺度时,工艺上也会受大量缺陷的限制。氧化层的隧道电流是另一个基本限制。当结深减小时,源和漏的串联电阻增加。这一点在结深减小而电流增大时特别有害。考虑到 PN 结的击穿,沟道掺杂也不能无限增加。

即使对于一个确定的亚阈值摆幅,考虑到关态电流,阈值电压的减小也受到限制。

下节将定量分析短沟道效应对 MOS 场效应管的阈值电压、漏电流及跨导的影响。

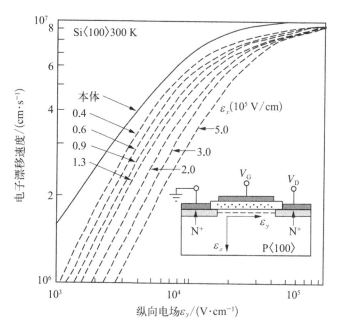

图 5.30　N 沟道 MOS 场效应管的沟道反型层内电子漂移速度与纵向电场的关系

5.8.2　阈值电压偏移

可以基于由图 5.31 所示的 MO 场效应器件模型分析短沟道效应。在一般掺杂范围内,当沟道长度缩短后,由于漏-衬结和源-衬结的耗尽区距离较近,真正受到栅压控制的半导体表面空间电荷区由原来的矩形缩减为近似梯形,并且随沟道长度的缩短而减小。这一梯形区以外的电荷无法受到栅极电压的控制,栅极下梯形区空间电荷的总量为

$$Q'_{\text{B}}=qN_{\text{A}}X_{\text{dmax}}\frac{L+L'}{2}Z=Q_{\text{Bmax}}\frac{L+L'}{2}W \tag{5.162}$$

栅下单位面积上的平均面电荷密度减少到

$$\bar{Q}_{\text{Bmax}}=\frac{Q'_{\text{B}}}{ZL}=Q_{\text{Bmax}}\left(1-\frac{\Delta L}{L}\right) \tag{5.163}$$

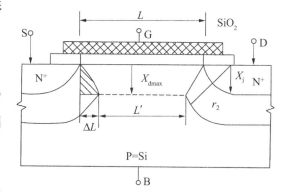

图 5.31　短沟道效应的器件几何模型

式中,$\Delta L=\frac{1}{2}(L-L')$。

因此,考虑漏端和源端耗尽层的影响后,栅下空间电荷的减少量为图 5.30 中栅下斜线三角形面积所对应的电荷量的 2 倍。由于栅下表面空间电荷的减少,单位面积上的平均空间电荷密度与长沟道器件相比,也减少了 $Q_{\text{Bmax}}\Delta L/L$。图中的

$$\Delta L = (r_2^2 - X_{dmax}^2)^{\frac{1}{2}} - X_j \approx \left[(X_j + X_{dmax})^2 - X_{dmax}^2 \right]^{\frac{1}{2}} - X_j = X_j \left[\left(1 + \frac{2X_{dmax}}{X_j} \right)^{\frac{1}{2}} - 1 \right]$$

$$(5.164)$$

式中，X_j 为漏端结深。将式(5.164)代入式(5.163)得

$$\bar{Q}_{Bmax} = Q_{Bmax} \left\{ 1 - \frac{X_j}{L} \left[\left(1 + \frac{2X_{dmax}}{X_j} \right)^{\frac{1}{2}} - 1 \right] \right\} \qquad (5.165)$$

由此可见，当沟道长度 $L \gg X_j$ 时，$L/X_j \to 0$，漏源端耗尽层的影响可以忽略，栅下表面耗尽层中电荷密度仍然等于 Q_{Bmax}；而当沟道长度 L 与结深 X_j 接近时，栅下表面耗尽层中的平均电荷密度随着沟道长度的缩短而减小。将式(5.165)代入阈值电压 V_{TH} 的表达式中，可得短沟道阈值电压表达式为

$$V_{TH} = V_{FB} + 2\psi_F - \frac{Q_{Bmax}}{C_{OX}} \left\{ 1 - \frac{X_j}{L} \left[\left(1 + \frac{2X_{dmax}}{X_j} \right)^{\frac{1}{2}} - 1 \right] \right\} \qquad (5.166)$$

因此，短沟道效应所引起阈值电压偏移量为

$$\Delta V_{TH1} = \frac{Q_{Bmax}}{C_{OX}} \left[\left(1 + \frac{2X_{dmax}}{X_j} \right)^{\frac{1}{2}} - 1 \right] \frac{X_j}{L} \qquad (5.167)$$

此外，除了沟道长度方向漏源端耗尽层影响阈值电压外，宽度方向的边缘效应也应该考虑。可以证明，此时栅极下可控空间电荷增多，平均电荷密度增加到

$$\bar{Q}'_{Bmax} = Q_{Bmax} \left(1 + \frac{2X_{dmax}}{2Z} \right) \qquad (5.168)$$

对于窄沟道器件，当沟道宽度 Z 减小到与最大耗尽层宽度接近时，阈值电压随着宽度的变窄而快速偏移，其偏移量为

$$\Delta V_{TH2} = \frac{Q_{Bmax}}{C_{ox}} \frac{2X_{dmax}}{2Z} \qquad (5.169)$$

总之，短沟道器件中沟道长度的缩短和宽度变窄都会对器件的阈值电压产生明显影响。沟道长度缩短使栅下可控空间电荷减少，阈值电压下降；而沟道宽度变窄使栅下可控空间电荷增多，阈值电压上升。

5.8.3　漏电流与跨导饱和

在长沟道器件中，漏电流随沟道长度的缩短而上升，即 $I_{DS} \propto 1/L$，相应的跨导也随沟道长度 L 的缩短而增加，即 $g_m \propto 1/L$。在短沟道器件中，由于沟道长度很短，沟道内的漂移电场 E_y 将随漏源电压 V_{DS} 的增加而迅速上升。当漏源电压 V_{DS} 增加到漏端电场达到载流子速度饱和临界场强（$\sim 2 \times 10^4$ V/cm）时，由于漏端载流子速度饱和而使漏极电流达到饱和，此时电流和跨导都显著地减小，可定量分析如下。

载流子漂移速度饱和时，沟道将分为速度饱和区和不饱和区，其分界点即是临界场强点。在不饱和区内，有

$$I_{DS} = \frac{\mu_n C_{ox} Z}{y_c} \left[(V_G - V_{TH}) V_{DS1} - \frac{1}{2} V_{DS1}^2 \right] \tag{5.170}$$

式中,V_{DS1} 为对应的不饱和区源端电压,且 $V_{DS1} < V_G - V_{TH}$。

在速度饱和区内,漏源电流 I_{DS} 是载流子数、载流子速度和电子电荷的乘积。假设饱和时电子速度 $v = v_s$,则

$$I_{DS} = Z q v_s \int_0^{x_1} n_l(x) \, \mathrm{d}x \tag{5.171}$$

式中,x_1 为反型层的宽度。式(5.171)中积分为反型层电荷 Q_I。在沟道源端,$Q_I = C_{OX}(V_G - V_{TH})$,因此漏端载流子速度饱和时的漏电流为

$$I_{DS} \approx Z C_{OX} v_s (V_G - V_{TH}) \tag{5.172}$$

由此看出,当漏端载流子速度饱和时,漏电流同样会达到饱和值而与漏源电压无关。与沟道夹断时的饱和电流相比较,速度饱和所对应的漏源电压比夹断饱和时小,即在输出特性曲线上,漏电流在 $V_{DSV} < V_{DSat}$ 情况下提前进入饱和,此时漏电流 $I_{DSV} < I_{DSat}$,且漏电流不再反比于沟道长度 L。

将式(5.172)对 V_G 求导,可得速度饱和时的跨导为

$$g_{mv} = C_{OX} Z v_s \tag{5.173}$$

可见,当沟道 L 很短时,漏端载流子达到速度饱和值,漏电流达到饱和,跨导 g_m 也达到与漏源电压 V_{DS}、栅源电压 V_D 和沟道长度 L 无关的饱和值。此时的跨导截止频率为

$$\omega_{gm} = 2\pi \frac{\mu_n E_y}{L} = \frac{2\pi v_s}{L} \tag{5.174}$$

饱和后 L 进一步缩短,就可能出现沟道穿通。例如,对于典型的沟道掺杂浓度 $N = 5 \times 10^{16} \ \mathrm{cm}^{-3}$ 的 MOS 场效应晶体管,若沟道长度减小到 $L = 300 \ \mathrm{nm}$,在 $V_{DS} = 0 \ \mathrm{V}$ 时,漏结和源结的耗尽层宽度就已经远大于沟道长度,漏结和源结的耗尽区已经相碰而发生穿通。此时沟道中就将出现漏电流。这种短沟道器件在大规模集成电路中已经非常普遍。此外,当电场进一步增加时,载流子在漏极附近发生倍增,产生的电子流入漏极,产生的空穴进入衬底,从而产生衬底电流。强电场还可以引起高能电子进入氧化层,这些电子起着氧化层中固定电荷的作用,从而进一步使阈值电压发生改变。

5.8.4　亚阈值漏电流变化

短沟道效应不仅引起阈值电压漂移,饱和漏电流和跨导下降,同时还使弱反型区的亚阈值电流增大。关于弱反型区漏电流随沟道长度的变化如图 5.32 所示,其中虚线为弱反型的电流变化。

从图中可以看出,当沟道长度 $L = 7 \ \mu\mathrm{m}$ 时,不同 V_{DS} 的影响尚不明显;当 $L = 3 \ \mu\mathrm{m}$ 时,$V_{DS} = 0.5 \ \mathrm{V}$ 和 $V_{DS} = 1 \ \mathrm{V}$ 时的特性曲线差别明显变大;当 $L = 1.5 \ \mu\mathrm{m}$ 时,沟道已无法夹断。随着沟道的减小,沟道两端源漏的边缘效应逐渐明显,栅极的控制灵敏度下降,因此,弱反型区漏电流随 V_{DS} 的增加而明显增加。当沟道缩短到漏源区耗尽层相碰并互相重叠时,沟道中电位的最低点不再出现于半导体表面,而是移到离表面一定浓度的衬底内部,电流密度的最高点也

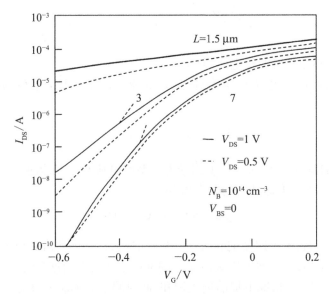

图 5.32 MOS 场效应管弱反型区漏电流随沟道长度的变化

由表面移入半导体内部,所以栅压对漏电流的控制作用减弱,形成了栅压不能完全控制的漏极电流,甚至会出现夹不断的现象。

此外,除了上述影响外,对于较小的几何器件,在漏极附近电场剧烈增加,结果使得载流子获得了大量的能量,成为热载流子。一些能量较高的热载流子在漏极附近发生碰撞电离,从而产生新的电子-空穴对,这一过程会引起场效应管漏极到内部的新电流,并且少量热载流子可能会隧穿通过氧化物薄层并被栅极收集,削弱栅极的控制能力。

5.9　MOS 管沟道限制与新技术

5.9.1　最小沟道的长度限制

为了实现 MOS 场效应管的小型化,同时又要尽量消除短沟道效应,除了工艺实现的难点限制外,必须在器件结构设计中对沟道长度的缩短给以限制。通过对短沟道效应的分析及其对器件特性影响的讨论,可以归结出沟道缩短需要满足的两个临界条件:

(1) 根据弱反型区亚阈值电流随漏压的变化关系,在长沟道器件中,当 $V_{DS} > 3kT/q$ 后,弱反型漏电流 I_{DS} 与漏源电压 V_{DS} 无关;

(2) 根据漏电流 I_{DS} 随沟道长度的变化关系,在长沟道器件中,$I_{DS} \propto 1/L$,而沟道长度减小到源端和漏端耗尽层的影响不能忽略时,漏电流偏离线性关系而快速上升。

由上述两个临界条件,可以确定长沟道器件的最小沟道长度。即规定在漏电流 I_{DS} 随 L 缩短而上升的过程中,当 I_{DS} 增大到偏离 $I_{DS} \propto 1/L$ 的线性关系 10% 的沟道长度为最小沟道长度 L_{min}。具有长沟道特性的最小沟道长度的经验公式为

$$L_{min} = 0.4 \big[X_j t_{ox} (X_{mD} + X_{mS})^2 \big]^{\frac{1}{3}} = 0.4 \gamma^{\frac{1}{3}} \tag{5.175}$$

其中 $\gamma = X_{\mathrm{j}} t_{\mathrm{oX}} (X_{\mathrm{mD}} + X_{\mathrm{mS}})^2$ 为衬偏调制系数；$X_{\mathrm{mD}} + X_{\mathrm{mS}}$ 表示漏源耗尽层总宽度。

图 5.33 给出了按式(5.116)对硅 MOS 场效应管计算所得最小沟道长度与 γ 的变化规律及实验结果和二维分析模拟结果。器件沟道长度只要处于斜线上方非阴影线区，就不会出现明显的短沟道效应，设法减小 γ 值可获得最小沟道长度 $L_{\min}$。

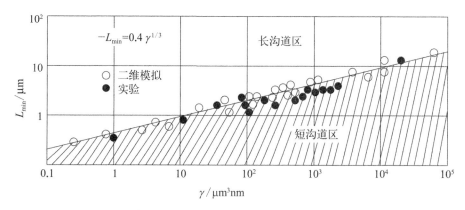

图 5.33　硅 MOS 场效应管最小沟道长度与 γ 的变化规律及实验结果和二维分析模拟结果

5.9.2　应用于 MOS 管的新技术

如何实现更小沟道尺寸的 MOS 场效应管一直是半导体领域中的热点问题。对于常规的 MOS 材料和结构，随着沟道长度的缩小，栅极不能完全控制沟道。栅极电容决定了栅极对沟道的控制能力，通过增加沟道掺杂浓度或栅极电容，能够减小短沟道效应，提高最小沟道的限制长度。下面将简单介绍应用于当前集成电路制造中的一些新材料与结构。

1. 应变硅技术提高载流子迁移率

纳米级晶体管中关键的缩放问题之一是由较大的垂直电场引起的迁移率降低。有很多方法可以增强晶体管的性能和迁移率。一种方法是在沟道中使用锗薄膜，因为锗具有较高的载流子迁移率。另一种方法是在沟道中引入机械应变来使用应变硅。

应变硅技术涉及使用各种方式对硅晶体进行物理拉伸或压缩，从而增加载流子(电子/空穴)的迁移率并增强晶体管的性能。例如，当沟道受到压缩应力时，可以增加 PMOS 的空穴迁移率。为了在硅沟道中产生压缩应变，通过外延生长用 Si-Ge 膜填充源区和漏区。Si-Ge 通常包含 20% 的锗和 80% 的硅混合物。Si 和 Ge 原子的数量等于原始 Si 原子，锗原子大于硅原子。因此，当存在应力时，沟道被压缩并且空穴的迁移率提高。

MOS 晶体管的应变硅技术于 2003 年由英特尔首次在其 90 nm 工艺技术中使用。在该技术节点中，用于 PMOS 晶体管的 Si-Ge 源极漏极结构在沟道中产生压缩应变，从而使电流提高了 25%。通过在晶体管周围添加高应力 Si_3N_4 覆盖层来引入 NMOS 应变，可将电流提高 10% 左右。

2. 高电容率(High-K)栅极减少栅极漏电流

SiO_2 电介质的厚度应与其沟道长度成比例。例如 65 nm 节点需要约 2.3 nm(目前实际 1.6 nm)的有效氧化物厚度。但是，如果将氧化物厚度进一步降低到此点以下，则载流子对氧化层的直接隧穿将占主导地位，栅极泄漏将增加到不可接受的极限。选择具有高电容率的介电材料，以增加氧化物电容，可以获得更高的栅极氧化物电容并减少载流子隧穿。图 5.34 给出典型栅极氧化物的带隙与电容率(K)值。2007 年,Intel 在其 45 nm 大批量生产工艺中首次引入 High-K 介电材料二氧化铪(HfO_2),HfO_2 的电容率比 SiO_2 的高 6 倍。

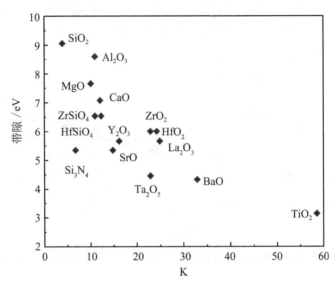

图 5.34　典型栅极氧化物的带隙与电容率(K)值

3. 金属栅极消除多晶硅耗尽

在早期的 CMOS 中,使用多晶硅作为栅极,工艺上容易实现,但在多晶硅和栅极氧化物的界面处会形成耗尽区。随着器件尺寸的不断缩小,这种多晶硅的损耗会变大,等效氧化物厚度的较大部分将限制栅极氧化物的电容。反型层电荷密度的降低和器件性能的下降导致多晶硅耗尽从而产生负面影响。因此,除了栅极氧化物的厚度之外,多晶硅耗尽层的厚度也需要最小化。此外,多晶硅栅极也可能与高 K 电介质不兼容,这使得难以获得低阈值电压并降低沟道的迁移率。消除多晶硅耗尽效应的一种解决方案是使用金属栅极代替多晶硅栅极。金属栅极不仅可以消除多晶硅耗尽效应,而且还可以使用高 K 电介质。

Intel 首次采用高 K 介电和金属栅极技术推出了 45 nm 节点。因为 NMOS 和 PMOS 需要不同的功函数,两者的栅极使用不同的金属。晶体管工艺流程始于高 K 电介质和虚拟多晶硅的沉积。在高温退火工艺之后,沉积并抛光层间电介质以暴露多晶硅。然后,去除伪多晶硅。最后,在栅极沟槽中沉积 PMOS,然后沉积 NMOS 功函数金属。

4. 绝缘衬底上硅技术

绝缘衬底上硅(silicon-on-insulator,SOI)技术是指在顶层硅和背衬底之间引入了一层埋氧化层。常规 MOS 结构与 SOI MOS 结构之间的主要区别在于 SOI 器件具有掩埋氧化物层,该掩埋层使主体与衬底隔离。如图 5.35 所示,SOI 晶圆具有 3 层:硅薄表面层(形成晶体管的地方)、绝缘材料层和支撑硅晶片层。掩埋氧化物层背后的基本思想是,通过减少寄生结电容,提高晶体管的工作速度,提供更高的性能。由于氧化层隔离,漏极/源极的寄生电容降低了。因此,与 CMOS 相比,该器件的延迟和动态功耗更低,阈值电压对背栅偏置的依赖性较小,亚阈值特性更好。这使 SOI 器件漏电流更小,更适合低功耗应用。

5. FinFET

台积电前首席技术官和伯克利大学教授胡正明及其团队在 1999 年提出了 FinFET 的概

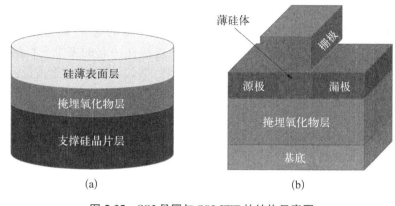

图 5.35 SOI 晶圆与 SOI FET 的结构示意图

(a) SOI 晶圆的结构;(b) SOI 晶圆场效应管

念。当前主流的 FinFET 是 3D 结构,其结构类似于鱼的背鳍。如图 5.36 所示,也称为三栅晶体管。FinFET 可以在体硅或 SOI 晶圆上实现。这种 FinFET 结构由基板上硅体的薄(垂直)鳍片组成。栅极围绕在沟道周围,可以从沟道的三个侧面对源漏电流进行很强的控制,从而获得极高的性能。

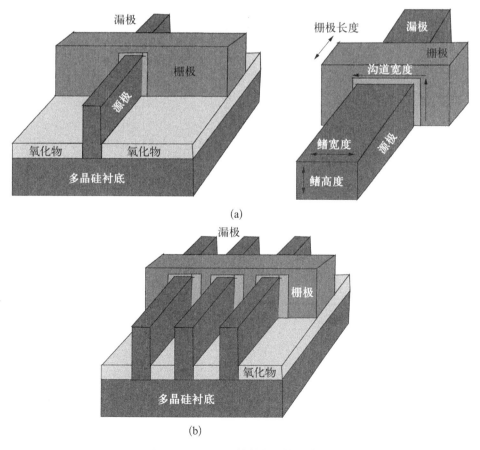

图 5.36 FinFET 的基本结构示意图

(a) 单鳍结构;(b) 平行鳍结构

在传统的 MOS 场效应管中,沟道是平面的。FinFET 中沟道是垂直的,因此沟道的高度决定了器件的宽度。FinFET 的驱动电流可以通过增加沟道的宽度(即通过增加 Fin 的高度)来增加。另外,还可以通过构建如图 5.33(b)所示的连接在一起的多个平行鳍来增加器件驱动电流。FinFET 技术提供了优于 CMOS 的众多优势,例如,给定晶体管占位面积的驱动电流更高,因此具有更高的速度,更低的泄漏,更低的功耗,无随机的掺杂波动,从而使晶体管的迁移率和缩放度超过了 28 nm,而台积电也将 FinFET 技术应用到其 5 nm 芯片上。

目前 FinFET 和 SOI 结构均具有更好的栅极控制和较低的阈值电压。但是,当缩放到较小的技术节点(例如 10 nm 节点以下)时,阈值平坦化,功率密度增加和散热等问题逐渐严重。例如,FinFET 结构在散热方面效率较低,因为热量很容易积聚在鳍片上。为解决这些问题,提出了碳纳米管、石墨烯、二硫化钼(MoS_2)等新型二维半导体材料以及环绕栅极场效应管(GAA FET)、多桥沟场效应管(MBC FET)等新结构,并有望应用于新一代集成电路中。

习 题

第6章

金属-半导体结与其他晶体管

本章将讨论集成电路中其他几类广泛应用的基本器件。

由金属与半导体形成的冶金学接触叫做金属-半导体结（M-S结）。金属-半导体结是应用于固态电子学的最古老的器件之一。第一个实用的点接触整流器是二战中发明的用于微波检波的锗点接触二极管整流器。20世纪70年代，采用半导体平面工艺和真空工艺制造的金属-半导体结器件获得快速发展和应用，最主要的是肖特基势垒二极管和肖特基势垒场效应晶体管两类。金属与半导体的接触会产生两个最重要的效应，即整流效应和欧姆接触。本章将首先介绍肖特基势垒二极管和肖特基势垒场效应晶体管的结构和物理模型。

结型场效应晶体管（junction field effect transistor, JFET）是指利用PN结构成的场效应晶体管。其原理在于，用PN结作为栅结去控制两个欧姆结之间的电阻，从而实现对两个欧姆结之间电流的控制。与金属-氧化物场效晶体管（metal-oxide-semiconductor field-effect transistor, MOSFET）类似，JFET本质上也是一个由电压控制的电阻，其特点是只有多数载流子承担电流的输运作用，因而是一种单极晶体管。

金属-半导体场效应晶体管（metal semiconductor field effect transistor, MESFET）也称为肖特基势垒场效应晶体管。其原理与JFET的类似，只是用金属-半导体结替代PN结作为起控制作用的栅结。本章各节对JFET进行讨论所得到的结果完全适用于MESFET。

晶闸管是电力电子中基本的功率开关器件，当处于阻断状态时，晶闸管可以承受低反向电流下的高电压，当处于正向导通时，可在低压降下传导大电流。依赖于这种器件结构，晶闸管的开态电流可高达几百安培至几千安培，关态电压可达几千伏甚至上万伏。

6.1 平衡状态的金属-半导体结

6.1.1 功函数

材料的功函数，定义为电子的费米能级与真空能级之间的能量差，表示一个起始能量等于费米能级的电子，由材料内部逸出到真空中所需要的最小能量，即

$$W = E_0 - E_F \tag{6.1}$$

其中，E_0为真空静止电子能级。功函数的大小标志着电子收到原子束缚的强弱程度，其值越大，电子越不容易离开材料。

随着原子序数的递增，材料的功函数也呈现周期性变化。金属的功函数W_M约为几个电

子伏特,半导体的费米能级随杂质浓度变化,因而其功函数 W_S 也与杂质浓度有关。另外,定义电子亲和能 $q\chi$ 为半导体中导带底与真空能级的差值(χ 为电子亲和势),即

$$q\chi = E_0 - E_C \tag{6.2}$$

式(6.2)表明,电子亲和能也就是半导体导带底的电子逸出体外所需的最小能量。因此,半导体的功函数可以表示为

$$W_S = \chi + [E_C - E_F] \tag{6.3}$$

6.1.2　肖特基势垒的形成

以金属与 N 型半导体的理想接触为例。不考虑半导体的表面态,假设金属与半导体具有共同的真空静止电子能级 E_0,并假定金属的功函数大于半导体的功函数,即 $W_M > W_S$。图 6.1(a)为两者形成接触之前的理想能带图,半导体能带是平直的。半导体的费米能级 E_{FS} 高于金属的费米能级 E_{FM},且 $E_{FS} - E_{FM} = W_M - W_S$。

如果将金属和半导体进行电气连接,两者成为统一的电子系统,则需要具有统一的费米能级。由于原来 E_{FS} 高于 E_{FM},半导体中的电子将向金属流动,半导体表面出现了失去电子的离化施主,构成带正电的空间电荷层;同时在金属表面则出现了一个由于电子积累而形成的负电性空间电荷层。金属的电势降低,而半导体电势提高。半导体表面的正电荷与金属表面的负电荷量值相等、符号相反,整个系统仍保持电中性。与 PN 结类似,金属与半导体表面的空间电荷区内将会形成内建电场,阻止半导体中的电子向金属的进一步流入。于是,达到热平衡时,形成了确定的空间电荷区宽度、稳定的内建电场和确定的内建电势差。内建电场方向由半导体的体内指向表面,表面势 $V_S < 0$,表面电子能量高于体内,能带向上弯曲,形成了阻止半导体中电子向金属渡越的势垒,如图 6.1(b)所示。从能带图可以看出,金属-半导体接触的内建电势差为

$$V_D = \frac{W_S - W_M}{q} \tag{6.4}$$

由图 6.1(b)看出,对于从金属流向半导体的电子,需要跨过的势垒高度为

$$qV_b = W_M - \chi \tag{6.5}$$

这一势垒称为肖特基势垒。由式(6.5)可见,由于不同金属的功函数不同,所以不同金属与半导体接触形成的肖特基势垒的高度是不同的。图 6.1(b)给出

$$V_b = V_D + V_n \tag{6.6}$$

式中,V_n 为半导体的体电势,其值为 $V_n = (E_C - E_F)/q$。

由于金属中存在大量的自由电子,所以金属表面附近的空间电荷层很薄(约几十个原子层),而半导体中杂质的浓度比金属中电子浓度低几个数量级,所以半导体的空间电荷层相对要厚得多。可以近似认为,金属半导体的接触电势差全部发生在半导体一侧。半导体的空间电荷层内电子浓度要比体内小得多,因此它是一个高阻的区域,常称为阻挡层。

一般情况下,金属半导体接触所形成的势垒区内部,电势分布是比较复杂的。当势垒高度远大于 kT 时,在势垒区可近似为载流子的耗尽层。在耗尽层中,载流子极为稀少,对空间电

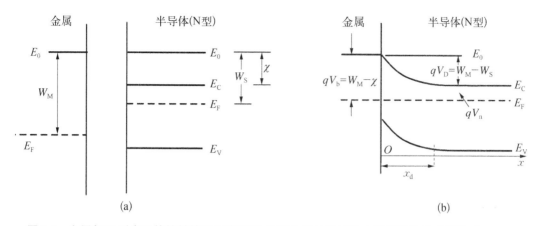

图 6.1　金属与 N 型半导体接触的理想能带图,假定金属的功函数大于半导体的功函数,$W_M > W_S$

(a) 接触之前;(b) 接触后处于平衡态

荷的贡献可以忽略,空间电荷完全由电离杂质所带的电荷形成。若半导体是均匀掺杂的,那么耗尽层中的电荷密度为 qN_D(N_D 为施主浓度)。与平衡状态 PN 结的空间电荷区类似,金属半导体结中耗尽层内部的电场分布 $E(x)$ 和电势分布 $V(x)$ 可以通过求解泊松方程得到。如图 6.1(b)所示的坐标系,此时泊松方程为

$$\frac{d^2 V}{dx^2} = \begin{cases} \dfrac{qN_D}{\varepsilon}, & 0 \leqslant x \leqslant x_d \\ 0, & x > x_d \end{cases}$$

其中,x_d 为耗尽层的宽度。

半导体内部的电场强度为零,有

$$E(x_d) = -\frac{dV(x)}{dx}\bigg|_{x=x_d} = 0 \tag{6.7}$$

因此,可求得耗尽层内电场的分布为

$$E(x) = -\frac{dV(x)}{dx} = -\frac{qN_D}{\varepsilon}(x - x_d) \tag{6.8}$$

令半导体内部的电势 $V(x_d) = 0$ 作为势能零点,可得电势分布为

$$V(x) = \frac{qN_D}{\varepsilon}\left(xx_d - \frac{1}{2}x^2\right) - \frac{1}{2}\frac{qN_D}{\varepsilon}x_d^2 \tag{6.9}$$

半导体的表面电势为

$$V(0) = V_S = -\frac{qN_D}{2\varepsilon}x_d^2 \tag{6.10}$$

耗尽层的宽度为

$$x_d = \left(-\frac{2\varepsilon V_S}{qN_D}\right)^{1/2} \tag{6.11}$$

由图 6.1(b),平衡时 $V_S = -V_D$,因此平衡时耗尽层宽度可以写为

$$x_d = \left(\frac{2\varepsilon V_D}{qN_D}\right)^{1/2} \tag{6.12}$$

式(6.12)表明,理想情况下,肖特基势垒的耗尽层宽度也是由金属与半导体的功函数决定的。

若 $W_M < W_S$,则会发生相反的过程。金属与 N 型半导体接触时,电子将从金属流向半导体,在半导体表面积累从而形成负的空间电荷区。其中电场方向由半导体表面指向体内,$V_S > 0$,能带向下弯曲。由于半导体表明的电子浓度比体内大得多,因而形成一个高电导的区域,称为反阻挡层,其平衡时的能带如图 6.2 所示。反阻挡层是很薄的高电导层,它对半导体和金属接触电阻的影响很小。

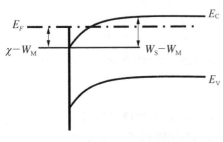

图 6.2 金属与 N 型半导体接触能带图($W_M < W_S$)

金属与 P 型半导体接触时,形成阻挡层的条件正好与 N 型的相反。当 $W_M > W_S$ 时,能带向上弯曲,形成 P 型反阻挡层;当 $W_M < W_S$ 时,能带向下弯曲,形成 P 型阻挡层。其能带如图 6.3 所示,上述结果归纳在表 6.1 中。

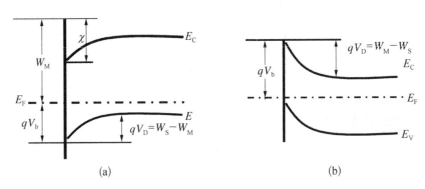

(a)   (b)

图 6.3 金属与 P 型半导体接触的能带图

(a) P 型阻挡层($W_M < W_S$);(b) P 型反阻挡层($W_M > W_S$)

表 6.1 金属-半导体接触形成 N 型和 P 型阻挡层的条件

	N 型	P 型
$W_M > W_S$	阻挡层	反阻挡层
$W_M < W_S$	反阻挡层	阻挡层

6.1.3 表面态对接触势垒的影响

实际情况下,在半导体表面处的禁带中存在着大量表面态,对应的能级称为表面能级。表面态一般分为施主型和受主型两种:若能级被电子占据时呈电中性,释放电子后呈正电性,称为施主型表面态;若能级空时为电中性,而接受电子后带负电,则称为受主型表面态。一般的

表面态在半导体表面禁带中按照能量形成连续分布,可以用中性的 E_0' 能级表征。若电子正好填满 E_0' 以下的所有表面态时,表面呈电中性。当 E_0' 以下的表面态空着时,半导体表面带正电,呈现施主型;E_0' 以上的表面态被电子填充时,半导体表面带负电,呈现受主型。对于大多数半导体,E_0' 约为禁带宽度的 1/3。

表面态的电荷具有负反馈效应,它趋向于使 E_0' 和 E_F 接近。例如,在 N 型半导体表面,若 $E_0' > E_F$,表面净电荷为正,类似于施主。这些正电荷与金属表面负电荷所形成的电场会在金属-半导体间微小的间隙中产生电势差,从而在阻挡层中增加少量电离施主以达到平衡,结果使得内建电势差和势垒高度明显降低,E_F 向 E_0' 接近。若 $E_0' < E_F$,表面有负电荷,也有类似效果。因此可以说,如果表面态密度很大,则费米能级实际上被箝位在 E_0',而变成与金属和半导体的功函数无关,这一效应称为费米能级的钉扎效应。

如果不存在表面态,半导体的功函数决定于费米能级在禁带中的位置。如果存在表面态,即使不与金属接触,表面也形成势垒,半导体的功函数 W_S 要有相应的改变,改变的数值就是由于表面态引起的势垒高度。当表面态密度很高时,功函数几乎与施主浓度无关,而基本上会由半导体的表面性质所决定。因此,由于半导体表面态密度的不同,当其与金属紧密接触时,接触电势差有一部分要降落在半导体表面以内,金属功函数对表面势垒将产生一定程度的影响,但影响不大。上述解释符合实际测量的结果。根据这一概念,不难理解,即使当 $W_M < W_S$ 时,也可能形成 N 型阻挡层。需要注意的是,实际中很难精确预知表面态密度,因此金属半导体接触的势垒高度也是一个经验值。典型的实验测量的肖特基势垒高度列于表 6.2。

表 6.2 不同金属与 N 型半导体接触的肖特基势垒高度

金 属	W_M/eV	Si($\chi=4.05$ eV)	Ge($\chi=4.13$ eV)	GaAs($\chi=4.07$ eV)	GaP($\chi=4.0$ eV)
Al	4.2	0.5~0.77	0.48	0.80	1.05
Au	4.7	0.81	0.45	0.90	1.28
Cu	4.4	0.69~0.79	0.48	0.82	1.20
Pt	5.4	0.9	—	0.86	1.45

6.1.4 镜像力对接触势垒的影响

在半导体中,金属表面附近处的电子会在金属上感应出正电荷。电子与感应正电荷之间的吸引力等于位于 x 处的电子和位于 $-x$ 处的等量正电荷之间的静电引力,这个正电荷称为镜像电荷,静电引力称为镜像力。根据库仑定律,镜像力为

$$F = -\frac{q^2}{4\pi\varepsilon(2x)^2} = -\frac{q^2}{16\pi\varepsilon x^2} \tag{6.13}$$

距金属表面 x 处的电子的电势能为

$$E_{pl}(x) = \int_x^\infty F\mathrm{d}x = -\frac{q^2}{16\pi\varepsilon x} \tag{6.14}$$

式中,边界条件取为当 $x=\infty$ 时 $E=0$ 和当 $x=0$ 时 $E=-\infty$。

如图 6.4 所示,对于肖特基势垒,这个势能将叠加到理想肖特基势垒能带上,使原来的理想肖特基势垒的电子能量曲线在 $x=0$ 处下降。也就是说,镜像力使理想肖特基势垒高度下降,这种现象称为肖特基势垒的镜像力降低,又称为肖特基效应。

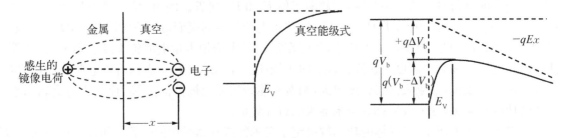

图 6.4 镜像力对肖特基势垒的降低作用

为求出势垒降低的大小和发生的位置,近似地将界面附近原来的势垒看成线性的,界面附近的导带底势能曲线为

$$E_{p2}(x)=-qEx \tag{6.15}$$

式中,E 为表面附近的电场(内建电场和外加电场之和),等于势垒区最大电场。总能量为

$$E_p(x)=E_{p1}(x)+E_{p2}(x)=-\frac{q^2}{16\pi\varepsilon x}-qEx \tag{6.16}$$

设势垒高度降低的位置发生在 x_m 处,势垒高度降低值为 $q\Delta V_b$。令 $\mathrm{d}E_p(x)/\mathrm{d}x=0$,由式(6.16)得到

$$qE-\frac{q^2}{16\pi\varepsilon x_m^2}=0 \tag{6.17}$$

$$E=\frac{q}{16\pi\varepsilon x_m^2} \tag{6.18}$$

因此

$$x_m=\frac{q}{16\pi\varepsilon E} \tag{6.19}$$

由于

$$E_p(x_m)=-q\Delta V_b=-\frac{q^2}{16\pi\varepsilon x_m}-qEx_m \tag{6.20}$$

所以

$$\Delta V_b=Ex_m+\frac{q}{16\pi\varepsilon x_m}=2Ex_m=\sqrt{\frac{qE}{4\pi\varepsilon}} \tag{6.21}$$

式(6.21)说明,在大电场下,肖特基势垒被镜像力降低很多。

镜像力使肖特基势垒高度降低的前提是金属表面附近的半导体导带要有电子存在。因此,在测量势垒高度时,如果所用方法与电子在金属和半导体间的输运有关,则所得结果是

$V_b - q\Delta V_b$；如果测量方法只与耗尽层的空间电荷有关而不涉及电子的输运（如电容方法），则测量结果不受镜像力的影响。空穴也产生镜像力，它的作用是使半导体能带的价带顶附近向上弯曲，如图 6.5 所示，但价带顶不像导带底那样有极值，结果接触处的能带变窄。

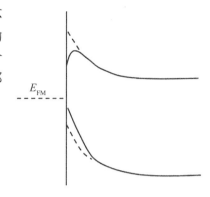

图 6.5　镜像力对半导体能带的影响

6.2　肖特基二极管

6.2.1　加偏压的金属半导体结

在处于平衡态的金属-半导体结中，从半导体侧进入金属的电子流与从金属侧进入半导体的电子流大小相等、方向相反，阻挡层中无净电流流过。当在紧密接触的金属和半导体之间施加电压时，由于阻挡层的电阻远大于金属和半导体，是一个高阻区，因此施加的电压主要降落在阻挡层上。

图 6.6 以 N 型阻挡层为例，描述了外加电压对肖特基势垒的影响。外加电压后，处于非平衡状态，半导体与金属不再具有统一的费米能级。显然，两者费米能级之差等于由加外电压所引起的静电势能差。当施加正向电压 V 时，半导体与金属之间的电势差减小 V，半导体的电子能级相对金属上移 qV，对应半导体侧的势垒由 qV_D 降低至 $q(V_D - V)$。

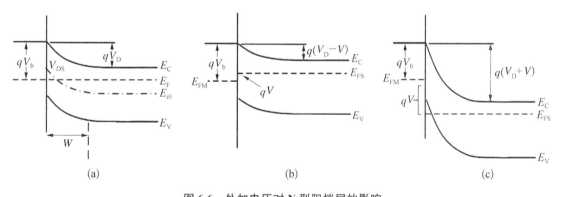

图 6.6　外加电压对 N 型阻挡层的影响

(a) 未加偏压；(b) 施加正偏压；(c) 施加负偏压

另一方面，由于金属侧的空间电荷区很薄，因而该侧 qV_b 基本保持不变，如图 6.6(b)所示。半导体一侧势垒的降低使得从半导体到金属的电子数目增加，超过从金属到半导体的电子数，从而形成从金属到半导体的正向电流，它是由 N 型半导体中多数载流子构成的。外加电压越高，势垒降低越多，正向电流也就越大。

相反地，图 6.6(c)表示在金属-半导体两侧结施加反向偏置电压的情形。在反偏压下，半导体的势垒增高至 $q(V_D + V)$，金属侧 qV_b 同样基本保持不变，半导体与金属之间的电势差增加为 $V_D + V$。从半导体到金属的电子数目减少，金属到半导体的电子流占优势，从而形成由半导体到金属的反向电流。由于增高的势垒会阻碍金属中的电子向半导体的渡越，因此反向通过的电流较小。同时,金属一边的势垒不随外加电压变化,所以从金属到半导体的电子流是近似恒定的。当反向电压提高,使半导体到金属的电子流可以忽略不计时,反向电流将趋于饱和值。

以上的讨论说明,金属-半导体接触的阻挡层具有类似 PN 结的单向导电特性,即具有整流作用。

对于均匀掺杂的半导体,N 型肖特基势垒耗尽层的宽度与单边突变 P$^+$N 结类似,有

$$x_d = \left[\frac{2\varepsilon(V_D - V)}{qN_D}\right]^{\frac{1}{2}} \tag{6.22}$$

结电容可写为

$$C = \frac{\varepsilon A}{x_d} = \left[\frac{q\varepsilon N_d}{2(V_D - V)}\right]^{1/2} A \tag{6.23}$$

明显的,肖特基势垒的耗尽层宽度和结电容都是外加电压的函数。当施加反偏压时,不仅势垒的高度提高,而且其宽度也会相应增大。

6.2.2 肖特基势垒二极管的电流-电压特性

利用金属-半导体整流接触特性制成的二极管称为肖特基势垒二极管,它与 PN 结二极管具有类似的电流-电压关系,即它们都具有单向导电性。20 世纪三四十年代,德国物理学家肖特基和美国物理学家贝特分别提出了扩散理论和热电子发射理论解释肖特基势垒二极管的电流-电压特性。1966 年,美籍华人科学家施敏等又提出了基于热电子发射及扩散两种理论的综合理论。

一般认为,对于 N 型阻挡层,当势垒的宽度比电子的平均自由程大得多时,电子通过势垒区要发生多次碰撞,这样的阻挡层称为厚阻挡层。可以用扩散理论解释厚阻挡层中载流子漂移和扩散所形成的电流。例如对于氧化亚铜等载流子迁移率较小的半导体,平均自由程较短,扩散理论是适用的。

当阻挡层很薄,以至于电子平均自由程远大于势垒宽度时,扩散理论不再适用。对于广泛应用的半导体材料如锗、硅、砷化镓,它们具有较高的载流子迁移率和较大的平均自由程。在室温下,这些材料的肖特基势垒中的电流输运机制主要是依靠多数载流子的热电子发射。在这种情况下,电子在势垒区的碰撞可以忽略不计。此时势垒的形状并不重要,起决定作用的是势垒高度。正向偏压减小了耗尽层内的电场和势垒。对于 N 型阻挡层,半导体内部的电子只要有足够的能量超越势垒的顶点,就可以自由地通过阻挡层进入金属。同样,金属中能超越势垒顶的电子也都能到达半导体内。所以,电流的大小通过计算超越势垒的载流子数目得到。这就是热电子发射的基本原理。

如图 6.6 所示,当电子来到势垒顶上向金属发射时,它们的能量比金属中电子的能量高出约 qV_b。进入金属之后,它们在金属中碰撞以耗散这份多余的能量之前,其等效温度高于金属中的电子温度,因此肖特基势垒二极管有时称为热载流子二极管。这些进入到金属中的载流子在很短的时间内(一般<0.1 ns)就会与金属电子达到平衡。

下面以 N 型半导体为例,简单推导肖特基势垒二极管电流-电压特性,其基本思路如下:
① 计算单位时间从半导体到金属入射到单位面积上的电子数,需要了解半导体表面的电子浓

度 n_s 从而得到从半导体到金属的电子流所形成的电流；② 从金属到半导体的电子电流。两者之和即为肖特基二极管总的电流。

首先导出肖特基势垒中半导体表面的电子浓度 n_s。对于非简并化情况，导带电子浓度和价带空穴浓度公式可以写为

$$n = n_i \exp\left(\frac{E_F - E_i}{kT}\right) \tag{6.24}$$

$$p = n_i \exp\left(\frac{E_i - E_F}{kT}\right) \tag{6.25}$$

为方便起见，将半导体内部的本征费米能级用 E_{i0} 表示，同时选取 E_{i0} 为势能零点。平衡状态半导体的载流子分布为

$$n_0 = n_i \exp\left(\frac{E_F - E_{i0}}{kT}\right) \tag{6.26}$$

$$p_0 = n_i \exp\left(\frac{E_{i0} - E_F}{kT}\right) \tag{6.27}$$

耗尽层内由于能带弯曲，本征费米能级随位置变化，可以表示为

$$E_i(x) = E_{i0} - qV(x) \tag{6.28}$$

其中，$V(x)$ 为电势随空间的分布。将式(6.28)代入式(6.24)和式(6.25)，同时考虑平衡状态 n_0、p_0 表达式，载流子的浓度随空间位置 x 的分布可写为

$$n(x) = n_0 \exp\left[\frac{V(x)}{V_T}\right] \tag{6.29}$$

$$p(x) = p_0 \exp\left[-\frac{V(x)}{V_T}\right] \tag{6.30}$$

半导体表面，电势为 V_S，有

$$n_S = n_0 \exp\left(\frac{V_S}{V_T}\right) \tag{6.31}$$

$$p_S = n_0 \exp\left(-\frac{V_S}{V_T}\right) \tag{6.32}$$

由图 6.6(a)可见，平衡状态下半导体表面势 $V_S = -V_D$，于是由式(6.31)，半导体表面的电子浓度可以写为

$$n_S = n_0 \exp\left(-\frac{V_D}{V_T}\right) = N_C \exp\left(-\frac{V_n}{q}\right) \exp\left(-\frac{V_D}{V_T}\right) = N_C \exp\left(-\frac{V_b}{V_T}\right) \tag{6.33}$$

此处使用了 $V_n = (E_C - E_F)/q$ 以及 $V_b = V_D + V_n$。

式(6.33)说明，能量在 qV_b 上，即高于肖特基势垒的电子才能进入金属。当施加电压 V 时，把 V_b 替换为 $V_b - V$，上述关系仍然成立。外加电压降低了势垒高度，也就是降低了进入金属电子的能量阈值，使能量高于 $q(V_b - V)$ 的电子即可进入金属，电子浓度增加 $\exp(V/V_T)$ 倍，即

$$n_S = N_C \exp\left(-\frac{V_b - V}{V_T}\right) \tag{6.34}$$

根据热电子理论,如果金属表面外的电子浓度 n_S,则单位时间入射到单位面积上的电子数为 $\frac{1}{4} n_S \bar{v}_{th}$,其中热电子的热运动平均速度为

$$\bar{v}_{th} = \sqrt{\frac{8kT}{\pi m^*}} \tag{6.35}$$

规定电流的正方向是从金属到半导体,则从半导体到金属的电子流所形成的电流密度是

$$J_{MS} = \frac{qN_c \bar{v}_{th}}{4} \exp\left(-\frac{V_b - V}{V_T}\right) \tag{6.36}$$

电子从金属到半导体运动所需要克服的势垒高度不随外加电压变化,因此从金属到半导体的电子电流是常量,其值与热平衡条件下,由半导体到金属的电流大小相等,方向相反,即

$$J_{MS} = \frac{qN_c \bar{v}_{th}}{4} \exp\left(-\frac{V_b}{V_T}\right) \tag{6.37}$$

两个方向总的电流密度

$$J = J_{SM} - J_{MS} = \frac{qN_c \bar{v}_{th}}{4} \exp\left(-\frac{V_b}{V_T}\right)\left[\exp\left(\frac{V}{V_T}\right) - 1\right] \tag{6.38}$$

将导带有效状态密度

$$N_c = \frac{2(2\pi m^* kT)^{3/2}}{h^3} \tag{6.39}$$

代入式(6.38),得到热电子发射理论的电流-电压关系为

$$J = R^* T^2 \exp\left(-\frac{V_b}{V_T}\right)\left[\exp\left(\frac{V}{V_T}\right) - 1\right] = J_0 \exp\left(\frac{V}{V_T}\right) - 1 \tag{6.40}$$

式中

$$J_0 = R^* T^2 \exp\left(-\frac{V_b}{V_T}\right) \tag{6.41}$$

$$R^* = \frac{4\pi m^* qk^2}{h^3} \tag{6.42}$$

常数 R^* 称为有效理查森(Richardson)常数。它是在热电子向真空中发射理论的理查森常数 R 的表达式中,用半导体电子的有效质量 m^* 代替自由电子质量 m_0 而得到的,即

$$R^* = R(m^*/m_0) = 120(m^*/m_0) \quad [\text{A/cm}^2 \cdot \text{K}^2]$$

对于 N 型硅和 P 型硅,R^* 的值分别约为 110 A/cm^2·K^2 和 32 A/cm^2·K^2;对于 N 型砷化镓和 P 型砷化镓材料,R^* 的值分别约为 8 A/cm^2·K^2 和 74 A/cm^2·K^2。

当肖特基势垒施加反偏压时,式(6.40)依然适用,可以将两种情况统一表示为

$$J = J_0 \exp\left(\frac{V}{nV_T}\right) - 1 \qquad (6.43)$$

以及

$$I = I_0 \exp\left(\frac{V}{nV_T}\right) - 1 \qquad (6.44)$$

式(6.44) 称为理查森-杜师曼(Richardson-Dushman)方程。式中,n 是由非理想效应引起的理想化因子。对于理想的肖特基势垒二极管,$n=1$。图 6.7 给出了实验得到的两种典型肖特基势垒二极管的 I-V 特性曲线。通过正向 I-V 曲线的横轴截距($V=0$),可以得到参数 J_0,利用式(6.41)可以求出肖特基势垒高度 V_b。理想化因子 n 也可由半对数曲线的斜率计算出来。对于硅肖特基二极管,图中表示的器件 n 值为 $n=1.02$,对于砷化镓二极管 $n=1.04$。

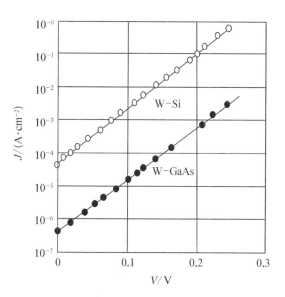

图 6.7　典型肖特基二极管正向电流密度与电压的对应关系

6.2.3　镜像力和隧道效应影响

如前所述,表面态对金属-半导体的接触势垒起到非常重要的作用。值得指出的是,无论阻挡层主要是由于金属接触还是由于表面态所形成,前一节推导的理论都是适用的。把实际肖特基二极管的伏-安特性与理论结果进行比较发现,理论确实能够说明不对称的导电性,并且高阻方向和低阻方向也与实际情况符合。但是,理论值与实验数据依然存在一定的偏差。最明显的是,在高阻方向,实际上电流随反向电压的增加比理论预期的更为显著。而在低阻方向,实际电流的增加一般都没有理论结果那样陡峻。其中的原因包括镜像力和隧道效应作用,两者对肖特基结伏-安特性的影响基本相同。随着反向电压的增加,它们引起势降低更显著,使反向电流增加。

根据 6.1 节的讨论,可以将式(6.41)中的 V_b 替换为 $V_b - \Delta V_b$,则饱和电流为

$$J_0 = R^* T^2 \exp\left(-\frac{V_b - \Delta V_b}{V_T}\right) \qquad (6.45)$$

实验发现,用式(6.45)来描述肖特基势垒二极管的电流-电压特性更为精确,特别是对反向偏压情况。

对这里讨论的 N 型半导体,热离子发射电流是跨越肖特基势垒的多数载流子电子流。除了多数载流子电流以外,还存在由空穴从金属注入半导体中而形成的少子电流。该电流实际上是半导体价带顶附近的电子扩散流向金属费米能级以下的空能级形成的。空穴注入情况和PN结中的情况类似,其电流密度可表示成

$$J_p = J_{p0} \exp\left(\frac{V}{V_T}\right) - 1 \qquad (6.46)$$

式中

$$J_{p0} = \frac{qD_pN_cN_v}{N_dL_p} \exp\left(\frac{E_g}{kT}\right) \tag{6.47}$$

可以看到,式(6.46)所表示的少子电流与式(6.43)所表示的多子电流具有相同的形式。实际上,在硅等共价键半导体中,热电子发射电流要比少子电流大得多,肖特基势垒电流基本上是由多子传导的,少子电流常常可以忽略。

6.2.4 肖特基二极管与 PN 结二极管的对比

肖特基二极管主要的电流形成机制是多子的热电子发射,因而是典型的多子器件。与PN 结二极管相比,有以下特点。

1) 更高的工作频率和开关速度

首先,就载流子的运动形式而言,PN 结正向导通时,少子在空间电荷区边界积累,然后通过向半导体内部扩散形成电流。当 PN 结从正偏压突变为反偏压时,注入少子存在电荷存储效应,严重地影响 PN 结的高频性能和开关速度。在肖特基势垒中,正向电流主要是由半导体中的多子越过接触界面进入金属形成的,进入金属的载流子并不发生积累,而是直接成为漂移电流。所以,肖特基二极管的频率特性不受电荷存储效应的限制,甚至可以在 1 ns 的时间之内完成关断过程,其最高工作频率达到 100 GHz 以上,非常有利于高速集成电路、微波器件等应用。例如,硅高速 TTL 电路中,把肖特基二极管连接到晶体管的基极与集电极之间,组成箝位晶体管,从而大大提高电路的速度。

2) 更大的饱和电流和更低的正向电压降

对于相同的势垒高度,肖特基二极管的饱和电流比同样面积的 PN 结的反向饱和电流大得多。其原因在于,肖特基二极管基于多数载流子形成电流,远高于 PN 结反偏时由于少子抽取而形成的电流。同时在肖特基势垒上的正向电压降要比 PN 结上的低得多。典型的肖特基势垒二极管的接通电压或开启电压一般为 0.3 V 左右,而硅 PN 结的为 0.6~0.7 V。低的接通电压使得肖特基二极管对于箝位和限幅的应用更加理想。

此外,肖特基势垒二极管具有更稳定的温度特性和更低的噪声。但是,在反偏压下,通常肖特基二极管具有更高的非饱和反向电流,以及存在额外的漏电流和软击穿,因而在器件制造中必须十分小心。

6.2.5 欧姆接触

前面着重讨论了金属和半导体的整流接触情况。另外一种金属与半导体接触情况是非整流接触,即欧姆接触。这种情况不产生明显的附加阻抗,而且不会使半导体内部的平衡载流子浓度发生显著改变。从电学上讲,理想欧姆接触的接触电阻与半导体器件相比应当很小,当有电流流过时,欧姆接触上的电压降远小于器件本身的压降,也就是不影响器件的电流-电压特性。半导体器件一般都要利用金属电极输入或输出电流,欧姆接触是设计和制造中的关键问题之一。

金属与半导体接触所形成的反阻挡层没有整流作用。不考虑表面态的影响,若 $W_M <$ W_S,金属和 N 型半导体接触可形成反阻挡层;而 $W_M > W_S$ 时,金属和 P 型半导体接触也能形成反阻挡层。但是,常用的重要半导体材料一般都有很高的表面态密度,无论是 N 型或 P 型材料与金属接触都可能形成势垒,与金属功函数关系不大。在生产实际中,主要是利用隧道效应的原理在半导体上制造欧姆接触。

由 6.5 节讨论可知,重掺杂的 PN 结可以产生显著的隧道电流。金属和半导体接触时,如果半导体掺杂浓度很高,则势垒区宽度变得很薄,电子也要通过隧道效应贯穿势垒产生相当大的隧道电流,甚至超过热电子发射电流而成为电流的主要成分。当隧道电流占主导地位时,它的接触电阻可以很小,可以形成欧姆接触。

接触电阻定义为零偏压下的微分电阻,即

$$R_c = \left(\frac{\partial I}{\partial V} \right)_{V=0}^{-1} \tag{6.48}$$

下面简单估算以隧道电流为主时的接触电阻,主要讨论金属和 N 型半导体接触的势垒贯穿问题。为了得到半导体中导带电子所面临的势垒,将导带底 E_C 选作电势能的零点。由式 (6.9),得到平衡时

$$V(x) = -\frac{qN_D}{2\varepsilon}(x - d_0)^2 \tag{6.49}$$

电子的势垒为

$$-qV(x) = \frac{q^2 N_D}{2\varepsilon}(x - d_0)^2 \tag{6.50}$$

为了计算方便,作如图 6.8 所示的坐标变换,有 $y = d_0 - x$,电子的势垒可以表示为

$$-qV(y) = \frac{q^2 N_D}{2\varepsilon}y^2 \tag{6.51}$$

根据量子力学中的结论,存在偏压 V 时,$x = d_0$ 处导带底电子通过隧道效应贯穿势垒的隧道概率为

$$P = \exp\left\{ -\frac{2}{q\hbar}\left(\frac{m^*\varepsilon}{N_D} \right)^{1/2} q(V_D - V) \right\} \tag{6.52}$$

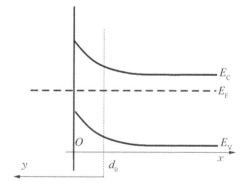

图 6.8 N 型阻挡层的势垒贯穿

由式 (6.52) 清楚地看出,对于一定的势垒高度,隧道概率强烈依赖于掺杂浓度 N_D。N_D 越大,隧穿概率就越大。一般来说,具有不同能量的电子隧道概率不同,对各种能量电子对隧道电流的贡献积分可得总电流,它与隧道概率成比例,即

$$J \propto \exp\left[-\frac{2}{q\hbar}\left(\frac{m^*\varepsilon}{N_D} \right)^{1/2} q(V_D - V) \right] \tag{6.53}$$

因此,由微分电阻的定义式 (6.48),有

$$R_c \propto \exp\left[\frac{2}{\hbar}(m_n^*\varepsilon_r\varepsilon_0)^{1/2}\left(\frac{V_D}{N_D^{1/2}} \right) \right] \tag{6.54}$$

由式 (6.54) 看到,掺杂浓度越高,接触电阻 R_c 就越小。因此,制作欧姆接触最常用的方法是用重掺杂的半导体与金属接触。在集成电路器件中,常在 N 型或 P 型半导体上制作一层重掺杂区后再与金属接触,形成金属-N^+ 或金属-P^+ 的接触结构。另外,难熔金属与硅所形成

的金属硅化物既可用作为肖特基势垒金属,也可用作集成电路中接触互连的材料,如 PtSi、Pd$_2$Si、RhSi、NiSi、MoSi$_2$ 等。

6.3 结型场效应管的结构与原理

6.3.1 结型场效应晶体管的基本结构

结型场效应晶体管(junction field effect transistor,JFET)是利用 PN 结形成感应电荷,控制源极与漏极之间电流的器件。如图 6.9 是采用标准的平面外延工艺或双扩散工艺在重掺杂 P$^+$ 基底上制造的 JFET 器件剖面示意图。

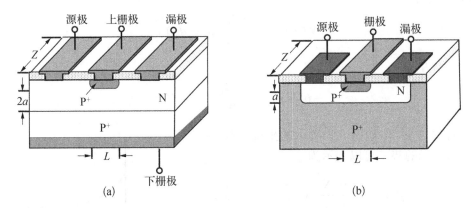

图 6.9   两种主流工艺制成的 N 沟道结型场效应晶体管

(a) 外延-扩散工艺;(b) 双扩散工艺

制造过程中,首先在 P$^+$ 衬底上制造轻掺杂的 N 型层,然后在其中特定区域中制造 P$^+$ 区。上下两个 P$^+$ 区通过内连接或外连接形成栅极(G);夹在两 P$^+$ 层之间的 N 型层称为器件的有源层,其两侧的 N 区通过欧姆接触引出分别为漏极(D)和源极(S)。

与 MOSET 工作原理类似,在栅极电压 V_G 的控制作用下,漏、源之间能够形成导电沟道。当施加源漏电压 V_{DS},导电沟道中通过电流 I_{DS}。导电沟道为 N 型层,其导通受到 P$^+$ 栅极控制,源漏极间以电子流导通,称为 N 沟道 JFET;相反的,导电沟道为 P 型层,受到 N$^+$ 栅极控制并以空穴传输形成源漏电流的,称为 P 沟道 JFET。由于电子的迁移率比空穴的迁移率高,一般情况下 N 沟道 JFET 能提供更高的电导和更高的速度,所以 N 沟道 JFET 应用更加广泛。

6.3.2 结型场效应晶体管的工作原理

PN 结或是肖特基结都可以构成栅结,相应的后者称为金属-半导体场效应晶体管(metal semiconductor field effect transistor,MESFET)。JFET 和 MESFET 具有完全相同的工作原理,都是通过沟道中的栅结耗尽层控制沟道电导,从而实现对源漏电流的控制功能。这里以 N 沟道结型场效应管为例,先分析无栅极电压($V_G = 0$)时源漏电流的特性。如图 6.10(a)所示,器件中上栅-沟道间、下栅-沟道间分别形成两个 PN 结。当在源漏极之间施加电压 V_{DS} 时,两个 PN 结相当于施加反向偏压,由于上下 P$^+$ 栅极均为重掺杂,两个结的空间电荷区都主要位于轻掺杂的 N 型沟道层中,形成了载流子的耗尽层。这使得沟道的有效导电截面积减小,相应沟道电导减小。当改变栅极电压,就可以控制 N 型沟道的耗尽层宽度和沟道电导,从而调制源极和漏极之间流过的电流 I_{DS}。这一原理,与 MOSFET 中以栅极电场感应电荷形成源漏极间反型层,并作为导电沟道的原理略有不同,但都可以归属于场效应器件。

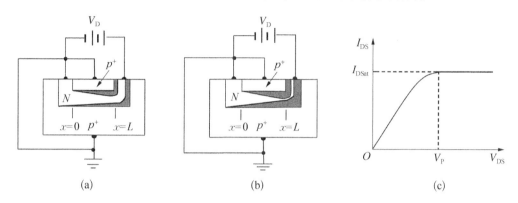

图 6.10　栅极偏压 $V_G = 0$ 的 JFET 特性

(a) 源漏 V_{DS} 电压较小情况;(b) 源漏 V_{DS} 电压较大情况;(c) 理想的 JFET 源漏
电压电流关系($V_{DS} - I_{DS}$),I_{DSat} 为饱和源漏电流

当栅极偏压 $V_G = 0$ 时,理想 JFET 中沟道情况和源漏电流 I_{DS} 随电压 V_{DS} 的变化可以表示为图 6.10(c)。忽略源极和漏极的接触电阻及其下方的体电阻,当源漏电压 V_{DS} 电压较小时,I_{DS} 随 V_D 的增加线性增加,相当于源漏极间接入近似不变的沟道电阻,在伏安特性曲线中呈线性关系。随着 V_{DS} 的增加,两个 PN 结的空间电荷区向 N 型沟道内部扩展。由于沟道电阻的存在,沿着沟道从漏端到源端产生电压降,即从 $x = L$ 处的 V_{DS} 逐渐下降到 $x = 0$ 处的零电位。因此,沟道内耗尽层的分布不均匀,在漏端附近的耗尽层向沟道内扩展得更深,沟道也较源端更窄。随着 V_{DS} 的增加,沟道将逐渐变窄,源漏电流的增加也越来越缓慢,伏安特性曲线趋近变缓。

随着 V_{DS} 的进一步增加,漏端附近沟道的狭口越来越窄,沟道电阻进一步增大。最终在 $x = L$ 处,两个 PN 结的耗尽层相连,该区域内自由载流子耗尽,形成了沟道夹断。此后,从源极发射过来的电子被耗尽区电场迅速漂移进入漏极,与结型晶体管中集电极对载流子的收集过程类似。沟道夹断时的漏电压称为饱和漏电压,用 V_P 表示。夹断后再增加源漏电压 V_{DS},夹断点将逐渐向源端移动,但夹断点的电压 V_{DSat} 不再变化。若忽略沟道长度调制效应,漏电流达到饱和值 I_{DSat}。

以上的分析可以看到,JFET 的工作原理与 MOSFET 非常类似。只不过在 MOSFET 中,是以栅极电压 V_G 产生的电场感应形成源漏极间反型层沟道中的电荷;而在 JFET 中,通过不同 V_G 下 PN 结的耗尽层控制沟道宽度,虽然控制沟道电导的原理略有不同,但都可以归属于场效应器件,两者的分析方法也基本类似。

6.3.3　结型场效应晶体管的类型

与 MOSFET 类似,根据栅压为零时导电沟道的不同情况,结型场效应管也有耗尽型和增强型,其电学符号示于图 6.11。耗尽型指 JFET 在零栅极偏压 $V_G = 0$ 时就存在导电沟道,要使沟道夹断,必须给 PN 结施加反向偏压,使沟道内载流子耗尽;增强型 JFET 同增强型 MOSET 类似,在零栅压状态沟道是夹断的,只有外加正偏压时源漏极之间才能开始导通。

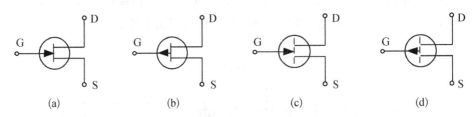

(a)   (b)   (c)   (d)

图 6.11 四种类型 JFET 和 MESFET 的电学符号

(a) N 沟道耗尽型;(b) P 沟道耗尽型;(c) N 沟道增强型;(d) P 沟道增强型

考虑到 P 沟道和 N 沟道两类导电沟道,总共可有四种类型的 JFET,即 N 沟道增强型、N 沟道耗尽型、P 沟道增强型和 P 沟道耗尽型。

6.4 结型场效应管的电学特性

6.4.1 理想 JFET 假设

图 6.12 为典型 N 沟道 JFET 有源沟道的示意图,其中在源漏极与外接金属引线间制作了 N+ 重掺杂层,以便实现欧姆接触。为了更好地理解 JFET 源漏电流的传导机制,引入以下理想假设:

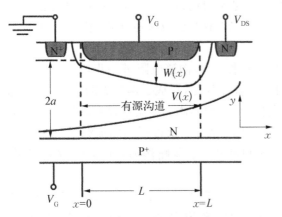

图 6.12 典型 N 沟道 JFET 有源沟道的示意图

(1) 栅结为单边突变结,只考虑在 N 型沟道内部的耗尽层;

(2) 沟道内杂质掺杂浓度分布均匀,载流子的迁移率为常数;

(3) 忽略有源区以外源区、漏区以及各接触点的电压降;

(4) 缓变沟道近似,即空间电荷区内电场仅沿 N 型层厚度 y 方向,而导电沟道内的电场仅有沿 N 型层长度 x 方向的分量;

(5) 长沟道近似,沟道长度 L 远大于其 N 型层厚度($2a$),且沟道宽度 W 沿 L 方向(y 方向)改变很小,可看作矩形沟道。

6.4.2 理想 JFET 的伏安特性

如图 6.12 所示,JFET 的栅极相对于源极施加负偏压 $V_G(V_G < 0)$,假设电场与载流子均为二维分布。根据第三章对单边突变结的分析,在沟道内 x 处,单边突变栅结耗尽层宽度为

$$W(x) = \left\{ \frac{2\varepsilon [V_D + V(x) - V_G]}{qN_D} \right\}^{1/2} \tag{6.55}$$

式中，$V(x)$ 和 V_G 为在 x 处反偏栅结上的电压，$V(x)$ 与栅结电压、V_{DS} 的符号相同。考虑到 $V_G < 0$，因此式(6.55)中需要取 $-V_G$。V_D 为 PN 结内建电势差。

在夹断点，耗尽层的宽度正好等于沟道的宽度的一半，即 $W = a$。此时在夹断点

$$V_D + V - V_G = \frac{qa^2 N_D}{2\varepsilon} \tag{6.56}$$

定义沟道达到夹断条件时的外加电压，即夹断电压为

$$V_p = V - V_G \tag{6.57}$$

则有

$$V_p + V_D = \frac{qa^2 N_D}{2\varepsilon} = V_{p0} \tag{6.58}$$

式中，V_{p0} 为夹断电压与内建电势差之和，称为内夹断电压。从式(6.58)可以看出，V_{p0} 仅由器件的材料参数和结构参数决定，与外加电压无关。该式还说明，对于给定器件，夹断电压 V_p 是确定的，即夹断电压与偏压等外部工作条件也无关。因而，沟道夹断后，若忽略沟道长度调制效应，沟道电流达到饱和。

在理想状况下，假设在电中性沟道中电子的分布是均匀的，电子浓度梯度为零。因此，漏极电流中仅有电子漂移电流的成分。根据漂移电流表达式，源漏电流为

$$I_{DS} = Aqn\mu_n E = 2Z(a - W)qN_D \mu_n \left(-\frac{dV}{dx} \right) \tag{6.59}$$

式中，$2Z(a - W)$ 为沟道内电流流过的截面积。将式(6.55)代入式(6.59)并积分，有

$$\int_0^L \frac{I_d dx}{2q\mu_n N_D Z} = -\int_0^{V_{DS}} \left[a - \sqrt{\frac{2\varepsilon}{qN_D}(V + V_D - V_G)} \right] dV \tag{6.60}$$

该积分沿沟道的长度从 $x = 0$ 到 $x = L$，对应的电压 $V = 0$ 到 $V = V_{DS}$，可解得

$$I_{DS} = -G_0 \left\{ V_{DS} - \frac{2}{3} \sqrt{\frac{1}{V_{p0}}} \left[(V_{DS} + V_D - V_G)^{3/2} - (V_D - V_G)^{3/2} \right] \right\} \tag{6.61}$$

该式称为肖克利模型，推导中利用了夹断电压公式(6.58)。式中负号表示电流从漏极到源极（x 轴负方向）。其中

$$G_0 = \frac{2qaZ\mu_n N_D}{L} \tag{6.62}$$

为没有任何耗尽层时的沟道电导，也称为增益因子，它是 JFET 能提供的最大电导。

式(6.60)描述了理想 JFET 在达到夹断条件之前漏极电流与漏极电压和栅极电压之间的函数关系，夹断后漏极电流为常数。典型 JFET 源漏极的伏安特性如图 6.13 所示。图中可以用夹断条件作为界限划分为线性区和饱和区，其中的虚线称为夹断曲线。夹断曲线左边的区域称为电流-电压特性的线性区，夹断曲线右边的区域称为饱和区，在该区域漏极电流是饱和的。

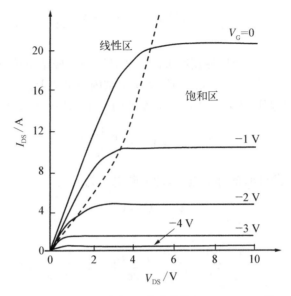

图 6.13　典型硅 JFET 的电压-电流特性($N_D = 2.5 \times 10^{15} \ cm^{-3}$,
$a = 15 \ \mu m$, $Z/L = 170$)

6.4.3　JFET 的静态特性

1. 线性区

JFET 的源漏极电流-电压特性中,线性区的电流与电压成正比,其斜率为栅极电压的函数。在线性区,假设 $V_{DS} \ll V_D - V_G$,对式(6.61)进行多项式级数展开,其中第二项可写为

$$(V_{DS} + V_D - V_G)^{3/2} = (V_D - V_G)^{3/2} \left(1 + \frac{V_{DS}}{V_D - V_G}\right)^{3/2}$$
$$\approx (V_D - V_G)^{3/2} \left(1 + \frac{3}{2} \frac{V_{DS}}{V_D - V_G}\right) \tag{6.63}$$

将其代入式(6.61)并简化,得到

$$I_{DS} = G_0 \left[1 - \sqrt{\frac{V_D - V_G}{V_{p0}}}\right] V_{DS} \tag{6.64}$$

该式表明了在线性区,栅极电压 V_G 对源漏极电流与电压关系的影响。

2. 饱和区

对于不同的栅极电压 V_G,为达到夹断条件所需要的源漏极电压是不同的。夹断点首先发生在漏端处。在漏端 $V(L) = V_{DS}$ 处,则有

$$V_{DS} = V_{p0} - V_D + V_G \tag{6.65}$$

将其代入式(6.61),导出饱和源漏极电流为

$$I_{DS} = G_0 \left[\frac{2}{3}\sqrt{\frac{V_D - V_G}{V_{p0}}} - 1\right](V_D - V_G) + \frac{1}{3}G_0 V_{p0} \tag{6.66}$$

式(6.66)为 JFET 的转移特性,反映了栅极电压 V_G 对源漏极电流的控制作用,如图 6.14 所示。在图 6.14 中还画出了抛物线,即

$$I_{DS} = G_0 \left[\frac{2}{3} \sqrt{\frac{\psi_0 - V_G}{V_{p0}}} - 1 \right] (\psi_0 - V_G) + \frac{1}{3} G_0 V_{p0} \tag{6.67}$$

式(6.67)可进一步写为

$$I_{DS} = I_{DSS} \left(1 - \frac{V_G}{V_{p0}} \right)^2 \tag{6.68}$$

式中,I_{DSS} 表示栅极电压为零(即栅源短路)时的漏极饱和电流。实验发现,即使在 y 方向为任意非均匀的杂质分布,所有的转移特性都会落在图 6.14 中的两条曲线之间。在 JFET 的信号放大应用场景中,通常器件工作在饱和区,并且在已知栅电压信号时,可利用转移特性求得输出的漏极电流。

随着源漏极电压的进一步增加,会导致栅极-沟道 PN 结发生雪崩击穿,从而使源漏电流突然增加。如图 6.15 中的情形。由于沟道的漏端存在最高的反向偏偏压,击穿首先发生在此处。

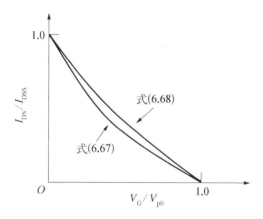

图 6.14　典型 JFET 的转移特性

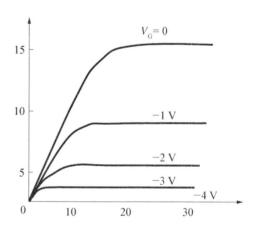

图 6.15　在 JFET 中高 V_{DS} 时的击穿

6.4.4　沟道长度调制效应

JFET 沟道被夹断条件为两个栅结的耗尽区在沟道宽度中央位置相遇,如图 6.16 所示。沟道的夹断首先发生在漏端附近。当源漏极电压 V_{DS} 进一步增加时,沟道中更多的自由载流子被耗尽,耗尽区向源极延伸,实际起导电通路作用的电中性沟道长度减小,这种现象称为沟道长度调制效应。这一效应与 MOSFET 中的沟道长度调制作用的发生机制与效果都非常类似,是场效应器件中一种常见的非理想效应。

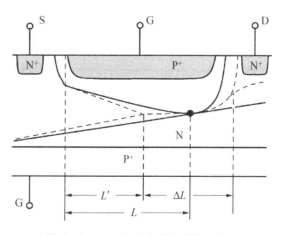

图 6.16　JFET 中的沟道长度调制效应

在沟道中央位置,外加的源漏极电压由耗尽区和电中性区分摊,其中电中性的沟道区承受夹断电压 V_p(即夹断点至源极电压),耗尽区承担的电压为 $V_{DS}-V_p$。沟道长度调制效应发生后,被减短为长度 L' 的电中性沟道所承受的电压依然为 V_p 不变,随着夹断后 V_{DS} 的进一步增加,源漏极电流将略有增加,而不是饱和的,即源漏间的等效电阻 r_{DS} 为有限值。

根据这种物理图像,可以推导出饱和区的漏极电阻。由于夹断后,新的沟道长度 L' 承受夹断电压 V_p 不变,故

$$I'_{DS}L' = I_{DS}L \tag{6.69}$$

因此有

$$I'_{DS} = I_{DS}\frac{L}{L'} \tag{6.70}$$

依据式(6.66),夹断后的漏极电流可表示为

$$I'_{DS} = G'_0\left[\frac{2}{3}\sqrt{\frac{V_D-V_G}{V_{p0}}}-1\right](V_D-V_G)+\frac{G'_0 V_{p0}}{3} \tag{6.71}$$

式中,

$$G'_0 = \frac{2qaZ\mu_n N_D}{L'} \tag{6.72}$$

源漏极电压在夹断后使被耗尽的沟道长度增加了 ΔL,根据单边突变结耗尽层宽度公式,有

$$\Delta L = \left[\frac{2\varepsilon(V_{DS}-V_p)}{qN_D}\right]^{1/2} \tag{6.73}$$

假设被耗尽的沟道向源端的扩展与向漏端的扩展相等,则得到

$$L' = L-\frac{1}{2}\Delta L = L-\frac{1}{2}\left[\frac{2\varepsilon(V_D-V_p)}{qN_D}\right]^{1/2} \tag{6.74}$$

根据式 $I'_{DS}=I_{DS}\frac{L}{L'}$,有

$$I'_{DS} = I_{DS}\frac{L}{L-\Delta L/2} \tag{6.75}$$

式(6.75)清楚地反映了沟道长度效应对源流电流的影响。一般情况下,肖克利模型对于即沟道的长宽比大于4的长沟道 JFET 的情形是相对准确的,大多数一般用途的 JFET 都属于这一范围。但在 $L/a<2$ 的短沟道器件中,饱和机制所涉及的问题更多,本书不再讨论。

6.5　JFET 的小信号等效电路与频率特性

6.5.1　小信号等效电路

图 6.17(a)所示为典型的 N 沟道 JFET 的横截面,其中考虑了源极与漏极的串联电阻 R_S 和 R_D。图 6.17(b)所示为 JFET 的交流小信号等效电路。现将图中各参数介绍如下:

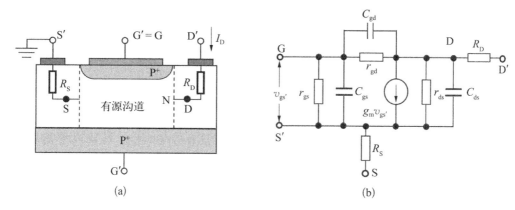

图 6.17　JFET 的剖面图与交流小信号等效电路

（a）具有源电阻和漏电阻的 JEFT；（b）JEFT 交流小信号等效电路

1. 漏极导纳 g_{dl}

漏极导纳 g_{dl} 定义为源漏电流 I_{DS} 对源漏电压 V_{DS} 的变化率，也称为输出导纳。在线性区，对式（6.64）求 V_{DS} 的导数，可以得到漏极导纳为

$$g_{dl} = \frac{\partial I_{DS}}{\partial V_{DS}}\bigg|_{V_G} = G_0\left(1 - \sqrt{\frac{V_D - V_G}{V_{p0}}}\right) \tag{6.76}$$

从式中可以看出漏极导纳 g_{dl} 与外加栅极电压的关系，正是这种关系使 JFET 可用于作为栅电压控制的可变电阻器件。

2. 跨导 g_m

跨导 g_m 定义为漏极电流 I_{DS} 对栅极电压 V_G 的变化率，反映了晶体管的增益效果。对式（6.64）求 V_G 的导数，有

$$g_{ml} = \frac{\partial I_{DS}}{\partial V_G}\bigg|_{V_{DS}} = \frac{G_0}{2}\frac{V_D}{\sqrt{V_{p0}(\psi_0 - V_G)}} \tag{6.77}$$

对饱和区的伏安特性式（6.66）求导，可推导出饱和跨导为

$$g_m = \frac{\partial I_{DS}}{\partial V_G} = G_0\left(1 - \sqrt{\frac{V_D - V_G}{V_{p0}}}\right) \tag{6.78}$$

这里式（6.76）与式（6.78）具有相同的形式，因此 JFET 线性区的输出导纳与饱和跨导相等。

另外，JFET 是电压控制器件，当负载电阻为 R_L 时，其输出电压可写为 $I_{DS}R_L$。电压增益定义为

$$K_V = \frac{\partial(I_{DS}R_L)}{\partial V_G} = g_m R_L \tag{6.79}$$

显然，当以 V_G 为输入电压时，跨导 g_m 标志了输出电压的放大能力。

值得注意的是，由于在理想的模型中，忽略了靠近源端和漏端的串联电阻，在 g_m 数值较大时，式（6.76）与式（6.78）并不能准确描述 JFET 的增益效果，实际器件的 g_{dl} 和 g_m 将比理想值低。

3. 栅源扩散电阻 r_{gs} 和栅漏扩散电阻 r_{gd}

对于实际的 JFET,除考虑串联电阻的影响外,还需要考虑栅源扩散电阻 r_{gs} 和栅漏扩散电阻 r_{gd} 的影响。两者引起的电流是 PN 结反向饱和电流、产生电流和表面漏泄电流的总和,统称为栅极漏泄电流。在一般的器件中,栅极漏泄电流的数值为 $10^{-12} \sim 10^{-9}$ A,由此得到的输入阻抗大于 10^{8} Ω。所以,JFET 可认为是高输入阻抗的电压控制器件。

4. 栅极总电容 C_G

除上述各种电阻的作用之外,在栅极和沟道之间还具有势垒电容。令 W' 为平均耗尽层宽度,则栅极总电容可以表示为

$$C_G = 2ZL \frac{\varepsilon}{W} \tag{6.80}$$

式中,因子 2 是考虑了上下两个 PN 结的贡献,每个结面积为 ZL。在 $V_G = 0$ 并处于夹断条件时,平均耗尽层宽度为 $a/2$。因而,夹断时的栅极总电容为

$$C_G = 4ZL \frac{\varepsilon}{a} \tag{6.81}$$

为简化设计,不管栅极电容的实际分布性质如何,往往用两个集总电容参数,即栅漏电容 C_{gd} 和栅源电容 C_{gs} 来表示栅极电容的作用。此外,器件封装时也经常会在漏极和源极两端引入较小的寄生电容 C_{ds}。

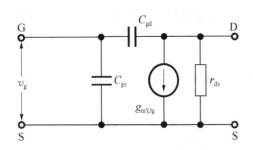

图 6.18　简化的交流小信号等效电路

5. 漏极电阻 r_{ds}

漏极电阻是由沟道长度调制效应引起的,其典型值为 $100 \sim 200$ kΩ。

图 6.17 所示的等效电路中电阻 r_{gs} 和 r_{gd} 通常很大,对于多数应用可以忽略。如果再忽略源极、漏极串联电阻 R_S 和 R_D,可以将 JFET 的交流小信号等效电路简化为图 6.18。这一简单的电路模型已经足够用于描述大多应用场景中 JFET 的作用。对于低频应用,其中侧电容 C_{gs} 还可忽略不计。

6.5.2　JFET 的工作频率

随着工作频率的升高,JFET 的电流增益(定义为输出电流与输入电流之比)下降。截止频率 f_{C0} 定义为晶体管电流增益下降到 1,即不能再放大输入信号时的最高工作频率。考虑图 6.18 所示的等效电路中输出短路的情形。输入电流表示为

$$i_{in} = j2\pi f_{C0}(C_{gs} + C_{gd})v_g = j2\pi f_{C0}C_G v_g \tag{6.82}$$

输出电流为

$$i_{out} = g_m v_g - j2\pi f_{C0}C_{gd} \tag{6.83}$$

当 $2\pi f_{C0} \ll g_m/C_{gd}$ 时,可忽略式(6.83)中的第二项。JFET 的增益为 1,即通过输入电容的电流与输出电流相等,则有

$$\left| \frac{i_{out}}{i_{in}} \right| = \frac{g_m}{2\pi f_{C0}(C_{gs} + C_{gd})} = 1 \tag{6.84}$$

从而得到截止频率

$$f_{C0} = \frac{g_m}{2\pi C_G} \leqslant \frac{G_0}{2\pi C_G} = \frac{qa^2\mu_n N_D}{4\pi\varepsilon L^2} = \frac{V_{p0}\mu_n}{2\pi L^2} \tag{6.85}$$

式(6.85)中使用了增益因子 G_0 的表达式(6.62)以及跨导式(6.77)，并令 $g_m \ll G_0$。该式说明，截止频率 f_{C0} 由夹断电压、迁移率和沟道长度共同决定。通常夹断电压这一项很难调节，因此，实现良好高频性能的途径是确保高的迁移率和短的沟道长度。

6.5.3　JFET 的突出特点

使用中 JFET 的几个突出的特点如下：

（1）JFET 的电流传输主要由同一类型的载流子，而且是多数载流子承担，不存在少数载流子的存储效应，因此有利于达到比较高的截止频率和快的开关速度；

（2）JFET 是电压控制器件。它的输入电阻要比结型晶体管 BJT 的高得多，在应用电路中易于实现级间直接耦合，因此其输入端易于与标准的微波系统匹配；

（3）由于是多子器件，因此 JFET 的抗辐射能力较强；

（4）与 BJT 及 MOS 工艺兼容，有利于集成。

早期的大多 JFET 用半导体硅材料制造。20 世纪 90 年代后，基于 InP、GaIn、AsP 等化合物半导体的 JFET 逐渐成熟，它们易于同 GaInAsP 激光器及探测器集成在同一类型的光电集成电路芯片上。

6.6　MESFET 和 HEMT

6.6.1　MESFET 的结构和原理

金属-半导体场效应晶体管（metal semiconductor field effect transistor，MESFET）中，用金属和半导体形成的肖特基结替代 PN 结作为栅结，可以看作是 JFET 的一种特例。目前 MESFET 通常由化合物半导体构成，例如砷化镓、磷化铟、碳化硅等，其中技术最成熟并作为广泛应用的是 N 型 GaAs MESFET。图 6.19 给出了典型 GaAs MESFET 的基本结构，其制造过程如下：在半导体 GaAs 衬底上外延生长一层 N 型层，然后在其表面一次性形成源极、漏极的欧姆接触和栅极肖特基势垒。金属与半导体接触工艺允许 MESFET 的沟道制造得更短，同时 GaAs 的电子迁移率比硅高 6 倍，因而这种 MESFET 的工作速度比由硅制造的 JFET 或 MOSFET 更快，工作频率最高可以达到 45 GHz 左右。实际中，MESFET 多以分立器件或单片微波集成电路（MMIC）形式应用于微波频段的通信、雷达等设备中，如低噪声放大、功率放大、开关、抗辐射与振荡电路等。

MESFET 也有增强型和耗尽型器件。一种情

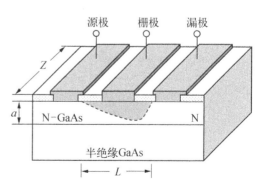

图 6.19　金属-半导体场效应管 MESFET 的结构

况是,当 $V_G=0$ 时,MESFET 中金属结的肖特基势垒可以穿透 N 型 GaAs 外延层达到半绝缘衬底。此时在耗尽层两端施加正向偏压,耗尽层变窄,从而使耗尽层的下边缘向 N 型层回缩,离开衬底,于是在耗尽层下方和衬底之间形成了导电沟道。这种 MESFET 称为常闭型或增强型 MESFET。对于常开型或耗尽型的 MESFET,此时当 $V_G=0$ 时,已经存在导电沟道,要使沟道夹断则需给耗尽层加上负的栅极偏压,使耗尽层扩展至衬底处。

由于 MESFET 与 JFET 的工作原理相同,所以前面对 JFET 给出的理论公式都适合于 MESFET。只是对于增强型 MESFET,式(6.57)和式(6.58)中的 V_p,通常换为阈值电压 $-V_{TH}$,作为使晶体管导通所需要施加的最小正向偏压。由式(6.57)得

$$V_{TH}=-V_p=-(V-V_G)=V_D-V_{p0} \tag{6.86}$$

对于增强型 MESFET,$V_{p0}<V_D$,所以 V_{TH} 总是正的。V_{p0} 由式(6.58)给出。此外,由于 MESFET 没有下栅极,所以其漏极电流应是式(6.61)中电流的一半。一般情况下,N 沟道增强型 MESFET 的内夹断电压低于内建电势差,因而很小的沟道厚度就可以形成较大的阈值电压。

6.6.2 异质结 MESFET

异质结 MESFET 的主要优点是工作速度快,故常称为快速晶体管。图 6.20(a)所示为基于 Ⅲ-Ⅴ 族化合物 Ga、In、As 等作为有源沟道层构成的典型双异质结 MESFET 的剖面结构。该类器件中各半导体层是利用分子束外延技术在〈100〉方向的半绝缘 InP 衬底上生长的,要求各层与衬底具有良好的晶格匹配,以避免断层和较高的界面陷阱密度(常用的 GaAs 与 AlGaAs 体系的晶格常数差异小于 0.4%)。图 6.20(b)所示为双异质结 MESFET 在热平衡时的能带图。由于不同的半导体层具有不同的禁带宽度,因此结能带是不连续的。顶部的 AlInAs 层与铝栅极形成肖特基势垒,于是沟道中的电子会受到势垒的限制,只能在中部层 GaInAs 的有源层内运动。由于这一有源层载流子迁移率比 GaAs 的迁移率高,所以能获得更高的跨导和较高的工作速度。

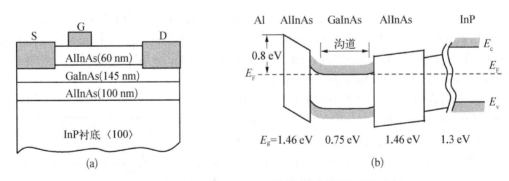

图 6.20 典型异质结 MESFET 的基本结构和能带示意图

(a) 双异质结 MESFET 的截面图;(b) 热平衡时的能带图

6.6.3 高电子迁移率晶体管

高电子迁移率晶体管(high electronic mobility transistor,HEMT)是另一种异质结

MESFET。如图 6.21(a)所示,在本征 GaAs 衬底(i-GaAs)上,用外延技术生长几个 nm 厚的宽禁带 $Al_xG_{1-x}As$ 薄层($i-Al_xG_{1-x}As$),再生长 N 型重掺杂的 $N^+-Al_xG_{1-x}As$ 层,与金属栅极形成肖特基势垒,同时与 GaAs 层形成异质结。通过对栅极加正向偏压,可以将电子引入异质结界面处的 GaAs 层中。

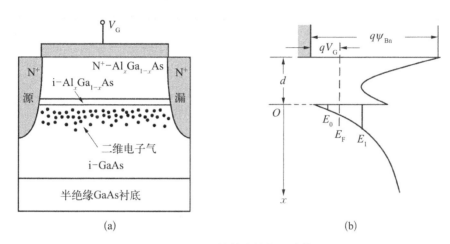

图 6.21　HEMT 的基本结构和能带图

(a) 基本结构;(b) 能带图

AlGaAs 的厚度和掺杂浓度决定器件的阈值电压。耗尽型器件的 AlGaAs 层较厚或者掺杂浓度较高,当栅压 $V_G=0$ 时,异质结界面处的 GaAs 表面的电子势阱内已经有电子存在;相反,增强型器件 AlGaAs 层较薄或者掺杂浓度较低,当 $V_G=0$ 时耗尽层伸展到 GaAs 内部,势阱内没有电子,源漏极之间是断开的。AlGaAs 的禁带宽度比 GaAs 的大,电子亲和势比 GaAs 的小,因此形成异质结后,导带边不连续,AlGaAs 的导带边比 GaAs 的高。这一能带结构,会使电子从 AlGaAs 向 GaAs 转移引起界面处的能带弯曲,从而在 GaAs 表面形成近似三角形的电子势阱,如图 6.21(b)所示。当电子势阱较深时,电子基本上被限制在势阱宽度所决定的薄层(通常为 100 nm 左右)内,这样的电子系统称为二维电子气(2DEG)。此时,电子(或空穴)被限制在平行于界面的平面内自由运动,而在垂直于界面的方向上受到限制。电子势阱的深度受到栅极偏压 V_G 的控制,故 2DEG 的浓度或电荷面密度将受 V_G 的控制,从而器件的电流受到 V_G 的控制。

提供自由电子的 $N^+-Al_xG_{1-x}As$ 层与 2DEG 之间夹着本征 AlGaAs 薄层,从而 2DEG 基本上不受电离杂质散射的影响,电子的迁移率显著增加,比体材料中电子迁移率高得多。这种器件依靠迁移率很高的 2DEG 导电,能够具有更高的工作速度和更高的截止频率,因而又称为 2DEG 场效应晶体管(TEG FET)、调制掺杂场效应晶体管(MOD FET)或选择掺杂异质结晶体管。

6.7　PNPN 结构器件及晶闸管

将不同半导体层堆叠形成的 PNPN 结构器件,是晶闸管家族器件的第一个成员,其符号与结构如图 6.22 所示。PNPN 器件可从不同端点接出,例如 K - A 两端构成 PNPN 二极管,具有开关性质。如果在内部 P_2 区制作栅极,就构成三端器件,其 K-A 端的开关过程可以通过栅极电流进行控制。具有 PNPN 结构的半导体器件统称为晶闸管。

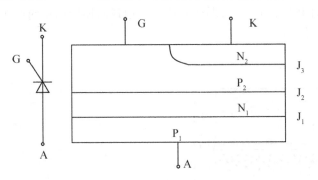

图 6.22　PNPN 晶闸管的符号与剖面结构

6.7.1　基本结构与伏安特性

最基础的晶闸管结构由 PNPN 四层半导体层构成三个 PN 结(J_1、J_2、J_3),其电极为阳极(A)、阴极(K)和门极(G)。

在阳极 A 与阴极 K 之间施加正向电压时(P_1 接正,N_2 接负),J_1 和 J_3 结正向偏电,J_2 结反向偏电,此时晶闸管不导通,称为晶闸管的正向阻断状态;当 A-K 之间施加反向电压时(P_1 接负,N_2 接正),J_1 和 J_3 结反向偏压,而 J_2 结正向偏压,晶闸管也不能导通,称为反向阻断状态以上两种情况,均为晶闸管的栅极(门极)不加电压时,无论 A-K 之间加正或负电压,晶闸管都不会导通,具有正向阻断能力和反向阻断能力,统称为关断状态。

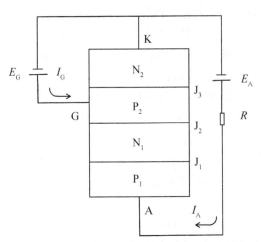

图 6.23　晶闸管的正向导通电路图

若 A-K 之间施加正向电压,同时又在 G-K 之间施加正向门极电压,如图 6.23 所示。当门极电流 I_G 达到一定数值时,晶闸管便由关断状态变为导通状态。晶闸管导通后,门极的正向电压对晶闸管的导通状态和阳极电流 I_A 均无影响。当将晶闸管的阳极电流 I_A 减小到一定临界值以下时,晶闸管就可以关断,这个临界值称为维持电流 I_H。此外,给晶闸管施加反向电压,强迫晶闸管流过的电流减小并反向,也能使晶闸管关断。

因此,晶闸管导通与关断的两个状态是由阳极电压、阳极电流 I_A 和门极电流 I_G 共同决定的,其最基本的伏安特性如图 6.24 所示。可见,晶闸管有五个不同的工作区域。

(0)～(1):晶闸管处于正向阻断或是关闭状态,具有很高的阻抗;在点(1)处发生正向转折,将该处的电压和电流分别定义为正向转折电压 V_{BF} 和开关电流 I_S。

(1)～(2):器件处于负阻区域,即电流随电压急骤降低而增加。

(2)～(3):器件处于正向导通或开启状态,具有低阻抗,在点(2)处再次转折,定义该处对应于维持电流 I_H 和 V_H。

（0）～（4）：器件处于反向阻断状态。

（4）～（5）：器件处于反向雪崩击穿状态，反向击穿电压对应为 V_{BR}。

由此可见，晶闸管在正向区域为双稳态器件，可以由高阻抗低电流的关闭状态转换到低阻抗高电流的开启状态，反之亦然。

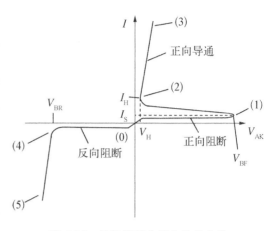

图 6.24　晶闸管基本伏安特性曲线

6.7.2　晶闸管的工作原理

1. PNPN 结构导通机制

由前面的分析，正向偏置的 PNPN 四层三端器件具有正向阻断、雪崩击穿、负阻、导通和反向阻断等状态。

1）正向阻断状态

晶闸管正向连接时，J_1 结和 J_3 结正向偏置，J_2 结反向偏置，因此外加电压绝大部分施加在 J_2 结上。正向阻断状态各层载流子分布如图 6.25 所示。当外加正向电压 V 远小于 J_2 结的雪崩击穿电压时，正向偏置的 J_1 结和 J_3 结都发生少数载流子的注入，即 P_1 区向 N_1 区注入空穴，同时 N_2 区向 P_2 区注入电子，通过电子空穴对的复合与补充维持电中性。此时仅有很小的反向漏电流流过反向的 J_2 结。

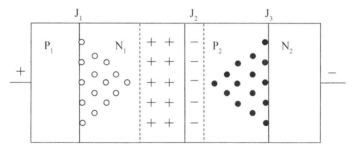

图 6.25　PNPN 正向阻断状态（J_1 结和 J_3 结正向偏置，J_2 结反向偏置）载流子分布示意图

2）雪崩击穿状态

正向偏置的 J_1 结和 J_3 结注入的少子中一部分到达反向偏置的 J_2 结，少子浓度的增加使 J_2 结的反向电流增大。可见 J_1 结通过正向偏置下的少子注入对 J_2 产生了影响。为方便起见，这里引入电流增益定量描述各结之间的相互作用。将 PNPN 结构等效为两个晶体管 $P_1N_1P_2$ 和 $N_2P_2N_1$，用电流增益 α_1 描述 J_1 结对 J_2 的作用，用 α_2 表示 J_3 结对 J_2 的作用。随外加电压上升到接近 J_2 结的击穿电压 V_B 时，处于反向偏置的 J_2 结的空间电荷区电场增大明显，引发雪崩倍增。通过 J_2 结的电流，由原来的反向电流转变为由 J_1 和 J_3 结注入的载流子经过各自基区后衰减而又在势垒区倍增了的电流。当电流增益与雪崩倍增因子 M 的乘积等于 1 时，所对应的外加电压即为转折电压 V_{BF}。

3）负阻状态

当外加电压大于转折电压 V_{BF} 时，势垒区内的雪崩倍增产生大量的电子-空穴对，这些载流子受反向电场的抽取作用,电子进入 N_1 区,空穴进入 P_2 区。由于不能很快复合,在 J_2 结两侧产生载流子积累,补偿了电离的杂质离子,使其空间电荷区变窄。因而 P_2 区电势升高,N_1 区电势下降,降落在 J_2 结上的电压减小,雪崩倍增效应减弱。J_1、J_3 结的注入增强,出现电压减小和电流增强的负阻现象。

4)导通状态

由于上述载流子的积累增加,J_2 结电压下降。至雪崩倍增停止时,仍能维持 P_2 区相对 N_1 区为正,J_2 结倒相成为正向偏置,此时三个 PN 结都处于正向,有类似二极管的正向特性。

5)反向阻断区

若在 PNPN 四层结构上施加反向电压,J_1 结和 J_3 结处于反向偏置,J_2 结处于正向偏置。这时的反向电压主要施加在由 J_1 结两侧,与单个 PN 结的反向特性类似。当反向电压增大到 J_1 结发生雪崩倍增效应后,到达 P1 区的空穴也只能与阳极的电子进行复合,因此不会产生正向特性中的正反馈作用,也不会出现负阻区。

2. 晶闸管的开通条件

将晶闸管看作如图 6.26 所示的 PNP、NPN 两个晶体管的组合。两个晶体管的基区各自连接到对方的集电区,根据晶体管端点电流之间的关系和共基极电流增益的有关表达式,可以得出图中 $P_1N_1P_2$ 晶体管的基极电流为

$$I_{B1} = (1 - \alpha_1)I_A - I_{CBO1} \tag{6.87}$$

$N_1P_2N_2$ 晶体管的集电极电流为

$$I_{C2} = \alpha_2 I_K + I_{CBO2} \tag{6.88}$$

由于

$$I_K = I_A + I_G \tag{6.89}$$

且 $I_{B1} = I_{C2}$,由式(6.87)和式(6.88),可得

$$I_A = \frac{\alpha_2 I_G + I_{C0}}{1 - (\alpha_1 + \alpha_2)} \tag{6.90}$$

式中

$$I_{C0} = I_{CBO1} + I_{CBO2} \tag{6.91}$$

表示 N_1P_2 结(即 J_2 结)的反向漏电流。

对式(6.90)求电流 I_G 的导数,有

$$\frac{dI_A}{dI_G} = \frac{\alpha_2}{1 - (\alpha_1 + \alpha_2)} \tag{6.92}$$

在 $\frac{dV}{dI} = 0$ 的击穿点,当电流增益 $\alpha_1 + \alpha_2 = 1$,则 $\frac{dI_A}{dI_G} \to \infty$,器件开通,所以晶闸管的开通条件为

$$\alpha_1 + \alpha_2 \geqslant 1 \tag{6.93}$$

这也说明,电流增益是电流 I_A 的函数,而且随着电流的增加而增加,在低电流时,α_1 和 α_2 远小于1。在这种情况下,流过器件的电流是两个晶体管的漏电流之和(即 $I_{CBO1} + I_{CBO2}$)。 当

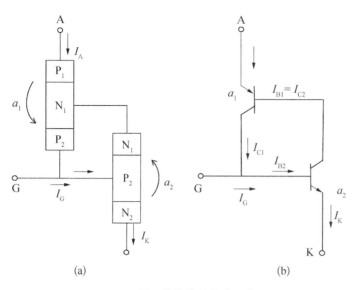

图 6.26　晶闸管的等效电路示意图

(a) 结构等效；(b) 电路等效

外加电压增加时电流及 α_1、α_2 也增加，这会引起 I_A 继续增加，这称为晶闸管的再产生行为。当 $\alpha_1+\alpha_2$ 趋近于 1 时，电流会无限制地增加，即器件处于正向转折状态。

若考虑到倍增因子，令电子空穴和空穴的倍增因子 $M_p=M_n=M$，则开通条件应表示为

$$M(\alpha_1+\alpha_2)\geqslant 1 \tag{6.94}$$

当存在发射极短路时，因 $\alpha_2\approx 0$，式(6.94)变为

$$M\alpha_1\geqslant 1 \tag{6.95}$$

图 6.27 表示晶闸管断态时载流子的运动情况。由图 4.37 可见，当 P1N1P2 晶体管的集电极电流 $\alpha_1 I_A$ 大于 N1P2N1 晶体管的共基极电流 $(1-\alpha_2)I_K$ 时，P2 区相对 N1 区为正，有空穴积累，即

$$\alpha_1 I_A > (1-\alpha_2)I_K \tag{6.96}$$

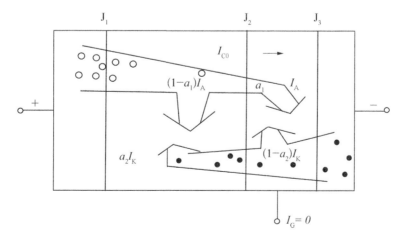

图 6.27　晶闸管正偏断态时载流子运动示意图

当 $I_G = 0$ 时有 $I_A = I_K$,同样得到 $\alpha_1 + \alpha_2 \geqslant 1$ 的开通条件。

3. 不同偏置条件下的耗尽层宽度

为了进一步说明晶闸管的工作原理,图 6.28 给出了 PNPN 晶闸管在不同工作偏置下,各 PN 结耗尽区宽度的变化情况。在热平衡状态,器件中无电流流过,耗尽区的宽度是由掺杂杂质的浓度分布决定的。正向阻断状态,如图 6.28(b)所示,J_1 结和 J_3 结正向偏置,J_2 结反向偏置,大部分电压降落在 J_2 结,大部分耗尽区的展宽也发生在 N_1 区域。图 4.38(c)表示正向导通的状况,器件中的三个 PN 结都处于正向偏置,两个寄生的双极晶体管 $P_1N_1P_2$ 和 $N_1P_2N_2$ 都处于饱和状态,因此整个器件上的电压降非常低,近似为一个正向偏置 PN 结上的电压降。图 4.38(d)表示器件反向阻断状态,J_1 结和 J_3 结都是反向偏置,J_2 结是正向偏置。由于 N_1 区是低浓度掺杂,反向击穿电压主要决定于 J_1 结。

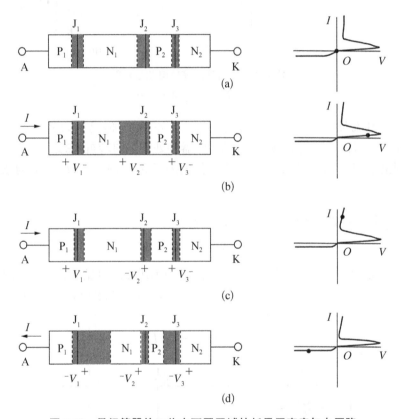

图 6.28 晶闸管器件工作在不同区域的耗尽层宽度与电压降

(a) 热平衡状态;(b) 正向阻断;(c) 正向导通;(d) 反向阻断

习 题

第 7 章

闪 存 存 储 器

存储器是计算机系统中必不可少的存储设备,主要用于存储程序和数据信息。目前存储器在物联网大数据时代起着不可替代的作用,存储器的种类较多,大体上可分为易失性存储器和非易失性存储器这两类。非易失性存储器因其断电后存储的数据不会丢失的特点,而被广泛应用于数据存储方面。近几年,闪存存储器因存储容量大、存储密度高、存储成本低等优点,一直在非易失性存储器领域占据主导地位,成为当前应用最广泛的存储器件。

7.1 闪存存储器概述

闪存(flash)这一概念是由浮栅型金属-氧化物-半导体场效应晶体管(MOSFET)发展而来的。1984 年,闪存之父舛冈富士雄(Fujio Masuoka)博士提交了一份浮栅新用途的行业白皮书,其中提到了一种高速电子存储器件,整个器件存储的内容可以在相机闪光(flash)的瞬间被擦除掉,因此而得名闪存。1984 年,在圣何塞举行的综合电子设备大会上,Fujio Masuoka 介绍了闪存存储器(flash memory),自此闪存存储器正式问世。

7.1.1 闪存存储器的分类

闪存存储器种类繁多,按照不同的划分依据,有着不同的分类方式,下面介绍介绍几种主要的分类。按照闪存存储器存储单元的结构来划分,可以划分为浮栅型(floating gate, FG)闪存存储器和电荷俘获型(charge-trap, CT)闪存存储器两种,结构如图 7.1 所示。

(1) 浮栅型闪存存储器是在 MOSFET 的结构基础上,增加一层用于存储电荷的浮栅层。控制栅和浮栅一般采用多晶硅材料,隧穿氧化层和绝缘介质层多采用 SiO_2 或高介电常数(high-k)材料。从结构图中可以看出,浮栅被完全夹在隧穿氧化层和绝缘介质层中间,不与外界电极接触。由于浮栅与外界回路没有接触的这种特殊性,使得器件上是否加电压并不会影响电子的存储状态,存储的电子会长期存在浮栅中,因而具有非易失性。但是在器件上加电压之后,浮栅可以捕捉并储存电子,引起浮栅层电势的变化,此时的浮栅同样可以像栅极一样影响沟道。浮栅中存储的电子的量可以影响器件的导通电压状态,不同的阈值电压代表不同的工作状态,因此可以将其定义为逻辑"0"和"1"以存储信息。

(2) SONOS(silicon-oxide-nitride-oxide-silicon)结构是电荷俘获型闪存存储器中最具有代表性的存储单元。电荷俘获型闪存存储器与浮栅型闪存存储器结构有相似之处,其中控制栅、隧穿氧化层和阻挡氧化层的材料是相同的,不同之处在于浮栅层被电荷俘获层所替代,电荷俘获层的材料一般为氮化硅,氮化硅材料内部存在大量缺陷,而这些缺陷可以俘获并存储电

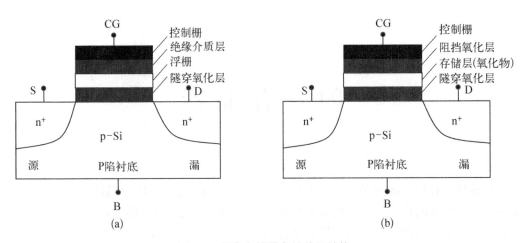

图 7.1　闪存存储器存储单元结构

（a）浮栅型；（b）电荷俘获型

子。通过控制电荷存储层中电子存储量，可以改变器件的阈值电压进而存储信息。氮化硅属于绝缘材料，存储在氮化硅缺陷中的电荷不能自由移动，即使器件与外界形成通路也不会导致存储电荷全部丢失，因此电荷俘获型闪存存储器也具有非易失性特点。从工艺上来讲，SONOS 结构在工艺制备过程中需要的光刻步骤相对较少，工艺也较为简单，并且与标准 CMOS 技术具有较好的兼容性，所以电荷俘获型闪存存储器制备起来更容易。

　　闪存存储器按照存储单元在存储阵列中的连接方式来划分，可以分为与非（NOR）连接和与或（NAND）连接两种，即分为 NOR Flash 和 NAND Flash，相应的阵列结构如图 7.2 所示。NOR Flash 的存储单元采用并行阵列架构，可以通过阵列接触直接访问每个存储单元，具有优越的随机性能。所以，NOR Flash 具有随机写入和读取的能力，主要用来存放代码和引导程序。NAND Flash 中的存储单元采用串行阵列架构，各存储单元是顺序排列的，所以不能通过接触点直接访问存储单元，但是这一结构使得数据的写入读取和擦除操作更为简单，所以 NAND Flash 的优点在于擦写速率快。从阵列结构来看，NAND Flash 的接触点较少，有效单元尺寸比 NOR Flash 的小得多，这一结构特征使得 NAND Flash 芯片尺寸更小，带来的结果是廉价的大容量数据存储。在器件尺寸持续微缩的时代，NAND Flash 极高的集成单元密度和较少的阵列中接触点，为实现器件的微缩提供了有利条件，从而成为后摩尔时代存储器中的佼佼者。NAND Flash 按照维度不同又可以划分为 2D NAND 和 3D NAND，3D NAND 的出现使得存储容量大幅度提升，后续会进行详细的介绍。

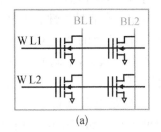
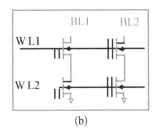

图 7.2　闪存存储阵列结构

（a）NoR Flash 的阵列结构；（b）NAND Flash 的阵列结构

7.1.2　闪存存储器的存储容量

　　存储容量是衡量存储器存储性能的重要指标。为满足闪存存储器大容量高密度的存储需求,存储单元中的存储数据量逐渐增多,闪存中的多级单元存储的概念出现,如图 7.3 所示。多级单元存储的优点是,在提高存储容量的同时,并不会增加芯片制备过程的复杂性。

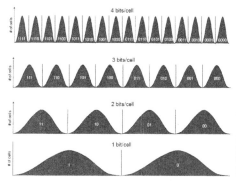

类型	SLC	MLC	TLC	QLC
结构	1 / 0	11 / 10 / 01 / 00	111 / 110 / 101 / 100 / 011 / 010 / 001 / 000	1111 … 0000
单元位数	1位	2位	3位	4位
P/E周期	10万个	1万个	3000个	1000个

图 7.3　多级单元存储中阈值电压分布

　　传统的闪存存储器根据存储层中所存储的电荷量的不同,将其定义为逻辑“1”和“0”两种状态。它存储信息的方式是每个存储单元存储一个比特数据(1 bit/cell),即“1”或“0”,这种存储单元称为单值单元(single-level cell,SLC)。SLC 的容量比较低、成本较高,但是其性能较好,使用寿命长,可承受 10 万次编程/擦写循环。SLC 中每个字线只有一个页,存在的两个状态分别是擦除态和编程态,它们分别对应着逻辑“1”或“0”。存储技术始终处在发展中,存储器存储信息的能力也逐步提高,存储器中可以通过存储电荷的数量或电压阈值水平增加每个存储单元存储的比特数据量。一开始,SLC 中的存储单元只能存储一个比特信息,经过不断发展出现可以存储 2 比特(2 bit/cell)的多值单元(multi-level cell,MLC)、存储 3 比特(3 bit/cell)的三值单元(trinary-level cell,TLC),到现在的存储 4 比特(4 bit/cell)的四值单元(quad-level cell,QLC)、存储 5 比特(5 bit/cell)的五值单元(penta-level cell,PLC)甚至更多。

　　从多级单元存储的阈值电压分布图来看,MLC 中每个存储单元可存储 2 bit 数据,即每个字线中有两个页:最低有效位页(least significant bit,LSB)与最高有效位页(most significant bit,MSB),以此可以划分为 4 个状态,即擦除态和 A 态、B 态和 C 态,对应“11”“10”“01”“00” 4 种状态。从图中可以看出,单元位数的增加使得阈值电压的分布窗口越来越小,因此所承受的磨损次数也越来越小,进而可靠性出现下降趋势。所以,MLC 的寿命和耐磨损程度方面不如 SLC。类似地,TLC 每个存储单元可存储 3 比特数据,具有“111”“110”“101”“100”“011” “010”“001”“000”8 种状态,即 MLC 有 LSB、中央有效页(central significant bit,CSB)、MSB 3 个页,存在的 8 种状态分别为擦除态和 A 态、B 态、C 态、……、G 态。TLC 的存储容量虽有了大幅度的提高,但是性能和使用寿命都有所下降,只能经受 3 000 次编程/擦写循环。QLC 每单元可存储 4 比特数据,具有“111”“110”“101”“100”“011”“010”“001”“000”等 16 种状态,虽然存储容量更容易提升,成本也进一步降低,但是更窄的阈值电压分布导致错误状态更容易出现,性能和寿命进一步变差,只能承受 1 000 次编程/擦写循环。

　　用于制造不同多级存储单元存储器的设备是相同的,这在生产过程中不会带来巨大的成本。但随着存储信息位数的逐渐增加,不同状态之间的阈值电压分布也越来越靠近,导致存储出现错误的概率越来越大,这在提高存储容量的同时使得可靠性问题变得更加严峻。因此,多级存储单元需要更加准确地控制阈值电压,这样可以减少不同状态之间阈值电压的分布交叠。随着阈值电压状态数量的增加,数据写入和感知所需的时间也会增加,在多级单元存储中综合考虑阈值电压分布宽度问题是非常关键的。综合来看,通过多级单元存储实现存储容量的增加,是闪存存储器发展的一条重要技术路径。除此之外,改善制备工艺进行尺寸缩减和研发新的阵列单元结构,也是提高存储容量必不可少的技术路径。工艺技术的不断革新使得器件持续微缩成为可能,从而为提高存储器容量打下了坚实的基础。在 NAND 存储器制造过程中,采用场植入技术打破了硅的局部氧化隔离的限制,NAND 器件进一步微缩。浮栅型的自对准浅沟槽隔离存储单元的出现,使器件尺寸持续缩减。随着工艺的进一步发展,不具备浮栅结构的自对准浅沟槽隔离存储单元出现,这一器件结构推动了高可靠性存储器的发展。NAND 结构的在维度上的转变是存储器容量得以提升的关键所在,最具代表性的是从二维(2D)发展到三维(3D)的转变,实现了存储容量的大幅跃升。

7.2 闪存存储器的基本操作

闪存存储器具有写入、读取和擦除三种操作,下面我们以 NAND Flash 为例,对这三种操作进行详细介绍。

7.2.1 写入操作

写入操作是将数据写入 NAND Flash 存储单元的过程。NAND Flash 中的存储单元组织成一个多级的层次结构,通常由块(Block)、页(Page)、子页(Subpage)等组成,存储单元组织成一系列的页(Page),每一页可以存储一定量的数据。在进行写入操作之前,需要首先选择要写入的页,选择页的操作通常涉及指定目标块(Block)和页内偏移量(Page Offset),因为 NAND Flash 是按照块来进行擦写操作的,最小擦除单位是块,通常包含多个页。

NAND Flash 的写入操作通常需要在执行之前进行块擦除操作。块擦除是将整个块的数据都擦除为初始状态,以便在需要写入新数据时可以正确进行。块擦除操作会在 NAND Flash 中引入擦除计数,因为 NAND Flash 擦写次数有限,过多的擦写操作会影响存储器的寿命。由于 NAND Flash 存储单元的损耗,可能会出现坏块,即不能再可靠存储数据的块。在写入操作中,需要检测并处理坏块,通常会有专门的坏块管理机制,将坏块标记出来,从而避免在写入操作中使用这些不可靠的块。在 NAND Flash 中,数据是以电荷的方式存储的,通过在存储单元中存储一定数量的电荷来表示不同的比特值。写入操作会向目标存储单元写入所需的电荷,从而改变其存储状态。在写入数据之后,通常会进行确认写入操作,以确保数据已正确写入存储单元中。确认写入操作会读取被写入的存储单元,然后与写入的数据进行比较,从而验证数据的准确性。如果验证失败,可能需要进行错误处理,如重新编程或标记坏块。

通过增量步进脉冲写入(incremental step pulse programming, ISPP)算法可以实现对存储器的写入阈值电压进行修改(见图 7.4)。具体操作流程为,在单元的栅极上施加已经设定好振幅和延时的步进电压,随后执行一个写入验证操作,以检查单元的阈值电压是否超过了预设的电压值(V_{VFY})。如果验证操作成功,说明单元已达到所需的状态,不用再接受写入脉冲。反之,若验证失败,则开启 ISPP 的下一个循环,在此循环中,写入电压受 ΔV_{pp}(或 Δ ISPP)影响增加。

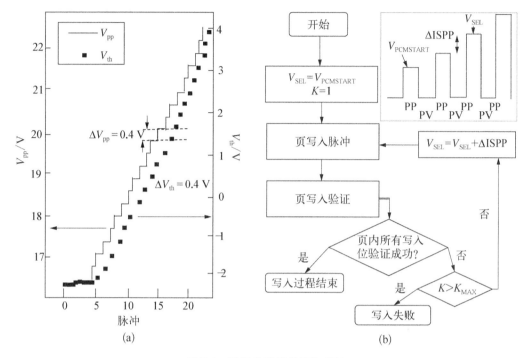

图 7.4 增量步进脉冲写入算法

(a) 增量步进脉冲写入;(b) 基于增量步进脉冲写入算法的程序流程

7.2.2 读取操作

在 NAND Flash 中,数据是以存储单元中的电荷状态来表示的,在读取操作期间,NAND Flash 控制器会采取一系列步骤来定位和传输所需的数据。

要从 NAND Flash 中读取数据,则需要提供一个地址。读取操作需要提供正确的块和页地址,以定位所需数据的位置。在读取之前,控制器需要根据给定的块地址选择要读取的块。由于 NAND Flash 存在坏块,控制器还需要执行块管理操作,确保所选块是有效的。一旦选择了块,控制器将根据给定的页地址读取数据。一个页通常包含主数据区域和元数据区域。在读取过程中,主数据区域中的数据将被传输到数据总线上,以供后续处理。NAND Flash 在读取过程中可能会遇到错误,例如位翻转、噪声干扰等。为了确保数据的可靠性,控制器通常会使用纠错码(ECC)来检测和纠正错误。读取的数据被传输到 NAND Flash 控制器的缓冲区中,然后通过主机总线(如 SPI、SDIO、NAND Flash 接口等)传输到主机系统中。NAND Flash 的读取速度受多个因素的影响,其中包括芯片的制造工艺、总线带宽、控制器性能等。

在 NAND Flash 的读取操作中,为了测量特定存储单元的信息,控制器会设置不同的栅极电压。如图 7.5 所示,对于要读取的存储单元,其栅极电压设置为 V_{READ}(通常为 0 V),而其他未被选择的单元的栅极电压则设置为偏压 $V_{PASS.R}$(通常为 4~5 V)。这样做的目的是让要读取的单元以导通的形式存在,而其他单元则独立于其阈值电压。这种设置使得要读取的存储单元以导通的晶体管状态存在,从而可以读取其中存储的信息。这种导通状态是通过设置栅极电压为 0 V 来实现的。相反,对于未选定的存储单元,其栅极电压设置在 $V_{PASS.R}$ 范围内,这样它们就不会影响读取操作,因为它们的晶体管将处于断开状态。事实上,擦除的存储单元的阈值电压较小,而写入的单元则具有正的阈值电压,但小于 4 V。这些操作确保了在读取 NAND Flash 存储单元时,选定的单元以正确的状态存在,以便能够测量其存储的信息。

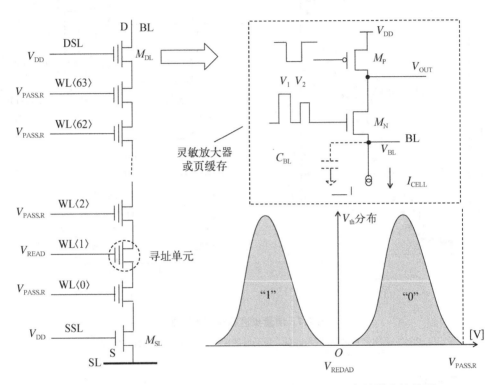

图 7.5   读取操作示意图和 SLC 阈值电压分布中 NAND 存储器串的偏压

7.2.3   擦除操作

NAND Flash 的擦除操作是将存储单元中的数据擦除为初始状态的过程,以便为后续的写入操作腾出空间。擦除操作是一项重要且耗时较长的任务,通常需要对整个数据块进行擦除。

首先,选择要擦除的块。擦除操作是以块为单位开展的,所以必须先选择要擦除的块,再向 NAND Flash 控制器发送擦除命令,告知它将要执行擦除操作。这个命令会指示控制器擦除所选的块。在擦除操作中,需要将块中的存储单元的电荷移除,使它们回到初始状态。擦除过程利用了电子隧穿效应(F-N 隧穿)来移除存储单元内的电荷。高电压会创建足够的电场,使电子能够越过绝缘层,从而使存储单元内的电荷减少。

在擦除电压施加之后,需要等待一段时间,以确保足够的电荷被移除,使存储单元达到正确的初始状态。擦除操作的时间取决于 NAND Flash 的型号和制程,通常处于毫秒级别。一旦擦除完成,NAND Flash 控制器会设置相应的标志位来指示块已被擦除,这样可以在以后的读取或写入操作中进行判断和管理。NAND Flash 擦除操作是一个关键的过程,用于清除块中的数据,进而为新数据的写入提供空间。

7.3 三维闪存存储器及其可靠性问题

7.3.1 从二维到三维的转变

NAND 闪存存储器从二维结构向三维结构转变,是提升存储器容量最为有效的方法。与传统的 2D NAND 闪存相比,3D NAND 具有更高的存储密度和更低的功耗,是目前的主流存储器件。其核心结构包括多层垂直单元,每个单元都包含了多个晶体管和电荷俘获介质,用于存储数据。

3D 电荷俘获型 NAND Flash 存储器是近年来存储技术领域的一项重大创新,它通过垂直堆叠多个存储层来实现更高的存储密度和性能。在过去的几十年里,NAND Flash 存储器一直是主要的非易失性存储技术。最早的 NAND Flash 是基于 2D 平面结构的,存储单元排列在同一水平面上。然而,随着存储需求的不断增加,2D NAND 逐渐遇到了物理限制的瓶颈,难以进一步提升存储密度。

为了克服 2D NAND 的限制,研究人员开始探索垂直堆叠技术制备 3D 架构。2007 年,日本铠侠公司首次提出了"bit cost scalable(BiCS)"的概念,即通过垂直堆叠存储单元来增加存储容量,从而实现"位成本可扩展",这标志着 3D NAND Flash 存储器的发展进程的起点。2013 年,三星率先推出了 V-NAND 闪存,并展示了它在数据存储方面的巨大潜力。自此之后,国内外多个研究机构也开展了相关研究,并相继提出了若干 3D NAND 存储技术相关的具体方案。2014 年到 2019 年的 5 年内堆叠层增加到了 128 层,存储容量持续扩大。2021 年海力士研发的 3D NAND 达到了 176 层,单芯片存储容量高达 1 TB,存储密度约为 $10 \, GB/mm^2$。2022 年,中国长江存储成功量产 232 层 3D NAND 闪存芯片;2023 年,海力士展示了他们开发出 300 层以上的 3D NAND 技术。堆叠层数的增加是存储器容量扩大的重要技术路径。

目前,3D 架构被视为非易失性存储单元阵列集成的最优选方案,有两种不同的方法可以制备 3D NAND 器件:第一种方法是最简单的,它类似于在薄的多晶硅衬底上制备 2D 平面阵列的方法,然后将更多层堆叠在上面,这种方案在擦写速度和保持特性等方面与传统平面电荷俘获单元相比并没有明显的优势;第二种方法称为垂直沟道法,它通过一个圆柱形的沟道来制备电荷俘获单元,与平面器件相比,这种方案可以改进单元的写入性能。这归因于电荷俘获器件的特殊形状,也就是所谓的环形栅(gate-all-around,GAA)结构。尽管沟道的宽度大于平面器件,但由于多层叠加,这两种结构都在物理上有单元大小的限制,并且只占用较小的等效面积。然而,圆形沟道和多层叠加的 3D NAND 存储器会面临新的可靠性问题。

7.3.2 三维闪存存储器结构

bit cost scalable(BiCS)结构是东芝公司提出一种创新的三维垂直堆叠 NAND Flash 存储器架构,通过将存储单元在垂直方向上堆叠来实现更高的存储密度和性能。BiCS 结构的核心思想是在垂直方向上堆叠多个存储层来增加存储容量,从而实现"位成本可扩展",这是 3D NAND 闪存存储器的发展进程的起点。与传统的 2D NAND 存储器不同,BiCS 结构将存储单元从水平平面扩展到垂直堆叠的立体结构。每个存储层都由一系列存储单元组成,这些存储单元在垂直方向上堆叠,从而大大提高了存储密度。BiCS 结构中的每个存储单元包括一个源线和一个栅极,它们沿着垂直的通道方向排列。这种垂直通道结构使得电荷可以更有效地在不同存储层之间传输,减少了电阻和电容等因素对性能的影响。由于垂直堆叠结构的引入,BiCS 结构在电荷保持能力方面表现出色。相邻存储层之间的电荷干扰较小,电荷损失较少,从而提高了数据的可靠性和持久性。

基于 BiCS 结构优化演化出一种新的 Flash 结构,称为 P-BiCS(pyramid-bit cost scalable)。P-BiCS 结构是对传统 BiCS 结构的一种改进。P-BiCS 相比于 BiCS 结构具有下面三个优点。

(1) 更好的隧穿氧化层质量: P-BiCS 的隧穿氧化层质量更高,这是因为其制造工艺更容易形成。因此,P-BiCS 具有更出色的数据保持性能和更大的阈值电压窗口值,从而提高了数据存储的可靠性。

(2) 更低的引线电阻: 由于 P-BiCS 中源线位于存储阵列的顶层,其引线更容易实现,且具有更低的电阻,这有助于提高数据读写速度和存储器的整体性能。

(3) 精确控制的关断特性: P-BiCS 中的源线选择器和位线选择器位于同一层,这使得其关断特性可以更加精确地控制。这不仅提高了存储阵列的性能,还有助于更好地管理数据访问和操作。随着结构的不断优化,后续出现了垂直凹槽阵列晶体管(vertical recess array transistor,VRAT)、太比特单元阵列晶体管(terabit cell array transistor array transistor,TCAT)、垂直堆叠阵列晶体管(vertical stacked array transistor,VSAT)等新型结构,新型结构的出现促进了存储器的进一步发展。

随着 3D NAND Flash 结构的发展,三星公司推出了可以实现量产的 V-NAND 结构,第一代 V-NAND 产品是一款 128 Gb 的 MLC NAND Flash 存储器,基于后栅工艺的 SONOS 存储器件,共包含 24 层垂直堆叠的存储单元。为了节省面积,V-NAND 结构采用了一种称为交错形存储器串的特殊版图设计。在这个设计中,奇数和偶数排的存储器串交错排列,而相邻存储器串的距离保持不变。第二代 V-NAND 是一款 128 Gb TLC 存储器件,与第一代产品相比,存储器件的基本结构没有大的改动,但最重要的升级是将存储器件的层数从 24 层增加到了 32 层,它采用了一种称为"交错位线接触孔结构"的设计,其中一个通道特征尺寸内设计放置了 2 个位线。这导致位线数量增加一倍,从而将 NAND 页规模从 8 KB 提高到 16 KB。底层源线的接触孔数量减半,但存储器串的数量保持不变。此后,V-NAND 技术的不断演进,通过增加存储器件的层数和改进设计,实现了更高的存储密度、性能提升以及更高的容量,有助于满足不断增长的存储需求,这也为 3D NAND 闪存存储器的发展奠定了重要的基础。一些新技术的加入使 3D NAND 的发展更为迅速,如英特尔/美光的 3D XPoint、三星公司的 Z-NAND 和日本铠侠公司的 XL-Flash 关键技术。

3D NAND 闪存存储器大致又可以分为垂直沟道型(vertical-channel,VC)和垂直栅型(vertical-gate,VG)NAND 闪存存储器两大类。3D VC-NAND 一般是具有环形栅结构的 SONOS 或 MONOS,这种结构下 NAND 字符串的电流是垂直流动。3D VG-NAND 的结构完全不同,它采用电荷俘获型的双栅 SONOS 或 BE-SONOS 结构,此时 NAND 字符串的电流是水平流动。3D CT VC-NAND 的三维立体结构和剖面如图 7.6 所示。从图 7.6 中可以看出,同一位线上的所有存储单元共同使用一个电荷俘获层,每个存储单元由内至外依次包含多晶硅沟道、隧穿氧化层/电荷俘获层/阻挡氧化层(SiO_2/nitride/SiO_2,ONO)结构以及多晶硅控制栅。由于制备工艺和存储操作较为简单,3D CT VC-NAND 是最早实现大规模量产的闪存产品,制备工艺不断的优化使得器件尺寸进一步缩放,存储性能和存储容量不断提升,因此在各类电子器件中得到了广泛的应用。

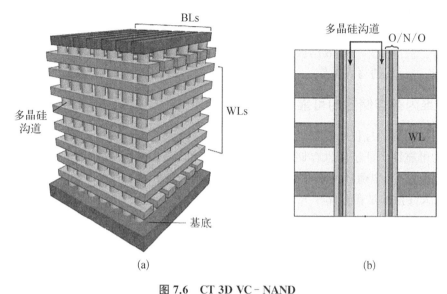

图 7.6　CT 3D VC‐NAND
(a) 阵列结构;(b) 存储单元剖面图

7.3.3　三维闪存存储器的存储原理

下面我们以 3D CT VC‐NAND 为例,从写入、读取和擦除操作的具体步骤中对其存储原理进行详细介绍。在 3D CT VC‐NAND 中存在电荷俘获层用于俘获和存储电子,通常由氮化化硅材料制成。通过改变电荷量实现不同电子的存储状态。

三维电荷俘获型闪存存储器的写入原理涉及电荷的俘获和存储过程。写入操作需要在已有的电荷基础上添加或移除电子来改变存储位的状态,这是将数据写入闪存单元的核心步骤。首先,要选择要写入数据的目标单元。为了改变电荷俘获介质中的电子状态,需要施加适当的编程电压。这个电压通常比读取操作时使用的电压要高得多。通过施加编程电压,电子要么注入到电荷俘获介质中,要么从中移除,取决于要写入的数据位是 0 还是 1。完成电荷注入或去除后,需要进行写入确认操作,以确保数据已成功写入。这通常涉及读取单元以验证数据。

三维电荷俘获型闪存的读取原理基于电子在电荷俘获介质中的移动。为了读取数据,需要在源极和漏极之间施加适当的读取电压。读取电压的施加导致电子在电荷俘获介质中移动。这些电子的移动会影响存储单元中的电荷状态,从而产生不同的电流响应。一旦电子移动,读取电路将检测源极和漏极之间的电流,这个电流的大小或模式可以反映存储单元中存储位的状态。通常,高电流表示一个状态,低电流表示另一个状态。读取电路会解释电流并将其转化为二进制数据。读取电流的信号可能相对微弱,因此可能需要放大和恢复以确保准确读取数据,这涉及使用放大器和信号处理电路。最后,读取电路将转换后的电流信号解码为二进制数据,以获取存储在存储单元中的存储数据。

3D 电荷俘获型闪存的擦除原理涉及施加高电压来引发电子从电荷俘获层中移除的过程。为了清除存储单元中的数据,需要施加较高的擦除电压。这个电压通常比读取和写入操作时使用的电压要高得多,以确保电子可以克服电荷俘获介质的能垒并离开。擦除电压施加时,会引发电子在电荷俘获介质内部移动,并且最终从介质中被移除。这个过程称为电子隧穿效应(tunneling effect),其中高电场促使电子通过介质中的能垒。完成电子的移动后,需要进行擦除确认操作,以确保数据已成功清除。通常,读取电路会对存储单元中的电流进行检测,以验证数据是否已被擦除。一旦数据被成功擦除后,擦除操作就完成了,此时存储单元恢复至初始状态,可准备进行新的写入操作。

7.3.4 三维闪存存储器的可靠性问题

存储器在使用的过程中需要经历多次擦写循环(program/erase cycling,P/E cycling),因此存储器的可靠性保证了信息存储和读取时的准确性。三维闪存存储器的可靠性问题是存储性能的关键问题,其中衡量可靠性的因素主要包括耐久性和数据保持特性两种。

(1)耐久性指的是在存储单元失效之前所能经受最大的P/E循环周期数。存储器在擦写循环操作时会改变存储单元中存储的电子数目,从而实现信息的存储,此过程中涉及许多可靠性的问题。下面以SONOS结构为例,介绍P/E循环过程中涉及的氧化物退化机制,如图7.7所示。当在栅极加大的编程电压进行数据写入操作时,电子通过直接隧穿或者以fowler-nordheim(FN)隧穿的方式穿过隧穿层,进而被氮化硅存储层(也叫电荷俘获层)中的缺陷所俘获,实现电子的存储。由于写入操作过程中施加的电压较大,隧穿氧化层的厚度较薄,强电场会破坏甚至是击穿薄隧穿氧化层,所以会导致其中出现电荷俘获或退俘获现象,或者存储电荷通过缺陷辅助隧穿发生电荷损失。在擦除操作过程中,由于电荷俘获层和隧穿氧化层之间存在大量界面缺陷,这些界面缺陷导致耐久性出现明显退化现象。所以,P/E循环过程中可能会产生缺陷,这些缺陷会导致存储电子的丢失,从而引发可靠性的相关问题。

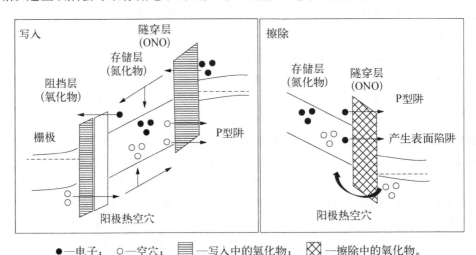

图 7.7 SONOS 存储器擦写过程中氧化物退化机制

(2)数据保持特性是指存储器在没有任何外电压的情况下,存储单元仍然能保持存储信息不丢失的特性。由于隧穿氧化物存在退化现象、电荷俘获层和隧道氧化层存在大量界面缺陷以及存储层中存在浅能级缺陷等多种原因,数据保持过程中总会发生电荷的丢失,这使得阈值电压的分布明显向低电压处移动,如图7.8所示。擦写循环次数也会影响数据保持特性,擦写次数越多数据保持特性变得越来越差。因为在写入过程中需要存储的电子可能会被隧穿氧化物中的缺陷俘获,当进行读取操作时这部分电子可能会退俘获生成空缺陷。此外,还可以增强电荷俘获层和隧穿层的界面电场,进而提高电子隧穿的概率。综合来说,这些机制都与隧穿氧化层的退化存在关联。温度也是影响数据保持特性的重要因素,不同温度下多晶硅晶界势垒和界面缺陷也会引起阈值电压的不稳定性,所以在 3D NAND 可靠性问题方面,温度因素必须引起重视。

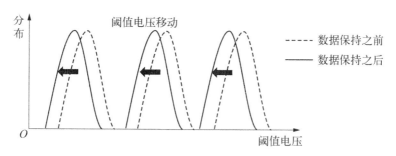

图 7.8　数据保持过程中阈值电压的偏移

　　为了提高存储器的存储容量,NAND 闪存存储器一直在不断进行尺寸微缩,但是,当尺寸微缩至十几个纳米后,每进一步缩小尺寸节点,都需要面临昂贵的成本和极高的技术挑战。所以,器件的微缩并不能有效地克服存储容量带来的挑战,反而使得平面 2D NAND 闪存存储器的可靠性问题尤为凸显,这限制了 NAND 存储容量的发展。

　　三维结构的出现大幅度提高了存储器存储容量的问题,但是二维器件原有的可靠性问题并未得到彻底解决。尽管从 2D 到 3D 的转变利用了存储单元环形堆叠的优势,大幅度提高了存储器存储容量的问题,但是二维器件原有的可靠性问题,包括耐擦写特性、数据保持特性和读取串扰,并未得到彻底解决。更为严重的是,3D NAND 特殊的结构特征还会额外引入了新的垂直电荷损失和横向电荷损失,尤其是在未来器件尺寸持续缩小、堆叠层数不断增加的大背景下,3D NAND 的可靠性问题更为严峻。在 3D 电荷捕获阵列中,这些问题的根本原因是电场的不均匀分布,这种分布存在于等效于 2D 电荷捕获器件中的阻挡氧化层底部氧化层(bottom oxide,BTO)与等效于 2D 电荷捕获器件中的隧穿氧化层顶部氧化层(top oxide,TPO)之间。因此,在 3D 存储器中的电荷损失情况比在平面器件上观察到的更为严重,这被认为是高密度和高可靠性 3D 集成最关键的可靠性问题,这一问题的出现与物理机制与存储器件的垂直结构密切相关。3D 垂直阵列在平面器件中不存在的约束之一是层与层之间不能轻易隔离电荷捕获层。这种情况导致每个单元的有源区与同一存储器串中的其他单元相连,从而产生了额外的电荷泄漏通路。除了顶部和底部氧化层之间的垂直电荷损失外,横向电荷迁移还会引起额外的 3D 垂直阵列中单元电荷损失等。

　　3D NAND 的可靠性问题严重阻碍了其进一步发展,因此必须引起高度关注。尺寸的持续微缩导致沟道掺杂难以控制,存储单元之间的耦合干扰,随机电报噪声等可靠性问题层出不穷,包括栅诱导漏极泄漏电流和漏致势垒降低等在内的热载流子干扰问题也相继出现。在尺寸的缩减情况下,存储电子的饱和数减少进而导致存储器件的存储窗口减小。同样在器件微缩的过程中,隧穿氧化层和阻挡氧化层的厚度也会减薄,电子原来以 FN 隧穿机制写入,此时可能会被直接隧穿代替,电子会更容易写入,当然存储的电子也会更容易丢失。3D NAND 闪存存储器可以从根本上解决大容量低成本的存储问题,但是可靠性问题也成为制约其发展的重要因素。此外,3D NAND Flash 通过垂直堆叠多个存储层来实现更高的存储密度。然而,这种垂直堆叠结构也引入了一些新的问题,其中包括写入和通道串扰问题。在 3D NAND 中,写入问题主要涉及堆叠层次之间的相互影响。由于存储层在垂直方向上紧密堆叠,当进行写入操作时,电荷可能会扩散到相邻的存储层中。这可能导致在进行写入操作的某个特定存储层时,相邻层次的存储单元也受到影响。这会导致不希望的电荷交叉扩散,从而影响存储单元的准确写入和读取。通道串扰是指一个存储单元的操作(写入或读取)对相邻存储单元的操作产生的影响。在 3D NAND 中,由于存储层之间的紧密堆叠,一个存储层的操作可能会引起电场的变化,从而影响相邻存储层的电荷状态。这可能导致一个存储单元的写入或读取操作干扰了其相邻存储单元的操作,从而影响了数据的准确性和可靠性,因此可靠性问题在三维存储器中十分重要,必须引起高度重视。

7.4　新型存储器的发展

现代社会已步入物联网大数据时代,数据量急剧增长,要求芯片具备强大的计算能力,传统摩尔定律对半导体技术的微缩提出了更大挑战。万物智联时代的兴起大幅增加了对人工智能(AI)和边缘计算等大规模计算架构的需求。然而,传统存储器在功耗、数据访问速度和存储密度等方面受到制程限制,此时新型存储器应运而生。

新兴的存储技术正在不断发展,旨在融合不同类型存储器的优点,以满足不同应用场景的需求,以下是一些主要的新型存储技术。

(1) 相变存储器(phase change memory,PCM):相变存储器利用相变材料的相态变化来实现不同的电阻值。这种技术适用于大容量的独立式存储应用,具有高密度和非易失性的特点。

(2) 磁变存储器(magnetoresistive random-access memory,MRAM):磁变存储器通过调整磁性材料中的磁性方向来改变电阻值。它适用于小容量、高速和低功耗的嵌入式应用,具有非易失性和长寿命的特点。

(3) 阻变存储器(resistive random-access memory,RRAM/ReRAM):阻变存储器利用阻变材料中导电通道的产生或关闭来实现电阻变化。

(4) 铁电存储器(ferroelectric random-access memory,FRAM/FeRAM):铁电存储器使用铁电材料的极化状态来存储数据,具有快速的读写速度和低功耗,可用于各种嵌入式应用。

此外,存算一体(storage-in-compute)是一个热门趋势,它旨在将存储和计算功能集成在一起,以解决当前存储挑战。这种方法有望提高数据处理的效率,降低数据传输延迟,并适应日益复杂的计算需求。这些新型存储技术的不同特点和应用领域使它们成为满足各种需求的有力选择,为未来的计算和数据存储领域带来了更多可能性,下面将对这些存储器进行详细的介绍。

1. 相变存储器

相变存储器是一种利用可逆相变材料的晶态和非晶态之间导电性差异来实现数据存储的技术。其工作原理基于硫族材料的电致相变特性,而主要材料是硫系玻璃。相变存储器是一种非易失性存储技术,每个存储单元包含一个可逆相变材料。当这个材料处于晶体状态时,它具有一种特定的电阻特性和反光特性,用于表示数字 1。当将存储单元加热时,可逆相变材料会从晶体状态转变为非晶态状态。在非晶态状态下,材料的电阻特性和反光特性与晶体状态不同,用于表示数字 0。切换存储单元的状态只需要施加非常小的复位电流,从而实现晶体状态和非晶态状态之间的切换。相变存储器被认为是 Flash 和 DRAM 的潜在继任者。相变存储器的读写速度比普通闪存快 30 倍,这使得它在需要快速存取的应用中非常有竞争力。高速存取对于许多领域如高性能计算、人工智能和实时数据处理至关重要。相变存储器的擦写寿命是闪存的 10 倍,这意味着它可以更持久地保留数据,并且更适用于频繁的写入操作,而无须担心寿命问题。相变存储器的制造工艺相对较简单,这有助于降低生产成本,使其在市场上更具竞争力。相变存储器还支持多值化存储,这意味着每个存储单元可以表示多个状态,进一步提高了存储密度和效率。综合来看,相变存储器在多个方面都具有显著的优势,使其成为下一代存储技术的有力竞争者,特别是在需要高性能和低功耗的应用领域。相变存储器的主要问题包括成本和容量。目前,相变存储器的产品容量已达到 512 MBit,但与 MLC NAND 相比,相变存储器的单位容量成本要高得多。相变存储器需要借助加热电阻实现材料的相变,目前制备工艺的不断完善和优化使得器件单元更加精细,因此对加热电阻元件的要求也随之升高,热效应可能成为未来制约相变存储器发展的重要因素。

2. 阻变存储器

阻变存储器是利用阻变材料中导电通道的产生或关闭来实现电阻的变化,在适当电压下可以实现高阻态和低阻态之间的可逆转换。在阻变存储器中可以将高阻态定义为逻辑"1"和低阻态定义为逻辑"0",进而实现数据的存储。阻变存储器的功耗很低,而且与 CMOS 工艺具有较好的兼容性,便于使用先进工艺进行持续微缩,在集成电路设计和制造中具有极大的吸引力,因而在存储器件中备受关注。具体来说,阻变存储器通常具有较低的功耗特性,这对于移动设备、嵌入式系统和便携式电子设备非常重要,因为它有助于延长电池寿命并降低设备的热量产生。阻变存储器可以与现有的 CMOS 工艺相集成,而无须进行重大工艺变更,这意味着制造商可以相对容易地将阻变存储器集成到现有的集成电路中,而不需要完全改变制造流程。阻变存储器的制造工艺可以随着半导体技术的进步而微缩,这使得阻变存储器在不断增加的存储密度和性能需求下仍然具有竞争力。总之,阻变存储器因其与 CMOS 工艺的兼容性、低功耗和制造工艺的可微缩性而备受关注,这些特点使得它在未来的集成电路和存储器设计中具有广泛的应用前景。阻变存储器作为一种新型存储技术具有巨大的潜力,未来存将被更广泛地应用于各种智能电路芯片中。

3. 磁变存储器

磁变存储器中的数据是利用磁性隧道结的隧穿磁电阻效应进行存储的。磁隧道结的结构是由上下两块铁磁板和一个薄薄的绝缘层组成,其中一块极板是永磁体,另一块的磁化率可以随存储的数据进行改变。结构可以划分为三层:自由层(free layer)位于最上面的层面,其磁场极化方向可以改变;隧道结(magnetic tunnel junctions)位于中间是关键部分,其中包含了隧穿磁电阻效应;固定层(fixed layer)位于底部,其磁场方向是固定的,不可改变。当自由层的磁场极化方向与固定层的磁场方向相同时,隧道结的电阻较低,此时存储单元表现为低阻态,即为逻辑"0"。反之,隧道结的电阻增加,此时存储单元表现为高阻态,即为逻辑"1"。因此,磁变存储器通过检测存储单元电阻的高低来判断存储的数据。磁变存储器利用磁性存储数据,已经在容量成本方面取得了显著的降低,并具备较低的功耗、高速存取和抗辐射等优点,在生活中的各个领域都具有广泛的应用价值。磁变存储器的主要替代目标是 DRAM 和 SRAM,许多移动设备的存储器架构由高速操作用的 DRAM 和速度较慢但存储容量较大的闪存组成,而磁变存储器的高速读写特性使其成为理想的高速操作用存储器。此外,由于磁变存储器是非挥发性存储器,不需要像 DRAM 一样进行定期刷新,因此可以将电力消耗降低至 DRAM 的一小部分,大约是其 1/10。因此,磁变存储器在多个领域中的应用前景广阔,特别是在需要高速和低功耗的场景中,它具备了与传统存储器技术相比的重要优势。磁变存储器的主要缺点包括高制造成本和容量限制。尽管磁变存储器的产品化容量已达到 256 MBit,但其制造成本仍然较高,改进后的存储技术可以通过提高制程来降低成本,但可能会牺牲一些寿命。

4. 铁电存储器

铁电存储器是利用铁电晶体材料的高介电常数和铁电极化特性的存储器件,常用的铁电薄膜材料包括锆钛酸铅(PZT)和钽酸锶铋(SBT)。铁电材料是具有自发极化的一类材料,当施加外加电场时,铁电材料的极化方向会根据外加电场的方向发生反转。当停止施加外电场后,铁电材料中仍能够保留一定量的剩余极化,基于这个特性铁电材料适于构建非易失性存储器。铁电存储器结构是金属-铁电-半导体场效应晶体管(MFSFET),其中铁电薄膜替代了MOSFET 中的栅极氧化物。数据的写入和读取是通过铁电薄膜的极化反转来实现的,通过调整极化状态调制器件电流,不同的极化状态导致电流的差异,根据电流的大小即可得到存储信息的内容。铁电存储器的读写速度主要受铁电材料极化反转速度的影响,目前使用的铁电薄膜极化反转速度可以达到皮秒量级。铁电存储器具有读写速度快、功耗低和可以无限次写入等优点。因此,铁电存储器成为解决高性能存储问题有效的解决方案之一。铁电存储器虽然已取得了部分进展,但仍然面临许许多多的挑战。例如,铁电薄膜材料的容量限制是备受关注的问题之一,虽然部分铁电存储器实现了产品化,但是容量只有几个比特,与传统的大容量存储器缺乏竞争力。未来的发展需要改进铁电薄膜的性能,优化铁电存储单元的阵列堆叠模式,从而提高铁电存储器的反转速度、耐久性以及降低功耗等。总之,作为一种新型存储技术,铁电存储器需要突破容量瓶颈,不断提高存储器的性能以满足目前的存储需求。

习 题

第 8 章

集成电路制造工艺

集成电路制造技术起源于 20 世纪 50 年代,当时分立电子元器件经历了几十年的发展,为了进一步提高电子设备的性能和可靠性,人们开始研究如何将多个电子元器件进行单片整合,从而诞生了集成电路。集成电路制造是指从硅片材料制备开始,经过复杂的微加工工艺步骤,形成集成电路芯片的过程。集成电路制造的关键技术包括掩模制作、晶圆加工、封装与测试等方面。其中,晶圆加工是制造集成电路的关键环节,包括清洗、沉积、蚀刻、光刻等工艺步骤。通过精确的工艺控制和不同工艺之间的协调整合实现各类电路元器件的单片集成,本章将从集成电路制造单项工艺和工艺集成两个方面进行介绍。

8.1 晶体生长和外延

8.1.1 提拉法制备单晶晶圆

硅片,也称晶圆,是集成电路最常见的制造载体。单晶硅片是由石英砂,经过提纯、融化、拉晶、切片等工艺制备而成,如图 8.1 所示。其中的提拉制晶技术是从熔体中生长高质量硅晶体的一种基本方法,是目前半导体单晶硅生长最常见、最先进的方法,又以其发明者波兰科学家 Jan Czochralski 的名字简称命名为 Cz 法。

图 8.1 硅片制备过程的基本流程

制作硅晶体的原始材料是相对纯净的石英砂,主要成分为 SiO_2。它被放置在一个含有煤、炭等物质的单晶炉中。其中,主要发生的化学反应是:

$$SiC(solid) + SiO_2(solid) \longrightarrow Si(solid) + SiO(gas) + CO(gas) \tag{8.1}$$

经过该工艺后,硅纯度可以达到 98%,此纯度为冶金级硅料。接下来,再将硅粉碎,用氯化氢(HCl)处理生成三氯硅烷(SiHCl₃):

$$Si(solid) + 3HCl(gas) \xrightarrow{300\ ℃} SiHCl_3(gas) + H_2(gas) \tag{8.2}$$

$SiHCl_3$ 在室温下(沸点为 32 ℃)呈现为液态。对液体分馏即可除去其他杂质。再将纯化后的 $SiHCl_3$ 用于氢还原反应,从而制备电子级硅(EGS):

$$SiHCl_3(gas) + H_2(gas) \longrightarrow Si(solid) + 3HCl(gas) \tag{8.3}$$

使用 Cz 法进行晶体生长的设备叫做直拉单晶炉,如图 8.2 所示,该设备核心熔炉包括熔融硅(二氧化硅)坩埚、石墨基座、旋转装置、加热元件和电源。坩埚在生长过程中旋转,以防止形成局部热或冷区域;晶体提拉装置夹持籽晶并旋转,并同时上提逐渐形成硅锭。除此之外,直拉单晶炉包含了基于微处理器的一套控制系统,用来控制某些参数,像温度、晶体直径、拉速率与旋转速度,并且能够实现对工艺程序的操作。另外,通过多种传感器和一些反馈回路,就能够控制系统使其自动响应,从而减少工作人员的操作。

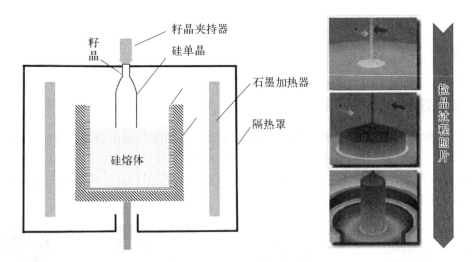

图 8.2　直拉单晶炉结构示意图

除了硅材料以外,砷化镓、氮化硅、氮化镓、磷化铟等Ⅲ-Ⅴ族化合物具有更高的电子迁移率,更大的带隙等优越性能。此外,这类化合物异质外延方法可以提供更低的成本、更高的机械强度、更好的导热性、更大的晶片面积,以及电子和光学器件的单片集成的可能性。

在晶体生长之后,一是去除头部籽晶和尾部固化部分;二是通过研磨使其直径达到标准;三是沿晶棒长度方向研磨出一个或几个平面。这些面标志特定晶向和导电的类型。如图 8.3 所示,最大面是主标志面,可以使设备的机械定位器将晶片进行定位,按照特定的需求设定好方向,其他较小面是次标志面,可以用来识别晶向和导电的类型。

经过以上步骤,就可以将晶锭切割成薄片,其中有四个重要参数:表面晶向、厚度、斜度及弯曲度。切片后用氧化铝和甘油混合物对晶片双面研磨,平整均匀度基本要在 2 μm 以内。研磨操作通常会让晶体表面和边缘受到损伤,可以通过化学蚀刻去除。晶片生成的最后一步

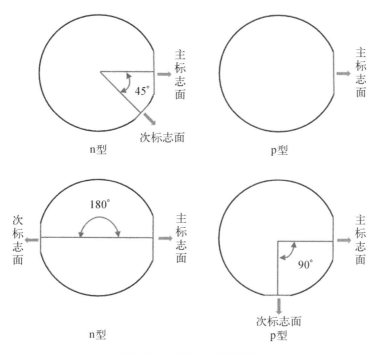

图 8.3 晶片标志面示意图

是抛光。其目的是使表面变得光滑，以便能够使用光刻工艺制造器件。

8.1.2 晶圆缺陷

实际的晶体（如硅片）与理想的晶体存在着一定的差异。实际的晶体大小有限，表面原子是不完全键合的，而且还存在一定的缺陷，严重影响半导体的电学、机械、光学的性质，有 4 种缺陷：点缺陷、线缺陷、面缺陷、体缺陷。图 8.4 展示了 4 种点缺陷。无论是替位式还是填隙式，任何外来原子进入晶格均可认为是点缺陷，失掉原子产生一个空位也是点缺陷，填隙式原子和邻近的空位形成弗兰克尔缺陷（Frenkel defect）。点缺陷式扩散和氧化过程是动力学中特别重要的一个课题。

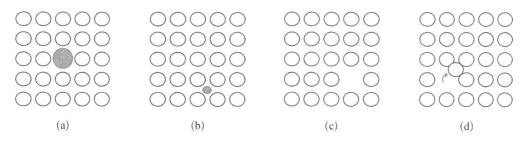

图 8.4 四 种 点 缺 陷

（a）替位式杂质；（b）填隙式杂志；（c）晶格空缺；（d）弗兰克尔缺陷

第二类缺陷是线缺陷。图 8.5(a)是晶格中一个多余原子线而引起的缺陷，图 8.5(b)是通过将晶体中途切开并推动上部晶格产生间距而引起。在器件中不希望有线缺陷，因为这会成为金属杂质的聚集点，从而降低器件的性能。

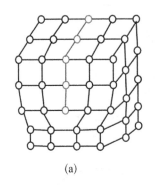
(a)

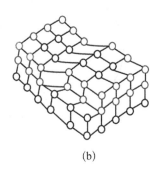
(b)

图 8.5 线 缺 陷

(a) 多余原子线；(b) 晶格位错

面缺陷是指较大面积的晶格不连续。典型的面缺陷是孪晶及晶粒晶界,孪晶是指在一个平面上的晶体取向不同,晶粒晶界是指彼此之间没有特定定向关系的晶体之间的过渡区。另一种面缺陷是堆叠层错,在这种缺陷中,原子层的堆叠顺序中断。这些缺陷会在晶体生长过程中出现,有面缺陷的晶体不能用于制造集成电路。

体缺陷是杂质或掺杂原子形成的沉淀物,这种缺陷的产生是因为杂质在晶体中有一定的溶解度,大多数杂质的溶解度随温度的降低而降低。因此在一定温度下,引入晶体杂质的量已经达到固溶度所允许的最大浓度。那么当晶体的温度冷却到一定程度,超过固溶度的杂质原子必须沉淀出来才能实现新的平衡,晶格与杂质沉淀物之间在体积上的失配形成更多位错。

8.1.3 外延工艺

外延工艺技术的基本原理是利用气体分子的热运动使其与被处理表面发生相互作用,形成沉积物。通常需要在高温和较高气压的条件下进行,以保证反应物质能够充分分解和反应。反应物质可以是气态的单质,也可以是气态的化合物。在外延工艺中,衬底晶片充当籽晶的作用,外延生长工艺与熔体生长工艺的区别在于,外延层可以在远低于熔点的温度下生长,通常要低 30%～50%,常用的外延生长工艺是化学气相沉积技术(CVD)和分子束外延技术(MBE)。

化学气相沉积外延是一种由气态化合物之间的化学反应形成外延层的过程。如图 8.6 所示为三种常用的外延生长腔室,按照它们的几何形状来命名:水平形、圆盘形、桶形。外延衬底由石墨材料制作的基座支撑,类似于单晶炉中的坩埚,不仅提供了机械支撑,还提供了热能的有效传导。

四种硅源已用于气相外延生长:四氯化硅($SiCl_4$)、二氯二氢烷(SiH_2Cl_2)、三氯氢硅($SiHCl_3$)和硅烷(SiH_4)。四氯化硅是目前研究最多、工业应用最广泛的气态硅源,典型的反应温度为 1 200 ℃。在反应过程中,每用一个氢原子取代四氯化硅中的氯原子,就可以使反应温度降低约 50 ℃。其主要反应表达式为:

$$SiCl_4(gas) + 2H_2(gas) \longleftrightarrow Si(solid) + SiO(gas) + CO(gas) \tag{8.4}$$

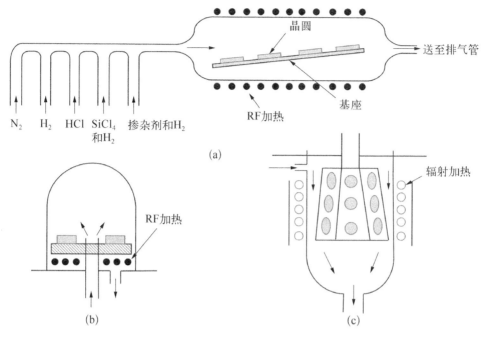

图 8.6　三种常用的外延生长腔室

(a) 水平形；(b) 圆盘形；(c) 桶形

在外延生长过程中，掺杂剂和四氯化硅同时导入生长系统，气态乙硼烷用作 P 型掺杂剂，磷烷和砷烷用作 N 型掺杂剂。图 8.7 说明了砷掺杂的化学过程。砷烷在硅表面吸附、分解，并掺入生长层。

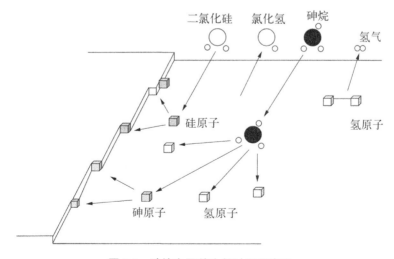

图 8.7　砷掺杂及其生长过程示意图

砷化镓在气化后会分解为砷和镓，因此气相直接运输是不可能的，一种方法是 As_4 作为砷组元，氯化镓作为镓组元，主要发生的反应表达式为

$$As_4 + 4GaCl_3 + 6H_2 \longrightarrow 4GaAs + 12HCl \tag{8.5}$$

As_4 由 AsH_3 热分解：

$$4AsH_3 \longrightarrow As_4 + 6H_2 \tag{8.6}$$

氯化镓产生表达式如下：

$$6HCl + 2Ga \longrightarrow 2GaCl_3 + 3H_2 \tag{8.7}$$

另一种常用的外延工艺是金属有机化合物化学气相沉淀法（MOCVD），这种方法利用金属有机化合物为源，用三甲基镓作为镓组元，砷烷作为砷组元，将它们以气相形式运输到反应室，主要反应表达式为

$$AsH_3 + Ga(CH_3)_3 \longrightarrow GaAs + 3CH_4 \tag{8.8}$$

对于传统的同质外延生长，单晶半导体层是在单晶半导体衬底上生长的。半导体层和衬底是相同的材料，并且具有相同的晶格常数。因此，根据定义，同质外延是一个晶格匹配的外延过程。同质外延工艺为控制掺杂曲线提供了重要手段，从而优化器件和电路性能。例如，掺杂相对较低浓度的 n 型硅层可以在 n+硅衬底上外延生长，这种结构实质上降低了与衬底相关的串联电阻。

对于异质外延，外延层和衬底是两种不同的半导体材料，外延层的生长必须保持理想的界面结构。这意味着在界面上的原子键合必须是连续而不中断的。因此，两种半导体必须具有相同的晶格常数，或者能够产生晶格畸变，进而实现晶格比配。

一个与异质外延相关的结构是应变层超晶格（SLS）。超晶格是由不同材料组成的、周期约为 10 nm 的人造一维周期性结构。图 8.8 显示了 SLS 具有不同平衡晶格常数的半导体 $a_1 > a_2$，它们在一个具有共同平面内晶格常数 b 的结构中生长，其中 $a_1 > b > a_2$。对于足够薄的层，晶格失配被层中的均匀应变所弥补。在这些条件下，界面上不产生位错，因此可以获得高质量的晶体材料。这些人造结构的材料，可以通过 MBE 生长，为半导体研究提供了一个新的领域，并提供了新的固态器件，特别是在高速率和光子应用方面。

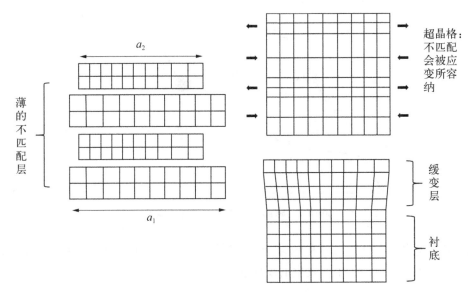

图 8.8 应变层超晶格形成的说明

8.2　薄膜工艺

8.2.1　电介质薄膜

集成电路一度也称为薄膜集成电路,可见薄膜工艺的重要性。在集成电路制造中,使用了许多不同种类的薄膜,可以将薄膜分成 4 类:热氧化膜、电介质膜、多晶硅膜和金属膜。其中,电介质薄膜作用是提供器件、互联内导体之间的电器隔离能力,使用的材料主要是氧化硅和氮化硅,并以化学气相沉积制备方法为主。

硅在氧或者水汽中的热氧化的反应表达式为

$$\mathrm{Si(solid)} + \mathrm{O_2(gas)} \longrightarrow \mathrm{SiO_2(solid)} \tag{8.9}$$

$$\mathrm{Si(solid)} + 2\mathrm{H_2O(gas)} \longrightarrow \mathrm{SiO_2(solid)} + 2\mathrm{H_2(gas)} \tag{8.10}$$

在氧化过程中,二氧化硅-硅界面向硅内移动,这样就创造了一个新的界面区域,原始硅表面的污染将留在氧化层的外表面。如图 8.9 所示。

热生长的二氧化硅的基本结构单元是一个被 4 个氧原子四面体包围的硅原子,如图 8.10(a)所示。硅到氧的核间距离为 1.6 Å,氧-氧原子核之间的距离为 2.27 Å。这些四面体通过氧桥相互连接在一起,形成二氧化硅(也称为二氧化矽)的不同的相或者结构。二氧化硅有好几种晶

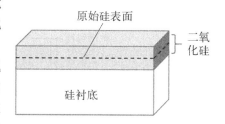

图 8.9　通过热氧化生长二氧化硅

态结构(如石英)和一种非晶态结构。当硅被热氧化时,其结构是非晶态的。典型的非晶态二氧化硅的密度为 2.21 g/cm³,而石英的密度为 2.65 g/cm³。

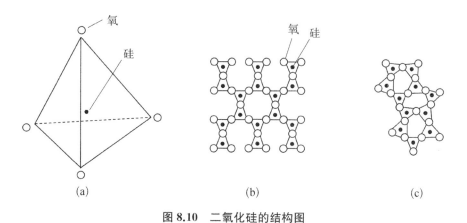

图 8.10　二氧化硅的结构图

(a) 二氧化硅的基本结构单元;(b) 石英晶格的二维表示;(c) 二氧化硅非晶态结构的二维表示

晶态结构和非晶态结构的基本区别在于,前者在许多分子间距范围内有周期性的结构,而后者根本没有周期性结构。图 8.10(b)是由六个硅原子环组成的石英晶体结构的二维示意图。图 8.10(c)为非晶态结构的二维示意图。在非晶态结构中,仍有形成具有六个硅原子组成

特征环的趋势。需要注意的是,图 8.10(c)中的非晶态结构非常疏松,因为只有 43% 的空间被二氧化硅分子占据。相对疏松的结构构成了较低的密度,使得各种杂质(如钠)很容易进入并扩散到二氧化硅层。

沉积的介质膜主要用于分立器件和集成电路的绝缘和钝化。在选择沉积过程时,要考虑衬底温度、沉积速率和薄膜的均匀性、形貌、电学特性以及电介质膜的化学组成。沉淀的方法通常有 3 种:常压化学气相沉淀(CVD)、低压化学气相沉淀(LPCVD)和等离子增强化学气相沉淀(PECVD)。PECVD 是一种能量增强的 CVD 方法,它将等离子体能量添加到传统 CVD 系统的热能中。图 8.11 所示的是气体径向流动的平板型等离子增强化学气相沉淀反应器,反应器由一个用铝制端板密封的圆柱形玻璃或铝金属反应室组成。里面是两个平行的铝电极。射频电压施加到上电极,下电极接地。射频电压引起电极之间的等离子体放电。晶片放置在下电极,通过电阻加热器加热到 100~400 ℃。反应气体由位于下电极周围的进气口进入并流过放电区。该反应器的主要优点是其沉积温度较低。然而,它的容量是有限的,特别是对于大直径的晶片,如果附着在腔壁上的疏松的沉积物落在它们上,晶片就可能会被污染。

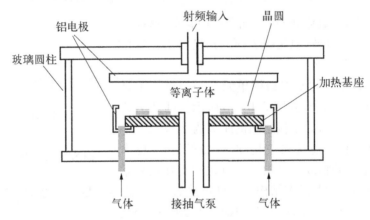

图 8.11 平行板等离子沉淀反应器

对于二氧化硅膜的沉积,低沉积时(300~500 ℃),薄膜由硅烷、掺杂剂进行氧化反应形成。掺磷氧化膜的反应表达式为

$$SiH_4 + O_2 \xrightarrow{450\,℃} SiO_2 + 2H_2 \tag{8.11}$$

$$4PH_3 + 5O_2 \xrightarrow{450\,℃} 2P_2O_5 + 6H_2 \tag{8.12}$$

沉积过程可以在大气压 CVD 或 LPCVD 下进行。硅烷-氧反应沉积温度低,所以需要在铝层上沉积氧化硅膜时,这种方法非常合适。

对于中等温沉积(500~800 ℃),可以在 LPCVD 反应器中分解四乙氧基硅烷 $Si(OC_2H_5)_4$,这种化合物缩写为 TEOS,是从液态中蒸发出来的。TEOS 化合物的分解反应式如下:

$$Si(OC_2H_5)_4 \xrightarrow{700\,℃} SiO_2 + 副产物 \tag{8.13}$$

形成了二氧化硅和有机物以及有机硅等副产物混合物。反应所需的较高温度导致不能用这个方法来生成覆盖在铝上面的二氧化硅,它适用于制造要求均匀和台阶覆盖较好的多晶硅栅上的绝缘层。

对于高温沉积($900\ ℃$),二氧化硅是由二氯甲硅烷($SiCl_2H_2$)与氧化亚氮在低压下反应形成的:

$$SiCl_2H_2 + 2N_2O \xrightarrow{900\ ℃} SiO_2 + 2N_2 + 2HCl \tag{8.14}$$

这种沉积具有良好的薄膜均匀性,有时用于在多晶硅上沉积绝缘层。

台阶覆盖将薄膜沉积的表面几何形貌与半导体衬底相联系起来,如图 8.12(a)所示,是一个理想的,或者说共形的台阶覆盖,沿着台阶各个表面的薄膜厚度都是均匀的。无论表面几何形状如何,反应沉积物迅速迁移在台阶表面吸附,才能使薄膜厚度均匀。图 8.12(b)是一个非共形的台阶覆盖,这是由于反应沉积物在吸附、反应时没有迅速的迁移导致的。

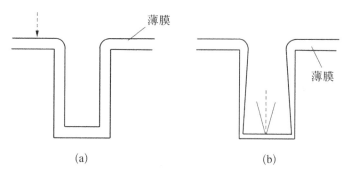

图 8.12 台阶覆盖类型

(a) 共形的台阶覆盖层;(b) 非共形的台阶覆盖层

对于氮化硅而言,其生长速率低,生长温度高,很难通过热硝化作用使氮化硅生长。然而,氮化硅薄膜可以通过中温($750\ ℃$)LPCVD 工艺或低温($300\ ℃$)等离子增强 CVD 工艺来沉积。在 LPCVD 工艺中,二氯甲烷硅和氨在低压下发生反应,在 $700\sim800\ ℃$ 的温度下沉积氮化硅。这个反应的表达式为

$$3SiCl_2H_2 + 4NH_3 \xrightarrow{\sim 750\ ℃} Si_3N_4 + 6HCl + 6H_2 \tag{8.15}$$

在等离子体增强 CVD 工艺中,氮化硅可以用硅烷与氨在氩等离子体中反应形成,或者用硅烷在氮气放电形成。反应表达式如下:

$$SiH_4 + NH_3 \xrightarrow{300\ ℃} SiNH + 3H_2 \tag{8.16}$$

$$2SiH_4 + N_2 \xrightarrow{300\ ℃} 2SiNH + 3H_2 \tag{8.17}$$

8.2.2 原子层沉积工艺

原子层沉积技术(atomic layer deposition,ALD)是一种先进的薄膜制备技术,属于化学气相沉积的一种制备技术。ALD 技术使用了一种分子层控制、原子级别的生长机制,可以在基底表面逐层生长出非常薄的薄膜。相较于其他薄膜制备技术,ALD 具有很多优势,比如高均匀性、低不均匀性、优良的膜质量、可控的膜厚度等。

ALD 技术的工作原理如下:首先,将待沉积的基底放置在反应室中,并进行预处理,例如

清洗和表面处理,以确保基底表面干净,并提供最佳的条件用于薄膜的生长。随后,反应室中流入一种挥发性原子或分子源,称为前体,它与基底表面发生化学反应,并沉积出一层原子或分子。在 ALD 过程中,前体分子吸附在基底表面,其余未吸附的前体分子被移除,并通过反应室中的惰性气体流出。这一步骤非常关键,因为它确保了每个薄膜层的均匀生长,而且薄膜的厚度可以通过重复这个周期进行控制。

原子层沉积能够沉积单层量级的薄膜。ALD 已经成为纳米器件制造的一种重要方法,特别是用在特征尺寸小于 100 nm 的器件结构上。ALD 与传统 CVD 的不同之处在于,在 CVD 工艺过程中,化学蒸气不断地通入真空室内,而在 ALD 工艺过程中,不同的反应物(前驱体)是以气体脉冲的形式交替送入反应室中的,使得在基底表面以单个原子层为单位一层一层地实现镀膜。

我们以 ALD - Al_2O_3 为例来描述 ALD 的生长过程。图 8.13 显示了以 $Al(CH_3)_3$(三甲基铝 - TMA)为反应物 1、水为反应物 2、以硅为衬底的 ALD - Al_2O_3 的两个反应。两个反应表达式分别为

反应 1:　　　　$OH \cdot Si + Al(CH_3)_3 \longrightarrow AlO(CH_3)_2 \cdot Si + CH_4$ 　　　　(8.18)

反应 2:　　　$AlO(CH_3)_2 \cdot Si + 2H_2O \longrightarrow AlO(OH)_2 \cdot Si + 2CH_4$ 　　　　(8.19)

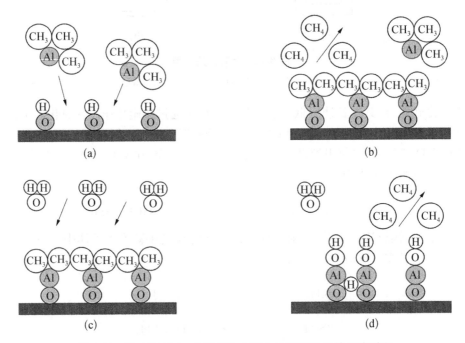

图 8.13　以 $Al(CH_3)_3$ 为反应物 1 和水为反应物 2 的反应过程

(a) 与 OH 在 TMA 下的反应;(b) 通过化学反应去除 CH_4 副产物和未使用的 TMA 反应物;
(c) 在 H_2O 中与 CH_3 发生反应;(d) 通过化学反应去除 CH_4 副产物和未使用的 H_2O

8.2.3　金属薄膜制备

物理气相沉积(PVD)技术的主要半导体应用是沉积金属和化合物,如 Ti、Al、Cu、TiN 和 TaN 等,用于线、面、孔、触点和与硅片表面相连接。溅射是将物质从靶材运送到衬底上。它

是通过用气体离子轰击表面来完成的,通常是 Ar,但偶尔也会有其他惰性气体物质(Ne,Kr)或活性物质如氧或氮等。由于入射离子与靶材之间的动量转移,使得溅射出原子,如图 8.14 所示。这个过程类似于一个台球击中另一个台球的动作。

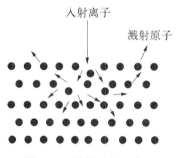

图 8.14　溅射过程示意图

　　溅射系统基本上有两种,直流溅射和射频溅射。直流溅射常用于金属膜的沉积。图 8.15(a)展示了标准的溅射系统。然而,由于溅射的角度并不是垂直的,而是各个方向都有溅射,这会导致大量粒子首先附着在上部侧壁,使得下部得不到沉积,造成沉积的不均匀。为了解决这一问题,可以将靶材与衬底的距离设置得更远,进行长程溅射[见图 8.15(b)],这样入射粒子的角度分布减小,比标准的溅射有更好的效果。但是,对于要沉积在较深的结构内,沉积在侧壁上的薄膜经过一系列加热、反应形成颗粒掉落在晶片上,会导致硅片不能再使用,因此可以通过加准直器来解决这个问题[见图 8.15(c)],准直器类似于一个过滤器,使得只有特定角度的粒子通过,而且准直器可以更换,使用方便,但是这种方法由于过滤的缘故,其沉积速率、效率也有所降低。

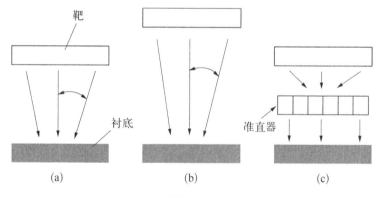

图 8.15　不同角度的溅射系统

(a) 标准溅射;(b) 长程溅射;(c) 准直器溅射

　　射频溅射是利用射频放电等离子体中的正离子轰击靶材,溅射出靶材原子从而沉积在接地的基板表面的技术,通常为 13.56 MHz(由于其不受辐射信号的干扰而选择的频率)。这种方法有几个优点:能够溅射电介质和金属,可以进行偏置溅射,能够在沉积前进行溅射蚀刻衬底。射频溅射原理如图 8.16 所示,当在射频溅射中将时变电位施加到靶材后面的金属板时,靶材对面的极板也会产生一个时变的电位,气体离子在电场下开始放电,电流就可以从等离子体流到衬底。由于靶材电位相对于等离子体是负的,电子被迫离开表面,产生一个在靶材表面附近可见的离子鞘。

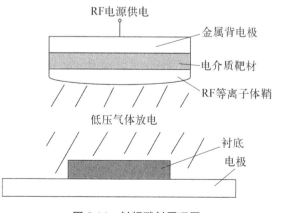

图 8.16　射频溅射原理图

8.3 光刻技术

8.3.1 光刻工艺基本流程

光刻工艺技术是现代集成电路制造中的关键步骤之一。它可以将芯片设计所得的版图图形转移到光刻胶上,使其完成图形化制备,并为接下来的制程提供准确的参考。这些图形也就是所设计电路的各种区域,比如注入区、接触孔、压焊区等。通过光刻工艺所获得的图形并不是最终所需要的电路结构,想要得到实际的图形化电路材料,还需要再次把光刻胶的图形转移到下层的集成电路器件的各薄层上,这一步需要通过刻蚀技术来实现。

光刻工艺的基本流程包括底膜处理、涂胶、前烘、曝光、显影、坚膜、显影检测等工艺步骤,如图 8.17 所示。这些步骤的顺序和准确性对于芯片的质量和性能至关重要,随着微纳电子技术的不断发展,光刻工艺也在不断进步和改进,以满足不断提高的芯片制造要求。

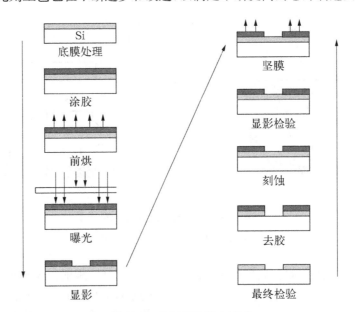

图 8.17　光刻工艺基本流程

首先,芯片设计师需要根据所需电路功能和布局,使用计算机辅助设计软件(EDA)绘制芯片的电路图。然后,将电路图转化为适用于光刻的掩膜版(mask)。掩膜版是在透明基板上制作的,其中包含了电路的线路、晶体管、电容等元件的形状和布局。在制备好掩模版之后,以硅片上单层氧化硅薄膜的图形化为例,来说明掩模版图形是如何一步一步转移到氧化硅薄膜上面的。

图 8.18 展示了 IC 图形从掩模版转移到硅片上氧化硅薄膜的过程,半导体硅片的表面制备有一层氧化硅绝缘层,硅片置于洁净室内,放在涂胶机的真空吸盘上,在硅片中央滴入光刻胶,使硅片旋转并迅速加速到恒定转速[见图 8.18(a)],得到均匀薄膜。涂胶后的硅片先进行前烘(通常在 90～120 ℃下烘烤 60～120 s)以去除光刻胶薄膜中的溶剂,并改善光刻胶和硅片的黏附性能。接着在光学曝光系统中使硅片与掩模版进行对位,并在紫外光下曝光[见图 8.18(b)],对于正性光刻

胶,曝光过的光刻胶在显影剂中溶掉[见图 8.18(c)],通常在硅片上喷射显影剂溶液使光刻胶显影,然后将硅片冲洗甩干。显影后,可能要进行后烘(100~180 ℃)以增强光刻胶的衬底黏附性,接着把硅片放在能腐蚀裸露的绝缘层而对光刻胶不起作用的腐蚀液中进行腐蚀,如图 8.18(d)所示。最后去除光刻胶,在绝缘层上留下的图形与掩模版上不透光的图形相同。以上过程同样适用于负性光刻胶,只是刻蚀的区域是未曝光区,绝缘层上留下的图形与掩模版的透光图形相同。

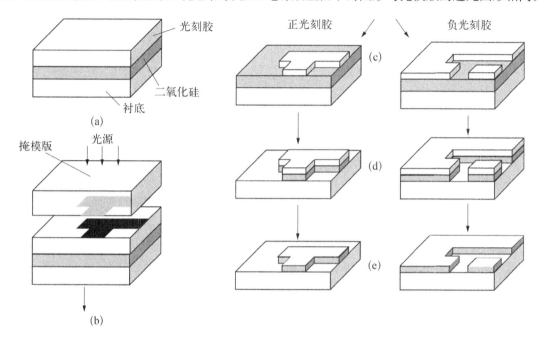

图 8.18 氧化硅的图形化过程

光刻胶是一种对辐射敏感的化合物,根据其对辐射的响应特性可将其分为正性与负性。对于正性光刻胶,曝光部分在显影时更易溶于溶剂而去除,所得到的图形与光刻掩模版相同。对于负性光刻胶,曝光部分变得不易溶,所得图形与光刻掩模版图形相反。

8.3.2 光刻性能评估

绝大多数用于集成电路(IC)制造的光刻设备都是使用紫外光的光学设备。IC 制造工厂需要洁净的厂房,因为空气中的尘埃会落在晶片表面和掩模版上,使器件产生缺陷而无法正常使用,所以一个洁净室是必要的。例如,半导体表面上的尘埃粒子会破坏单晶外延层的生长,导致缺陷的形成;在栅氧过程中落入尘埃会使栅氧化层电导率增加,击穿电压降低而导致器件故障。在图形曝光区域这种情况甚至更加严重,当尘埃颗粒黏附在掩膜板表面时,它们在掩模上表现为不透明的图形,这些图形将与掩模上的电路图形一起被转移到底层。如图 8.19

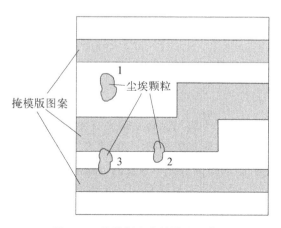

图 8.19 掩模版上尘埃缺陷示意图

表示了一个掩模版上的 3 个尘埃粒子,粒子 1 可能导致在底层中形成一个针孔。颗粒 2 位于图形边缘附近,图形发生缺损妨碍了金属连线内电流的流动。粒子 3 会导致两个导电区域之间短路,从而使电路失效。因此,减少缺陷是保障光刻性能的重要因素。

图形转移需要曝光设备来完成,曝光设备的性能由 3 个参数决定:分辨率、对准精度和生产效率。分辨率就是可以将图形转移到光刻胶膜上的所能达到的最小尺寸;对准精度是掩模版上的图形与刻在硅片上的图形的校准程度;生产效率是指对于具体掩模版,每小时可以曝光晶片的数量。

8.3.3 光刻的类型

有两种光学曝光方法:遮蔽式和投影式。遮蔽式曝光可以使掩模和晶片彼此直接接触,也称作接触式曝光,若距离特别近,则称作接近式曝光。图 8.20(a)展示了接触式曝光,其中涂有光刻胶的晶片与掩模版直接接触,光刻胶通过一束几乎准直的紫外光通过掩模使光刻胶曝光一段时间。光刻胶与掩膜紧密接触,有着很高的分辨率($0.5 \sim 1 \mu m$)。但是接触式曝光缺点也十分显著,因为两者的紧密接触,导致晶片上的一些颗粒或渣子会嵌入掩模,使掩膜版受到不可恢复的损伤,使后续再曝光时所有的晶片都会有缺陷。

要减少掩模版的受损情况,就可以使用接近式曝光,如图 8.20(b)所示,与接触式曝光类似,只是在曝光过程中,掩模版与硅片之间由一个很小的间隙($10 \sim 50 \mu m$),但这个小间隙使掩模版图形边缘形成光学衍射,也就是说在光通过不透明掩模图形边缘时,形成一些干涉条纹,有一些光进入阴影区,使分辨率降低到 $2 \sim 5 \mu m$ 的范围内。

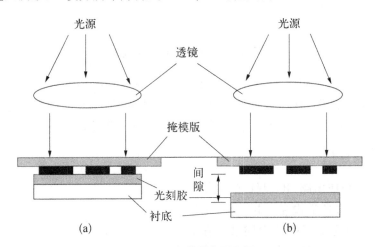

图 8.20 光学曝光原理图

(a) 接触式曝光;(b) 接近式曝光

为了克服与遮蔽式曝光有关的掩膜损伤问题,研究出了投影式曝光设备,通过投影的方式将图形投影到光刻胶上,而两者之间会有几厘米的间距,为了提高分辨率,会分成几部分进行曝光,用扫描或分步重复的方法将小面积图形布满整个硅片。

另一种图形转移工艺是剥离或浮脱技术,如图 8.21 所示,正性光刻胶先在衬底上构成图形,然后进行沉积薄膜,选择合适的溶剂去掉光刻胶层,光刻胶膜上面的薄膜也一起浮脱而去掉。

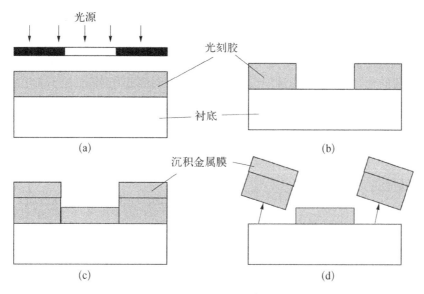

图 8.21　光刻工艺步骤

（a）通过掩模版曝光；（b）光刻胶；（c）金属膜沉积；（d）剥离

图 8.22 是电子束曝光机示意图，电子枪是产生具有适当电流密度的电子束部件，钨丝热发射阴极或六硼化镧（LaB_6）单晶可以用来做电子枪。会聚透镜使电子束聚成直径为 $10 \sim 25$ nm 的束斑。消极电极和电子束偏转线圈受计算机控制，工作在较高频率，聚焦电子束能在衬底上对准扫描场内的任何位置。由于聚焦电子束扫描场远远小于硅片直径，因此需要用精密器械对硅片定位，以便曝光图形。

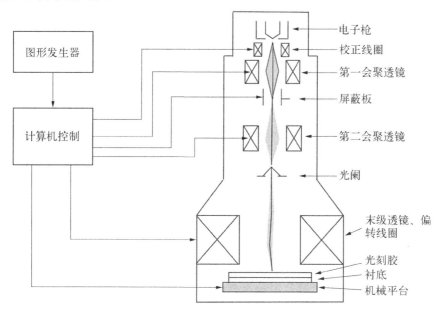

图 8.22　电子束曝光机示意图

电子光刻胶是一种聚合物，其特性与光致光刻胶类似，辐照使光刻胶产生化学或物理变化，这种变化可使光刻胶上形成图形。在正性电子光刻胶情况下，聚合物与电子的相互作用使化学键切断,形成较小的分子段[见图8.23(a)],其结果使电子辐照区域的分子量减小。显影剂溶液对低分子量的材料起作用,因此受辐照区域的光刻胶能溶于显影液。在负性光刻胶的情况下[见图8.23(b)],辐照使聚合物分子产生交联键合,使聚合物具有复杂的三维结构,分子量比未受辐照的聚合物大,显影液能溶解未受电子束辐照的光刻胶,但不能溶解受辐照后生成的高分子量材料。

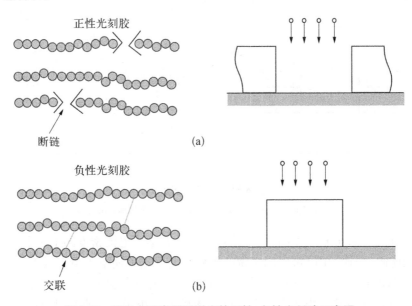

图 8.23　用于电子束图形曝光的正性、负性光刻胶示意图

8.4　刻蚀

8.4.1　湿法刻蚀技术

湿法化学刻蚀广泛应用于半导体工艺,从切割半导体晶片开始,化学试剂就用于研磨和抛光,从而得到一个光滑平坦的表面。在热氧化或外延生长之前,半导体晶片要被进行化学处理,以去除处理和存储时造成的一些污染。湿式化学蚀刻特别适用于多晶硅、氧化物、氮化物、金属和III-V族化合物的全面刻蚀。

湿化学刻蚀的机制包括三个基本步骤:① 反应物通过扩散运输到反应表面;② 在表面发生化学反应;③ 反应物通过扩散从表面去除。搅拌和刻蚀剂溶液的温度都会影响刻蚀速率。在集成电路工艺中,大多数湿化学刻蚀都是通过将晶片浸入化学溶液中或用刻蚀剂溶液喷涂晶片来进行的。对于浸没刻蚀,晶片浸没在刻蚀溶液中,通常需要机械搅拌,以确保刻蚀的均匀性和一致的刻蚀速率。喷涂刻蚀已经逐渐取代了浸没式刻蚀,因为它通过不断地向晶片表面提供新的刻蚀剂,大大提高了刻蚀率和均匀性。

对于半导体材料,湿化学刻蚀通常从氧化开始,然后通过化学反应溶解氧化物。对于硅,最常用的刻蚀剂是 HNO_3 或 HF 在水或醋酸中的混合液。反应表达式为

$$Si + 4HNO_3 \longrightarrow SiO_2 + 2H_2O + 4NO_2 \tag{8.20}$$

用氢氟酸来溶解二氧化硅层,反应表达式为

$$SiO_2 + 6HF \longrightarrow H_2SiF_6 + 2H_2O \tag{8.21}$$

在图形转移操作中,将图形曝光过程确定的光刻胶图形用作刻蚀光刻胶下面各层材料的掩蔽膜,如图 8.24(a)所示。光刻胶下面各层材料(如二氧化硅、四氮化三硅和沉积金属层)为非晶或多晶薄膜。如果在湿化学刻蚀剂中刻蚀,刻蚀速率通常为各向同性(即横向和垂直刻蚀速率相同),如图 8.24(b)所示。设 h_f 为该层材料的厚度,L 为光刻胶掩蔽层下的横向刻蚀距离,我们可以定义各向异性度 A_f:

$$A_f \equiv 1 - \frac{l}{h_f} = 1 - \frac{R_L t}{R_V t} = 1 - \frac{R_l}{R_v} \tag{8.22}$$

其中,t 为时间;R_L 和 R_V 分别为横向和垂直蚀刻速率。对于各向同性蚀刻,有 $R_L = R_V$ 和 $A_f = 0$。

湿式化学蚀刻的主要缺点是在掩蔽层下有横向钻蚀,导致刻蚀图形的分辨率有所下降。事实上,对于各向同性刻蚀,薄膜厚度应约为所需分辨率的 1/3 或更少。如果需要分辨率远小于薄膜厚度的图形,则必须使用各向异性蚀刻(即 $1 \geqslant A_f > 0$)。A_f 的值尽量接近 1。图 8.24(c)显示了 $A_f = 1$ 用于 $L = 0$(或 $R_L = 0$)的极限情况。

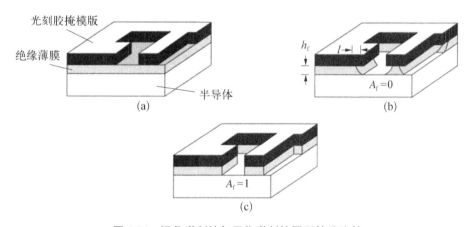

图 8.24　湿化学刻蚀与干化学刻蚀图形转移比较

8.4.2　干法刻蚀技术

湿法刻蚀是各项同性的刻蚀方法,为了提高集成电路结构图形化的精密度,研究出了干法刻蚀,也就是等离子辅助刻蚀。干法刻蚀是利用低压放电等离子体实现高精度转移光刻胶膜层图形的工艺技术。等离子体由完全电离或部分电离的气体离子、电子及中子组成。当足够强的电场加在气体上,使气体击穿并电离时,就产生了等离子体。干法刻蚀方法包括等离子刻蚀、反应离子刻蚀、溅射刻蚀、磁增强反应离子刻蚀、反应离子束刻蚀和高密度等离子体刻蚀等技术方案。干法刻蚀的技术优点包括:各向异性刻蚀可以保持较高的图形分辨率;干法刻蚀反应产物以气体的形式抽空,减少了颗粒污染。同时,干法刻蚀的缺点也很明显,就是工艺难度较大,需要采用较湿法工艺复杂且昂贵的等离子体真空设备。

　　最常见的干法刻蚀工艺设备是反应离子刻蚀机(reactive ion etching，RIE)，等离子环境要求反应腔室工作在一定的真空度下(1～100 Pa)，典型的两种反应离子刻蚀设备如图 8.25 所示。

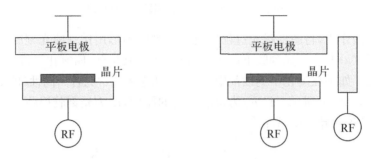

图 8.25　基于平行板电极能量馈入方式的反应离子刻蚀设备示意图

8.5　化学机械抛光

　　化学机械抛光(chemical-mechanical polishing，CMP)是半导体器件制造工艺中的一种常用技术，用来对硅片或其他衬底材料进行平坦化处理。其基本工作原理是将待抛光器件在一定的压力及抛光液下(由超细颗粒、化学氧化剂和液体介质组成的混合液)，相对于一个抛光垫作旋转运动，借助磨粒的机械磨削及化学氧化剂的腐蚀作用来完成对器件表面的平坦化处理，从而获得一个平整的表面(见图 8.26)。目前，化学机械抛光技术已成为几乎是公认的唯一全局平面化技术，这种技术的应用正越来越广泛。

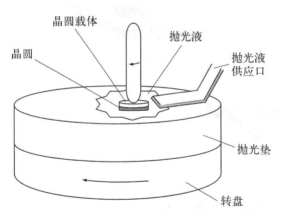

图 8.26　CMP 抛光器的原理图

　　抛光液对化学机械抛光过程中的抛光质量和效率有着极大的影响，成分一般包含磨料、氧化剂和一些其他添加剂。由于被抛光材料的不同，其物理化学的特性也各不相同，因此对于不同材料会配置不同的抛光液。磨料是最重要的一项成分，抛光过程中，通过一系列的物理方式作用在抛光材料的表面，从而实现机械抛光。氧化剂是用来将被抛光器件的表面进行氧化而生成一层氧化膜，可以经过机械抛光将其去除掉，氧化膜的形成对机械抛光的效率有一定的提高。除此之外，其他添加剂的含量非常少，但是对抛光液性能有重要的改善，常用添加剂有 pH 调节剂、表面活性剂、缓蚀剂等。

　　抛光垫在化学机械抛光中也起重要作用，可以存储抛光液并将其输送至抛光区域，能够让抛光过程均匀持续地进行，并且可以将抛光过程中所生成的一些副产物如氧化物、碎屑等杂质送出抛光区域。抛光垫是消耗品，经过一定时间的使用后需要进行更换。

8.6　扩散与离子注入

8.6.1　扩散工艺

杂质掺杂就是将某些杂质元素导入到目标半导体材料中,这样在一定程度上就可以改变半导体材料的电学特性,其中扩散和离子注入是最常用的两种关键技术。在 20 世纪 70 年代以前,掺杂多数情况下是通过高温扩散来完成的,如图 8.27(a)所示,这种方法通过掺杂剂的气相沉积或使用掺杂氧化物源,将掺杂剂原子气体放在晶片表面或附近,掺杂浓度从表面到内部开始单调下降,掺杂剂的分布曲线主要由温度和扩散时间所决定。

在此以后,许多掺杂都开始采用离子注入的方法,如图 8.27(b)所示,在这个过程中,掺杂离子通过离子束被注入到半导体中,掺杂浓度在半导体内部有一个峰值,掺杂剂的分布曲线主要由离子质量和注入离子能量所决定。扩散和离子注入都已广泛用于制造分立器件和集成电路,两者有时是互补的,例如,扩散用于形成一个深结(如 CMOS 中的 n 阱),而离子注入用于形成一个浅结(如 MOSFET 的源/漏极)。

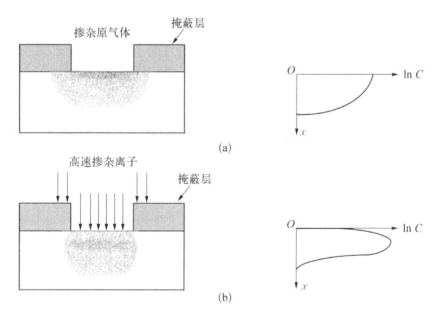

图 8.27　杂质掺杂方法比较

(a) 扩散;(b) 离子注入

杂质的扩散通常是通过将半导体晶片放置在一个高温石英炉中,并通过一种含有所需掺杂剂的气体来完成的。硅的温度通常为 $800\sim1\,200$ ℃,砷化镓的温度通常为 $600\sim1\,000$ ℃。扩散到半导体中的掺杂剂原子的数量与气体混合物中的掺杂剂杂质的分压有关。

对于在硅中的扩散,硼是引入 p 型杂质最常用的掺杂剂,而砷和磷被广泛应用于 n 型掺杂剂。这三种元素在硅中的可溶性很高,因为它们在扩散温度范围内的溶解度超过 5×10^{20} cm^{-3}。这些掺杂剂可以通过几种方式引入,包括固态源(如硼用 BN,砷用 As_2O_3,磷用 P_2O_5)、液体源

（BBr$_3$、AsCl$_3$ 和 POCl$_3$）和气态源（B$_2$H$_6$、AsH$_3$ 和 PH$_3$）。炉子和气体管道布置如图 8.28 所示，这种布置与热氧化相类似，利用液态源进行磷扩散的化学反应的一个例子如下：

$$4POCl_3 + 3O_2 \longrightarrow 2P_2O_5 + 6Cl_2 \uparrow \tag{8.23}$$

$$2P_2O_5 + 5Si \longrightarrow 4P + 5SiO_2 \tag{8.24}$$

磷被释放并扩散到硅中，而氯气则会被排放出去。

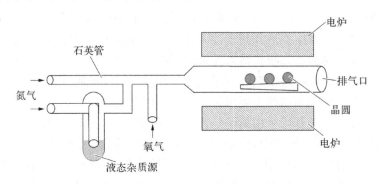

图 8.28　扩散系统示意图

　　对于在砷化镓中的扩散，砷的蒸汽压较高，需要特殊的方法来防止砷因为分解或蒸发而造成损失。这些方法包括在砷蒸汽过压的密封管中扩散，或者是在掺杂氧化层上覆盖阻挡层（如氮化硅），然后开管扩散。大多数关于 p 型扩散的研究仅限于使用锌元素，Zn‐Ga‐As 合金或密封管中用 ZnAs$_2$，或开管中采用 ZnO‐SiO$_2$。

8.6.2　离子注入工艺

　　离子注入是指将带一定能量的粒子注入到衬底当中例如硅。注入能量在 300 eV～5 MeV 之间，离子分布的平均深度在 10 nm～10 μm 之间。离子剂量在 10^{12}～10^{18} 个离子/cm^2 不等。注意，剂量表示为注入半导体表面积 1 cm^2 的离子数。离子注入的主要优点是它比扩散过程更精确地被控制和重复性更好，以及可以有更低的加工温度。

　　图 8.29 是一个离子注入系统的示意图，离子源含有电离的掺杂原子，这些离子经过质量

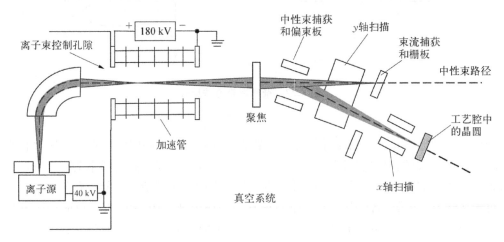

图 8.29　离子注入系统示意图

磁分析器滤除不需要的离子,经过选择后的离子在加速管里通过电场的加速变成高能状态,再经过垂直扫描器与水平扫描器,离子就会注入到半导体衬底中。高能离子通过与衬底中的电子和原子核的碰撞而失去能量,最终在晶格内的某个深度静止,可以通过调整加速的能量来控制注入的平均深度。

8.7 CMOS 工艺流程

基于本章的单项工艺技术,本节介绍 40 nm 工艺节点的集成电路工艺流程。该技术节点属于平面成熟工艺节点,分为前段工艺(front end of line,FEOL)和后段工艺(back end of line,BEOL)两个部分。整个工艺流程由"有源区(active area)""阱(well)""栅氧(gate oxide)""多晶硅栅(poly gate)""侧壁隔离(spacer)""轻掺杂漏极(LDD)""源漏(source drain)""接触(contact)"和"金属互联"等工艺环节(loop)组成,各个环节相对对立,又互相影响和制约。

8.7.1 浅槽隔离形成有源区

集成电路中隔离有两种类型,分别是 PN 节隔离和电介质层隔离。浅槽隔离(STI)属于电介质层隔离,主要作用是将硅片表面分割为不同的有源区,并在有源区不同的 MOSFET 器件之间形成有效的电气隔离,防止器件之间的影响。浅槽隔离技术在 LOCOS 技术的基础上发展而来,通过深刻蚀的介电沟槽形成有源区之间的隔离。为了制备 STI,首先进行热氧化生长初始氧化(initial oxide)薄膜,厚度约为 100 Å。此后,使用低压化学气相沉积方法制备一层厚度为 1 300 Å 的氮化硅薄膜,如图 8.30 所示。图中,左侧为计划制备 NMOS 器件的有源区,而右侧是计划制备 PMOS 器件的另一个有源区,现需要在两个有源区之间按照设计制备深度超过 5 000 Å 的浅槽隔离隔离结构。因此,需要使用硬掩模作为等离子体深刻蚀的阻挡层,该氮化硅和氧化硅的组合即为硬掩模。其中初始氧化硅薄膜可以缓冲薄膜应力,提高多层薄膜系统与硅片表面的结合力,并可作为去除氮化硅时的刻蚀停止层。

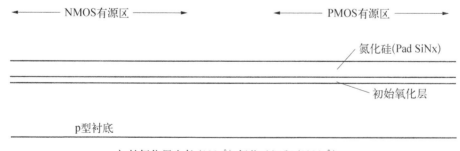

初始氧化层生长 (100 Å),氮化硅沉积 (1300 Å);

图 8.30 浅槽隔离 STI 深刻蚀的硬掩模

此后,先通过光刻将掩模版上面的有源区图形转移到光刻胶上,再通过刻蚀将光刻胶的图形转移到由氧化硅和氮化硅薄膜组成的硬掩模上面。去掉光刻胶后进行硅的深刻蚀,露出的氮化硅充当刻蚀的硬掩模,在硅衬底上刻蚀出深度为 5 000 Å 的浅槽,如图 8.31 所示。在形成深硅槽的工艺过程中,深硅槽的侧壁和地面经受了较剧烈的等离子体轰击,因而形成了较多的悬挂键缺陷,容易形成有源区之间的漏电通路,因此在完成深刻蚀之后制备一层线性氧化层(liner oxide)对缺陷进行钝化修复。

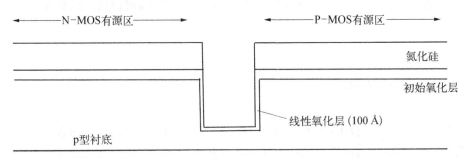

图 8.31   硬掩模保护下的硅深刻蚀

接着使用 CVD 方法在槽内填充氧化物(厚度略超过槽的深度),辅助以快速热退火(RTA)以增强 STI 氧化物的硬度,并释放薄膜应力,提高结构可靠性。之后使用化学机械研磨(CMP)将表面平坦化,去除残余的 Si_3N_4 和 SiO_2。然后,在表面生长一层新的热氧化层(称为牺牲氧化层或 SAC - Oxide)。制备结果如图 8.32 所示,已经形成了左侧 NMOS 有源区和右侧 PMOS 有源区之间的隔离。

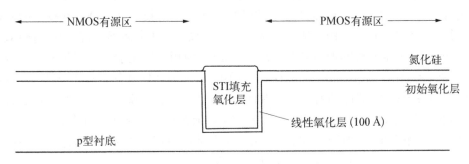

图 8.32   STI 填充氧化硅形成有效有源区隔离

8.7.2   离子注入形成 p/n 阱

n 阱和 p 阱的形成包括掩模形成和穿过薄牺牲氧化层(SAC - Oxide)进行的离子注入。无论 n 阱和 p 阱形成的顺序如何,对最终晶体管的性能影响都很小。在 n 阱中将形成 PMOS,而在 p 阱中将形成 NMOS,因此 n 阱和 p 阱的离子注入通常具有多个路径(不同能量和剂量)和多种类型的离子。这些离子注入不仅用于阱的形成,同时也用于调整 PMOS 和 NMOS 的阈值电压 V_t,以及预防穿通效应。n 阱离子注入后,通过快速热退火(RTA)激活杂质离子,使其向深处扩散,结果如图 8.33 所示。

8.7.3   栅氧化层工艺

栅氧化层工艺是 CMOS 工艺中最关键的步骤之一,它直接影响器件的阈值电压、饱和电流、栅极漏电流、栅极击穿电压以及器件的可靠性。通过热氧化的方法可以形成高质量的栅氧化层,它具有出色的热稳定性和界面特性。栅氧化层的质量对于 CMOS 器件的性能和可靠性

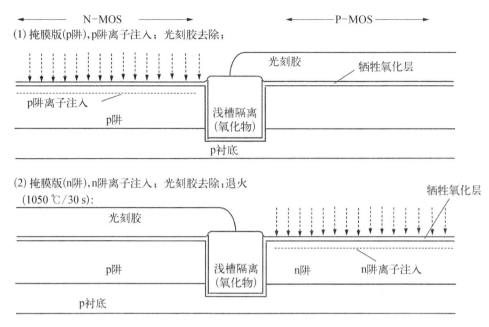

图 8.33　n 阱和 p 阱的形成

影响较大,因此这个工艺步骤在整个制程中是至关重要的。多晶硅栅工艺是指制造 MOS 器件时形成的多晶硅栅极。栅极在器件中起着控制开关和导通的作用。多晶硅栅极通过在表面沉积未掺杂的多晶硅薄膜来实现,随后通过源漏离子注入的方式对其进行掺杂。多晶硅栅的费米能级会随掺杂类型和杂质浓度的改变而变化,进而改变多晶硅栅的功函数。由于多晶硅栅的功函数的变化,器件的阈值电压也会相应改变。因此,通过调节多晶硅栅的掺杂程度,可以实现对器件阈值电压的调节。

　　双层栅氧和硬掩模栅层叠如图 8.34 所示。首先,通过湿法去除 SAC - Oxide;然后,通过

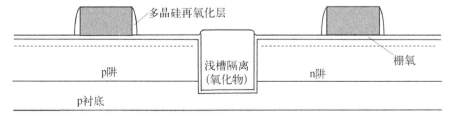

图 8.34　栅氧和栅层叠的形成

热氧化生长第一层栅氧(为了获得高质量和低内部缺陷),这是 CMOS 器件氧化层中非常重要的一层,它的质量好坏将影响 MOS 管的性能和使用寿命;接着,在核心区域形成打开的掩模(使用掩模"core"),最后,浸入 HF 溶液中。在核心区域内,通过热氧化的方式生长晶体管的第二层栅氧。需要注意的是,IO 区域经历了两次氧化,因此 IO 晶体管的栅氧层相对更厚一些。

当核心区域和 IO 区域都生长出晶体管后,会沉积多晶硅层和硬掩模层(包括薄的 SiON 和 PECVD 二氧化硅)。在栅层叠沉积完毕后,对硬掩模进行图案形成(使用掩模"poly")。然后去除光刻胶,进行 HM(Hard Mask) 刻蚀,使用 SiON 和 SiO_2 做硬掩模刻蚀多晶硅。去除 SiON 后,可以使用氧化炉或快速热氧化(RTO)进行多晶硅栅层叠侧壁的再氧化,以修复栅层叠中的氧化物损伤和缺陷(离子刻蚀可能会引起损伤或缺陷)。由于栅的形状直接决定晶体管沟道的长度,也就是 CMOS 节点中的最小临界尺寸(CD),因此需要采用硬掩模方案对栅层叠进行图形化,而不是使用光刻胶,这能够提供更好的分辨率和一致性。两次栅氧化的结果呈现 IO 晶体管的栅氧较厚,而核心晶体管的栅氧较薄。硬掩模方案能够获得更好的分辨率和一致性相比于简单的光刻胶图形化方案。

8.7.4 栅极侧壁隔离与轻掺杂漏极技术

补偿隔离的形成如图 8.35 所示。首先,沉积一薄层氮化硅或氮氧硅(一般厚度为 50～150 Å),之后进行回刻蚀使其栅的侧壁上形成一薄层隔离。补偿隔离的作用是分隔由于 LDD 离子注入引起的横向扩散。对于 40 nm CMOS 节点,这一步是必需的,而对于 90 nm 的 CMOS 节点,这一步是可选的。在补偿隔离刻蚀后,剩下的氧化层厚度约为 20 Å。在后续的每一步工艺中,保留一层氧化层在硅表面对于保护非常重要。在 n 沟道 MOS 和 p 沟道 MOS 的轻掺杂漏极(LDD)区域完成离子注入后,需要采用尖峰退火技术来去除缺陷并激活 LDD 注入的杂质。值得注意的是,nLDD 和 pLDD 离子注入的顺序以及尖峰退火或快速热退火(RTA)的温度对结果的优化有重要影响,这主要是因为横向的瞬态扩散所导致的。

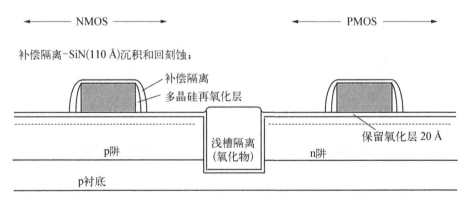

图 8.35　侧壁补偿隔离的形成

主隔离的形成如图 8.36～图 8.37 所示。首先需要用化学气相沉积(CVD)的方法沉积四乙基原硅酸盐-氧化物(Teos-oxide)和氮化硅的复合层。然后使用离子回刻蚀的方法,对四乙基原硅酸盐-氧化物和氮化硅进行刻蚀加工,最终形成复合主隔离。通过调整隔离的形状和材料,可以减小晶体管中热载流子的退化现象。n^+ 沟道和 p^+ 沟道 MOS 的源和漏(S/D)区域的形成如图 8.38 所示。为了去除缺陷并激活在 S/D 区域注入的杂质,通常会使用 RTA 和尖峰退火技术。注入的能量和剂量决定了 S/D 的结构深度,并会影响晶体管的性能。较浅的源漏结构深度(相对于 MOSFET 的栅耗尽层宽度)将显著减小短沟道效应(SCE)。

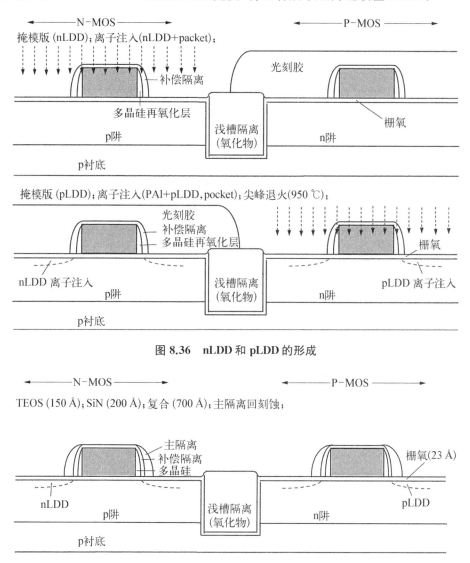

图 8.36　nLDD 和 pLDD 的形成

图 8.37　侧壁主隔离的制备

8.7.5　自对准多晶硅化物

自对准多晶硅化物的形成过程如图 8.39 所示。在完成湿法清洁去除有源区(AA)和多晶硅栅表面的氧化物之后,会通过溅射技术覆盖一层薄薄的(200 Å)钴(Co)。然后进行第一次快速热退火(RTA)处理,温度设定为 550 ℃。在这个过程中,与硅接触的钴会发生化学反应。接下来,使用溶剂 SCl 去除未反应的钴,并进行第二次 RTA 处理,温度设定为 740 ℃。这样,有源区和多晶硅栅区域就会以自对准的方式形成钴的硅化物,这种工艺称为自对准多晶硅化物工艺。

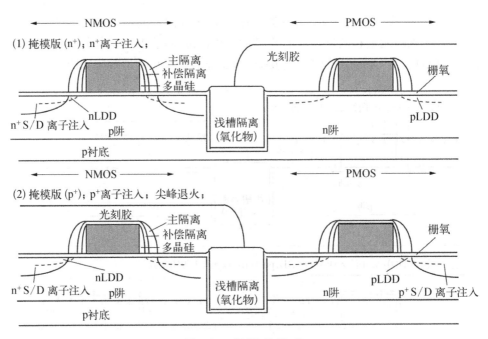

图 8.38　源 漏 的 形 成

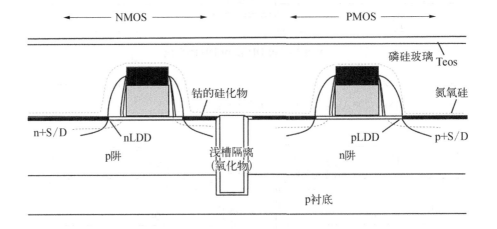

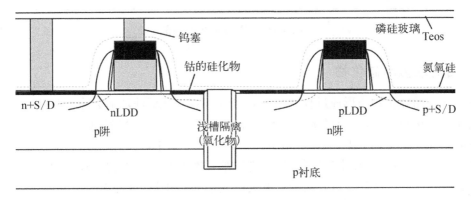

图 8.39　自对准多晶硅化物,接触孔和钨塞的形成

　　然后,通过沉积氮氧硅和磷硅玻璃形成多金属介质,并使用化学机械抛光进行平坦化。接着沉积一层 CVD 氧化物,用于密封磷硅玻璃。随后制作一个掩模来打开接触孔,并刻蚀接触孔上的磷硅玻璃和氮氧硅。之后,溅射钛和氮化钛,用化学气相沉积法(CVD)沉积钨并进行快速热退火处理(温度为 700 ℃)。Ti 层在减小接触电阻方面起到关键作用,而侧壁上覆盖的氮化钛则可确保钨填充工艺的完整性,使填充到接触孔中的钨没有空隙。接触孔是晶体管与金属层 1 之间的连接通道,即在介质层上形成垂直通孔,最后对钨表面进行抛光,直到露出气相氧化物的表面,此时接触孔内的钨塞就形成了。

　　接下来,我们要进行金属间介质层的沉积,形成电性隔离,比如碳含量较低的 SiCN(300 Å),通过等离子增强化学气相沉积(PECVD)法制备的氧化硅(2 kÅ)和 Teos-oxide(250 Å)。然后通过使用掩模"metal - l"进行图形化处理,再对氧化物进行刻蚀。IMD1 层的主要作用是实现良好的密封,并覆盖那些更加多孔的低 k 介质。然后,我们需要依次沉积 Ta/TaN 和铜种子层,再通过电化学电镀法(ECP)填充铜,最后用化学机械抛光(CMP)法将表面平整。当这些步骤完成后,金属 1 互连结构就形成了。这就是所谓的单镶嵌技术(见图 8.40)。

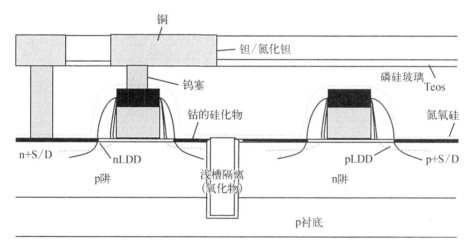

图 8.40　通过单镶嵌技术实现金属- 1

　　通孔 1 工艺是在 IMD1 介质层上形成通道连接金属层 1 和金属层 2 的,金属 2 工艺是指形成第二层金属互连线,实现金属层间的连接。互连通孔 1 和金属 2 是通过先通孔双镶嵌工艺形成的,如图 8.41 所示。首先沉积 IMD2 层,随后对通孔 1 进行图形刻画并进行刻蚀。IMD1 层的多层结构主要是为了实现良好的密封效果,并覆盖那些更加多孔的低 k 介质。接着,在通孔中填充 BARC 材料(用于平坦化表面),并再沉积一层 LTO。随后,制作金属 2 的图形,并对其进行氧化物处理。移除 BARC 并进行清洗后,再沉积 Ta/TaN 和 Cu 种子层,随后使用 ECP 法进行 Cu 填充,最后通过 CMP 进行表面平坦化处理。这样,金属 2 互连就形成了。这就是所说的双镶嵌工艺。通过重复上述步骤,可以实现多层互连。

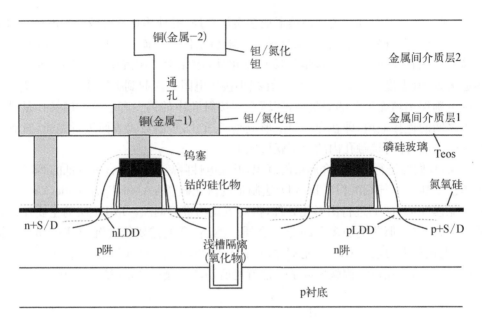

图 8.41　通过双镶嵌技术实现通孔‑1 和金属‑2

习　题

附 录

常用物理常数和能量表达变换表

附表 常用物理常数表

名 称	数 值	名 称	数 值
电子电量 q	1.602×10^{-19} C	阿伏伽德罗常数 N	6.025×10^{23} mol^{-1}
电子静止质量 m_0	9.108×10^{-31} kg	玻尔半径 $a_0 = \hbar^2/(m_0 q)$	0.529×10^{-10} m
电子伏特 eV	1.602×10^{-19} J	真空介电常数 ε_0	8.854×10^{-12} F/m
真空中光速 c	2.998×10^8 m/s	真空磁导率 μ_0	$4\pi \times 10^{-7}$ H/m
普朗克常数 h	6.625×10^{-34} J·s	绝对零度 0 K	-273.16 ℃
$\hbar = h/(2\pi)$	1.054×10^{-34} J·s	室温(300 K)的 kT 值	0.026 eV
玻尔兹曼常数 k_0	1.380×10^{-23} J/K		

参 考 文 献

[1] 阎守胜.固体物理基础[M].3 版.北京：北京大学大学出版社,1995.

[2] 孟庆巨.半导体物理学简明教程[M].北京：电子工业出版社,2014.

[3] 刘恩科,朱秉升,罗晋生.半导体物理学[M].8 版.北京：电子工业出版社,2023.

[4] 杨树人,王宗昌,王兢.半导体材料[M].北京：科学出版社,2018.

[5] Marius Grundmann.半导体物理学（上册）[M].姬扬,译.3 版.合肥：中国科技大学出版社,2022.

[6] 刘诺,钟志亲,张桂平,等.半导体物理导论[M].北京：科学出版社,2014.

[7] 施敏,李明逵.半导体器件物理与工艺[M].王明湘,赵鹤鸣,译.3 版.苏州：苏州大学出版社,2014.

[8] 裴素华.半导体物理与器件[M].北京：机械工业出版社,2008.

[9] 唐纳德·A·尼曼.半导体器件导论[M].谢生,译.北京：电子工业出版社,2015.

[10] 施敏,伍国钰.半导体器件物理[M].耿莉,张瑞智,译.3 版.西安：西安交通大学出版社,2008.

[11] 孟庆巨.半导体器件物理[M].3 版.北京：科学出版社,2022.

[12] 唐纳德·A·尼曼.半导体物理与器件[M].赵毅强,姚素英,史再峰,译.4 版.北京：电子工业出版社,2018.

[13] 刘树林,商世广,柴长春,等.半导体器件物理[M].北京：电子工业出版社,2015.

[14] 曾树荣.半导体器件物理基础[M].2 版.北京：北京大学出版社,2007.

[15] 徐振邦.半导体器件物理[M].北京：电子工业出版社,2021.

[16] 徐静平,刘璐,高俊雄.半导体器件物理[M].武汉：华中科技大学出版社,2023.

[17] 陈星弼.微电子器件[M].4 版.北京：电子工业出版社,2018.

[18] 张兴,黄如,刘晓彦.微电子学概论[M].3 版.北京：北京大学大学出版社,2010.

[19] 袁立强,赵争鸣,宋高升,等.电力半导体器件原理与应用[M].北京：机械工业出版社,2012.

[20] 温德通.集成电路制造工艺与工程应用[M].北京：机械工业出版社,2018.

[21] 陈译,陈铖颖,张宏怡.芯片制造——半导体工艺与设备[M].北京：机械工业出版社,2019.

[22] 廉亚光,半导体芯片和制造理论和工艺实用指南[M].师静,译.3 版.北京：机械工业出版社,2023.

[23] OTFRIED M. Semiconductors：Data Handbook(3rd Edition)[M].哈尔滨：哈尔滨工业大学出版社,2014.

[24] SADAO A. Handbook on Physical Properties of Semiconductors Volume2[M].哈尔滨：哈尔滨工业大学出版社,2014.